Philosophie Zoologique

Ou, *Exposition des Considérations Relatives à l'Histoire Naturelle des Animaux*

VOLUME 2

JEAN BAPTISTE PIERRE ANTOINE
DE MONET DE LAMARCK

CAMBRIDGE
UNIVERSITY PRESS

CAMBRIDGE UNIVERSITY PRESS

Cambridge, New York, Melbourne, Madrid, Cape Town,
Singapore, São Paolo, Delhi, Tokyo, Mexico City

Published in the United States of America by Cambridge University Press, New York

www.cambridge.org
Information on this title: www.cambridge.org/9781108038034

© in this compilation Cambridge University Press 2011

This edition first published 1809
This digitally printed version 2011

ISBN 978-1-108-03803-4 Paperback

This book reproduces the text of the original edition. The content and language reflect
the beliefs, practices and terminology of their time, and have not been updated.

Cambridge University Press wishes to make clear that the book, unless originally published
by Cambridge, is not being republished by, in association or collaboration with, or
with the endorsement or approval of, the original publisher or its successors in title.

PHILOSOPHIE
ZOOLOGIQUE.

DE L'IMPRIMERIE DE DUMINIL-LESUEUR,
Rue de la Harpe, N°. 78.

PHILOSOPHIE
ZOOLOGIQUE,
ou
EXPOSITION

Des Considérations relatives à l'histoire naturelle
des Animaux ; à la diversité de leur organisation
et des facultés qu'ils en obtiennent ; aux causes
physiques qui maintiennent en eux la vie et
donnent lieu aux mouvemens qu'ils exécutent ;
enfin, à celles qui produisent, les unes le sentiment, et les autres l'intelligence de ceux qui en
sont doués ;

Par J.-B.-P.-A. LAMARCK,

Professeur de Zoologie au Muséum d'Histoire Naturelle, Membre de
l'Institut de France et de la Légion d'Honneur, de la Société Phi-
lomatique de Paris, de celle des Naturalistes de Moscou, Membre
correspondant de l'Académie Royale des Sciences de Munich, de
la Société des Amis de la Nature de Berlin, de la Société Médicale
d'Emulation de Bordeaux, de celle d'Agriculture, Sciences et Arts
de Strasbourg, de celle d'Agriculture du département de l'Oise,
de celle d'Agriculture de Lyon, Associé libre de la Société des
Pharmaciens de Paris, etc.

TOME SECOND.

A PARIS,

Chez { DENTU, Libraire, rue du Pont de Lodi, Nº. 3 ;
L'AUTEUR, au Muséum d'Histoire Naturelle (Jardin
des Plantes).

M. DCCC. IX.

PHILOSOPHIE
ZOOLOGIQUE.

~~~~~~

SUITE DE LA SECONDE PARTIE.

CHAPITRE III.

De la Cause excitatrice des Mouvemens organiques.

La vie étant un phénomène naturel, qui lui-même en produit plusieurs autres, et résultant des relations qui existent entre les parties souples et contenantes d'un corps organisé et les fluides contenus de ce corps ; comment concevoir la production de ce phénomène, c'est-à-dire, l'existence et l'entretien des mouvemens qui constituent la vie active du corps dont il s'agit, sans une cause particulière *excitatrice* de ces mouvemens, sans une force qui anime les organes, régularise les actions et fait exécuter toutes les fonctions organiques, en un mot, sans un ressort dont la tension soutenue, quoique variable, est le moteur efficace de tous les mouvemens vitaux !

On ne sauroit douter que les fluides visibles

d'un corps vivant, et que les parties solides et
souples qui les contiennent, ne soient étrangers
à la cause que nous recherchons ici. Toutes ces
parties forment ensemble l'équipage du mouvement, selon la comparaison déjà faite, et ce n'est
nullement le propre d'aucune d'elles de constituer la force dont il est question, c'est-à-dire, le
ressort moteur, ou la cause excitatrice des mouvemens de la vie.

Ainsi, on peut assurer que, sans une cause particulière qui excite et entretient l'*orgasme* et l'*irritabilité* dans les parties souples et contenantes
des animaux, et qui, dans les végétaux, y produit seulement un orgasme obscur, et y meut immédiatement les fluides contenus, le sang des
animaux qui ont une circulation et la sanie blanchâtre et transparente de ceux qui n'en ont pas,
resteroient en repos, et bientôt se décompose-
roient, ainsi que les parties qui contiennent ces
fluides.

De même, sans cette cause excitatrice des mouvemens vitaux, sans cette force ou ce *ressort* qui
fait exister dans un corps la vie active, la séve et
les fluides propres des végétaux resteroient sans
mouvement, s'altéreroient, s'exhaleroient, enfin
opéreroient la mort et le desséchement de ces
corps vivans.

Les philosophes anciens avoient senti la néces-

sité d'une cause particulière excitatrice des mouvemens organiques ; mais n'ayant pas assez étudié
la nature, ils l'ont cherchée hors d'elle ; ils ont
imaginé une *arché-vitale*, une âme périssable des
animaux ; en ont même aussi attribué une aux végétaux ; et à la place d'une connoissance positive
à laquelle ils n'avoient pu atteindre, faute d'observations, ils n'ont créé que des mots, auxquels
on ne peut attacher que des idées vagues et sans
base.

Chaque fois que nous quitterons la nature pour
nous livrer aux élans fantastiques de notre imagination, nous nous perdrons dans le vague, et les
résultats de nos efforts ne seront que des erreurs.
Les seules connoissances qu'il nous soit possible
d'acquérir à son égard, sont et seront toujours uniquement celles que nous aurons puisées dans l'é-
tude suivie de ses lois ; hors de la nature, en un
mot, tout n'est qu'égarement et mensonge : telle
est mon opinion.

S'il étoit vrai qu'il fût réellement hors de notre
pouvoir de parvenir à déterminer la cause *excitatrice* des mouvemens organiques, il n'en seroit pas moins de toute évidence que cette cause
existe et qu'elle est physique, puisque nous en observons les effets et que la nature a tous les
moyens de la produire. Ne sait-on pas qu'elle a
ceux de répandre et d'entretenir le mouvement

dans tous les corps, et qu'aucun des objets soumis à ses lois ne jouit réellement d'une stabilité absolue.

Sans vouloir nous élever à la considération des premières causes, ni à celle de toutes les sortes de mouvemens et de tous les changemens qui s'observent dans les corps physiques de tous genres, nous nous restreindrons à considérer les causes immédiates et reconnues qui peuvent agir sur les corps vivans ; et nous verrons qu'elles sont très-suffisantes pour entretenir dans ces corps les mouvemens qui y constituent la vie, tant que *l'ordre de choses* qui les permet n'y est pas détruit.

Sans doute, il nous seroit impossible de reconnoître la cause excitatrice des mouvemens organiques, si les fluides subtils, invisibles, incontenables et sans cesse en mouvement qui la constituent, ne se manifestoient à nous dans une multitude de circonstances ; si nous n'avions des preuves que tous les milieux dans lesquels tous les corps vivans habitent en sont perpétuellement remplis ; enfin, si nous ne savions positivement que ces fluides invisibles pénètrent plus ou moins facilement les masses de tous ces corps , y séjournent plus ou moins de temps , et que certains d'entre eux se trouvent continuellement dans un état d'agitation et d'expansion qui leur donne la

faculté de distendre les parties dans lesquelles ils
s'insinuent, de raréfier les fluides propres des
corps vivans qu'ils pénètrent, et de communiquer
aux parties molles de ces mêmes corps un éréthisme, une tension particulière qu'elles conservent tant qu'elles se trouvent dans un état qui y est
favorable.

Mais il est bien connu que nous ne sommes pas
réduits à cette impossibilité ; car, qui ne sait qu'il
n'est aucun des lieux du globe où les corps vivans
habitent, qui ne soit pourvu de *calorique* (même
dans les régions les plus froides), d'*électricité*, de
fluide magnétique, etc. ; et que partout ces fluides, les uns expansifs et les autres diversement
agités , éprouvent sans cesse des déplacemens
plus ou moins réguliers, des renouvellemens ou
des remplacemens, et peut-être même une véritable circulation à l'égard de quelques-uns d'entre
eux.

Nous ignorons encore quel est le nombre de
ces fluides invisibles et subtils qui sont répandus
et toujours agités dans les milieux environnans ;
mais nous concevons, de la manière la plus claire,
que ces fluides invisibles, pénétrant, s'accumu-
lant et s'agitant sans cesse dans chaque corps organisé; enfin , s'en échappant successivement
après y avoir été plus ou moins long-temps re-
tenus , y excitent les mouvemens et la vie, lors-

qu'il s'y trouve un ordre de choses qui y permet
de pareils résultats.

Relativement à ceux de ces fluides invisibles
qui composent principalement la *cause excitatrice* que nous considérons ici, deux d'entre eux
nous paroissent faire essentiellement partie de
cette cause; savoir : le *calorique* et le *fluide électrique.* Ce sont les agens directs qui produisent
l'orgasme et les mouvemens intérieurs qui, dans
les corps organisés, y constituent et y entretiennent la vie.

Le *calorique* paroît être celui des deux fluides
excitateurs en question, qui cause et entretient
l'*orgasme* des parties souples des corps vivans;
et le *fluide électrique* est vraisemblablement celui qui fournit la cause des mouvemens organiques et des actions des animaux.

Ce qui m'autorise à ce partage des facultés que
j'assigne aux deux fluides dont il s'agit, se fonde
sur les considérations suivantes.

Dans les inflammations, l'orgasme qui y acquiert une énergie excessive, et même à la fin
destructive des parties, n'y devient évidemment
tel que par l'extrême chaleur qui se développe
dans les organes enflammés : c'est donc particulièrement au *calorique* qu'il faut attribuer l'orgasme.

La vitesse des mouvemens du calorique, ainsi

que celle avec laquelle ce fluide s'étend ou se
distribue dans les corps qu'il pénètre, sont bien
loin d'égaler la rapidité extraordinaire des mouvemens du fluide électrique : ce dernier fluide
doit donc être celui qui fournit la cause des mouvemens et des actions des animaux ; ce doit être
plus particulièrement le véritable fluide *excitateur*.

Il est possible, néanmoins, que quelques autres fluides invisibles et actifs concourent aussi,
avec les deux que je viens de citer, à la composition de la cause excitatrice ; mais, ce qui me
paroît hors de doute, c'est que le *calorique* et
l'*électricité* sont les deux principaux composans
de cette cause : peut-être même sont-ils les
seuls.

Dans les animaux à organisation peu composée, le calorique des milieux environnans semble
suffire lui seul pour l'*orgasme* et l'*irritabilité*
de ces corps ; de là vient que, dans les grands
abaissemens de température et pendant l'hiver
des climats à grande latitude, les uns périssent
entièrement, et les autres subissent un engourdissement plus ou moins complet. Dans ces mêmes
animaux, le fluide électrique ordinaire, celui
que fournissent les milieux environnans, paroît
y suffire aux mouvemens organiques et aux
actions.

Il n'en est pas de même des animaux à organisation très-composée : dans ceux-ci, le calorique des milieux environnans ne fait que compléter, ou plutôt qu'aider et favoriser le moyen que ces corps vivans possèdent dans la production intérieure d'un calorique continuellement renouvelé. Il est même vraisemblable que ce calorique intérieurement produit, a subi quelques modifications dans l'animal qui le particularisent et le rendent seul propre à l'entretien de l'*orgasme ;* car lorsque, par l'état de l'organisation, l'*orgasme* et l'*irritabilité* se trouvent trop affoiblis, le calorique de l'extérieur, soit celui de nos foyers, soit celui d'une température élevée, ne sauroit suppléer le calorique intérieur.

La même observation semble aussi pouvoir s'appliquer au fluide électrique excitateur des mouvemens et des actions dans les animaux dont l'organisation est très-composée. Il paroît effectivement que ce fluide électrique, qui s'y est introduit par la voie de la respiration, ou par celle des alimens, a subi une modification quelconque en séjournant dans l'intérieur de l'animal, et s'y est transformé en fluide nerveux ou galvanique.

Quant au calorique, il est si vrai qu'il est l'un des principaux élémens de la cause excitatrice de la vie, et que c'est particulièrement celui qui forme et entretient l'*orgasme* sans lequel la

vie ne pourroit exister, que, long-temps avant
d'atteindre le froid absolu, un grand abaissement
de température pourroit l'anéantir dans tous les
corps qui en sont doués, s'il étoit assez considérable. Effectivement, le froid de nos hivers,
surtout lorsqu'il est rigoureux, fait périr un
grand nombre des animaux qui s'y trouvent exposés. Mais on sait que dans aucun point du
globe, et en aucun temps de l'année, une absence
totale de calorique ne se rencontre jamais.

Je le répète, sans une cause particulière *excitatrice* de l'orgasme et des mouvemens vitaux, sans cette force qui, seule, peut produire
ces mouvemens, la vie ne sauroit exister dans
aucun corps. Or, cette *cause excitatrice* est entièrement étrangère aux facultés des fluides visibles des corps vivans, et elle l'est pareillement
à celles des parties contenantes et solides de ces
corps : c'est un fait dont il n'est plus possible de
douter, et que toutes les observations attestent.

Cette même *cause excitatrice* est aussi celle de
toute *fermentation ;* et c'est elle seule qui en
exécute les actes dans toute matière composée,
non vivante, dont l'état des parties s'y trouve
favorable. Aussi dans les grands abaissemens de
température, les actes de la vie et ceux de la
fermentation sont plus ou moins complétement

suspendus, selon que l'intensité du froid est plus ou moins considérable.

Quoique la vie et la fermentation soient deux phenomènes fort différens, elles puisent, l'une et l'autre, dans la même source les mouvemens qui les constituent; et il faut, de part et d'autre, que l'état des parties, soit du corps organisé capable de vivre, soit du corps inorganique qui peut fermenter, se trouve favorable à l'exécution de ces mouvemens. Mais dans le corps doué de la vie, l'ordre et l'état de choses qui y existent sont tels, que toutes les altérations dans la combinaison des principes sont successivement réparées par des combinaisons nouvelles et à peu près semblables que les mouvemens subsistans occasionnent ; tandis que dans le corps non organisé ou désorganisé qui fermente, tous les changemens qui s'exécutent dans la composition de ce corps ou de ses parties, ne sauroient se réparer par la continuité de la fermentation.

Dès l'instant de la mort d'un individu, son corps désorganisé réellement, quoique souvent il n'en ait pas l'apparence, rentre aussitôt dans la classe de ceux dont les parties peuvent subir la fermentation, surtout les plus souples d'entre elles; et alors la cause excitatrice qui le faisoit vivre devient celle qui hâte la décomposition de celles de ses parties qui sont susceptibles de fermenter.

On voit donc, d'après les considérations que
je viens d'exposer, que la *cause excitatrice* des
mouvemens vitaux se trouve nécessairement
dans des fluides invisibles, subtils, pénétrans,
et toujours actifs, dont les milieux environnans
ne sont jamais dépourvus; et que le principal
élément de cette cause est celui qui entretient
un orgasme essentiel à l'existence de la vie; enfin, que c'est véritablement le *calorique*; ce que
les observations suivantes feront mieux sentir.

Je n'ai besoin d'aucune citation particulière
à cet égard, parce que le fait général qui s'y
rapporte est assez connu. On sait que la chaleur,
dans de certaines proportions, est généralement
nécessaire à tous les corps vivans, et qu'elle l'est
principalement aux animaux. Lorsqu'elle s'affoiblit jusqu'à un certain point, l'irritabilité des
animaux perd de son intensité, les actes de leur
organisation diminuent d'activité, et toutes les
fonctions languissent ou s'exécutent avec lenteur,
surtout dans ceux de ces animaux en qui aucune
production de calorique intérieur ne s'opère.
Lorsqu'elle s'affoiblit encore davantage, les animaux les plus imparfaits périssent, et un grand
nombre des autres tombent dans un engourdissement léthargique, et n'ont plus qu'une vie suspendue : ils la perdroient tous successivement, si
cette diminution de chaleur s'accroissoit encore

beaucoup au delà dans les milieux environnans;
c'est ce dont on ne sauroit douter.

Au contraire, lorsque la température s'élève,
c'est-à-dire, lorsque la chaleur s'accroît et se répand partout, si cet état de choses se soutient, on
remarque constamment que la vie se ranime et
semble acquérir de nouvelles forces dans tous les
corps vivans; que l'irritabilité des parties intérieures des animaux augmente proportionnellement en intensité; que les fonctions organiques
s'exécutent avec plus d'énergie et de promptitude; que la vie amène plus rapidement les différens états par lesquels les individus doivent
passer pendant son cours, et qu'elle-même arrive plutôt à son terme; mais aussi que les ré-
générations sont plus promptes et plus abondantes.

Quoique la chaleur soit nécessaire partout pour
la conservation de la vie, et qu'elle le soit principalement pour les animaux, il ne faudroit pas
cependant que son intensité dépassât de beaucoup certaines limites, car alors ils en souffri-
roient considérablement, et la moindre cause
exposeroit les animaux dont l'organisation est
très-composée, à des maladies rapides qui les
feroient promptement périr.

On peut donc assurer que non - seulement la
chaleur est nécessaire à tous les corps vivans,

mais que, lorsqu'elle a une certaine intensité, sans dépasser certaines limites, elle anime singulièrement tous les actes de l'organisation, favorise toutes les générations, et semble répandre partout la vie d'une manière admirable.

La facilité, la promptitude et l'abondance avec lesquelles la nature produit et multiplie dans les contrées équatoriales les animaux les plus simplement organisés, sont autant de faits qui viennent à l'appui de cette assertion. En effet, la multiplication de ces animaux se fait singulièrement remarquer dans les temps et dans les lieux qui y sont favorables, c'est - à - dire, dans les climats chauds; et pour les pays à grande latitude, dans la saison des chaleurs, surtout lorsque les circonstances qui favorisent cette fécondité y concourent.

Effectivement, dans certains temps et dans certains climats, la terre, particulièrement vers sa surface où le calorique s'amasse toujours le plus fortement, et le sein des eaux se peuplent, en quelque sorte, de molécules animées, c'est-à-dire, d'animalcules extrêmement variés dans leurs genres et leurs espèces. Ces animalcules, ainsi qu'une multitude d'autres animaux imparfaits de différentes classes, s'y reproduisent et s'y multiplient avec une fécondité étonnante et qui est bien plus considérable que celle des gros animaux dont l'organisation est plus compliquée. Il semble, pour ainsi dire, que la matière s'animalise alors de toutes parts, tant les résultats de cette prodigieuse fécondité sont rapides. Aussi, sans l'immense consommation qui se fait, dans la nature, des animaux qui composent les premiers ordres du règne animal, ils accableroient bientôt et peutêtre anéantiroient, par les suites de leur énorme multiplicité, les animaux plus parfaits qui forment les dernières classes et les derniers ordres de ce règne, tant la différence dans les moyens et la facilité de se multiplier est grande entre les uns et les autres!

Ce que je viens de dire, relativement à la nécessité, pour les animaux, d'un calorique répandu dans les milieux environnans et qui y varie dans de certaines limites, est parfaitement applicable aux végétaux; mais, à l'égard de ceux-ci, la chaleur ne maintient en eux la vie que sous quelques conditions essentielles.

La première, qui est la plus importante, exige que le végétal, en qui la chaleur anime la végétation, ait continuellement et proportionnellement de l'humidité à la disposition de ses racines; car plus la chaleur augmente, plus ce végétal doit avoir d'eau pour fournir à la consommation qu'il en fait, ce qu'il perd de ses fluides par la transpiration étant alors d'autant plus considérable; et plus la chaleur diminue, moins il lui faut d'humidité qui nuiroit alors à sa conservation.

La seconde condition pour que la végétation puisse perfectionner ses produits, exige que le végétal à qui la chaleur et l'eau ne manquent pas, ait aussi de la lumière en abondance.

La troisième, enfin, le met dans la nécessité d'avoir de l'air, dont il s'approprie probablement l'*oxygène*, ainsi que les gaz qu'il y trouve, les décomposant aussitôt pour s'emparer de leurs principes.

D'après tout ce que je viens d'exposer, il est de toute évidence que le *calorique* est la première cause de la vie, en ce qu'il forme et entretient l'*orgasme*, sans lequel elle ne pourroit exister dans aucun corps, et qu'il y réussit tant que l'état des parties du corps vivant ne s'y oppose pas. On voit, d'ailleurs, que ce fluide expansif, surtout lorsqu'il jouit, par son abondance, d'une certaine intensité d'action, est le principal agent de l'énorme multiplication des corps vivans dont j'ai parlé tout à l'heure. Aussi est-il constant que, dans les climats chauds du globe, les règnes animal et végétal offrent une richesse et une abondance extrêmement remarquables; tandis que, dans les régions glacées de la terre, ils ne s'y montrent que dans l'état du plus grand appauvrissement.

Relativement à quantité d'animaux et de végétaux, il y a même, dans ce qui se passe à leur
égard, une différence considérable que produisent l'été et l'hiver de nos climats, et qui témoi-
gne en faveur du principe que je viens d'établir.

Quoique le *calorique* soit réellement la première cause de la vie dans les corps qui en jouissent, lui seul cependant ne pourroit nullement l'y
faire exister et y entretenir les mouvemens qui
la constituent en activité; il faut encore, surtout
pour les animaux, l'influence d'un *fluide excitateur* des actes de leur irritabilité. Or, nous avons
vu que l'*électricité* possède toutes les qualités nécessaires pour constituer ce fluide excitateur, et
qu'elle est assez généralement répandue partout,
malgré ses variations, pour que les corps vivans
en soient toujours pourvus.

Que quelqu'autre fluide invisible se joigne à
l'électricité pour compléter la cause qui a la faculté d'exciter les mouvemens vitaux et tous les
actes de l'organisation, cela est très-possible,
mais je n'en vois nullement la nécessité.

Il me paroît que le *calorique* et la *matière électrique* suffisent parfaitement pour composer ensemble cette cause essentielle de la vie; l'un en
mettant les parties et les fluides intérieurs dans
un état propre à son existence, et l'autre en provoquant, par ses mouvemens dans les corps, les
différentes

différentes excitations qui font exécuter les actes
organiques et qui constituent l'activité de la vie.

Tenter d'expliquer comment ces fluides agissent, et de déterminer positivement le nombre
de ceux qui entrent comme élémens dans la composition de la *cause excitatrice* de tous les mouvemens organiques; ce seroit abuser du pouvoir
de notre imagination, et créer arbitrairement des
explications dont nous n'avons pas les moyens
d'établir les preuves.

Il nous suffit d'avoir montré que la *cause excitatrice* des mouvemens qui constituent la vie,
ne réside dans aucun des fluides visibles qui se
meuvent dans l'intérieur des corps vivans; mais
qu'elle prend sa source principalement, savoir :

1°. Dans le *calorique,* qui est un fluide invisible,
pénétrant, expansif, continuellement actif, se ta-
misant avec une certaine lenteur à travers les
parties souples qu'il distend et rend irritables par
ce moyen, se dissipant et se renouvelant sans
cesse, et ne manquant jamais entièrement dans
aucun des corps qui possèdent la vie ;

2°. Dans le *fluide électrique,* soit ordinaire pour
les végétaux et les animaux imparfaits, soit galvanique pour ceux dont l'organisation est déjà
très-composée; fluide subtil, dont les mouvemens
sont d'une rapidité extraordinaire, et qui, provoquant les dissipations subites et locales du calo-

rique qui distend les parties, excite les actes d'irritabilité dans les organes non musculaires, et les mouvemens des muscles lorsqu'il porte son influence sur leurs parties.

Si les deux fluides que je viens de citer combinent ainsi leur action particulière, il en doit résulter pour les corps organisés qui éprouvent cette action, une cause ou une force puissante qui agit efficacement, se régularise dans ses actes par l'organisation, c'est-à-dire, par l'effet de la forme régulière et de la disposition des parties, et entretient les mouvemens et la vie tant qu'il existe dans ces corps un ordre de choses qui y permet de semblables effets.

Tel est, selon les apparences, le mode d'action de la cause excitatrice de la vie ; mais on ne sauroit le regarder comme connu, tant qu'il sera impossible d'en établir les preuves. Telle est peut-être aussi, dans les deux fluides cités, la totalité des principes qui concourent à la production de cette cause ; mais c'est encore une connoissance sur laquelle on ne sauroit compter. Ce qu'il y a de très-positif à ces égards, c'est que la source où la nature prend ses moyens pour obtenir cette cause et la force qui en résulte, se trouve dans des fluides invisibles et subtils, parmi lesquels les deux que je viens d'indiquer sont incontestablement les principaux.

Je dirai seulement que les fluides actifs et expansifs qui composent la *cause excitatrice* des
mouvemens vitaux, pénètrent ou se développent
sans cesse dans les corps qu'ils animent, les traversent partout en régularisant leurs mouvemens,
selon la nature, l'ordre et la disposition des parties, et s'en exhalent ensuite continuellement avec
la transpiration insensible qu'ils occasionnent.
Ce fait est incontestable, et sa considération répand le plus grand jour sur les causes de la vie.

Examinons actuellement le phénomène particulier que je nomme *orgasme* dans les corps
vivans, et de suite l'*irritabilité* que cet orgasme
produit dans les animaux où, par la nature de
leur corps, il obtient une grande énergie.

CHAPITRE IV.

De l'Orgasme et de l'Irritabilité.

CE n'est pas de l'affection particulière qu'on nomme *orgasme* dont il va être ici question ; mais il s'agira, sous la même dénomination, de l'état que conservent les parties souples et intérieures des animaux tant qu'ils possèdent la vie ; état qui leur est naturel, puisqu'il est essentiel à leur conservation ; état, enfin, qui nécessairement n'existe plus dans leurs parties, lorsqu'ils ont cessé de vivre, ou peu de temps après.

Il est certain que parmi les parties solides et intérieures des animaux, celles qui sont souples sont animées, pendant la vie, d'un *orgasme* ou espèce d'éréthisme particulier qui leur donne la faculté de s'affaisser et de réagir aussitôt, lorsqu'elles reçoivent quelque impression.

Un *orgasme* analogue existe aussi dans les parties solides les plus souples des végétaux tant qu'ils sont vivans ; mais il y est très-obscur, et tellement foible, qu'il ne donne nullement aux parties qui en sont douées, la faculté de réagir subitement contre les impressions qu'elles pourroient recevoir.

L'*orgasme* des parties souples et intérieures des animaux concourt, plus ou moins, à la production des phénomènes organiques de ces corps vivans; il y est entretenu par un fluide (peut-être plusieurs) invisible, expansif et pénétrant, qui traverse avec une certaine lenteur les parties qui en jouissent, et produit en elles la tension ou l'èspèce d'éréthisme que je viens de citer. L'orgasme qui résulte de cet état de choses dans les parties, s'y maintient, pendant la durée de la vie, avec une énergie d'autant plus grande, que les parties qui l'éprouvent ont une disposition et sont d'une nature qui s'y trouvent plus favorables, et qu'elles ont plus de souplesse et sont moins desséchées.

C'est ce même *orgasme*, dont on a reconnu la nécessité pour l'existence de la vie dans un corps, et que quelques physiologistes modernes ont regardé comme une espèce de *sensibilité*; de là ils ont prétendu que la sensibilité étoit le propre de tout corps vivant; que tous sont à la fois sensibles et irritables; que leurs organes sont tous imprégnés de ces deux facultés nécessairement coexistantes; en un mot, qu'elles sont communes à tout ce qui a vie, conséquemment aux animaux et aux végétaux. Enfin, *Cabanis*, qui partageoit cette opinion avec M. *Richerand*, et vraisemblablement avec d'autres, dit, en effet,

que la *sensibilité* est le fait général de la nature
vivante.

Cependant, M. *Richerand*, qui a particulièrement développé cette même opinion dans les pro-
légomènes de sa physiologie , reconnoissant que
la sensibilité qui nous donne la faculté de recevoir des sensations, et qui dépend des nerfs, n'est
pas la même chose que cette espece de sensibilité plus générale à laquelle le système nerveux
n'est pas nécessaire, propose de donner à la
première le nom de *perceptibilité*, et il nomme
la seconde *sensibilité latente*.

Puisque ces deux objets sont différens, et par
leur source, et par leurs produits, pourquoi donner un nom nouveau au phénomène connu, depuis long-temps, sous celui de *sensibilité*, et transporter le nom de *sensibilité* à un phénomène plus
nouvellement remarqué , et d'une nature tout-
à-fait particulière? Il est assurément plus convenable de donner un nom particulier au phénomène général dont la vie dépend ; et c'est ce que
j'ai fait en le désignant sous la dénomination
d'*orgasme*.

Probablement, sans l'orgasme (*la sensibilité
latente*), aucune fonction vitale ne pourroit
s'exécuter ; car partout où il existe, il n'y a
point d inertie réelle dans les parties , et ces parties ne sont point simplement passives. On l'a

senti ; mais on a porté trop loin l'idée que l'on s'est formée des facultés des parties vivantes, lorsqu'on a dit qu'elles sentent et agissent chacune à leur manière, qu'elles reconnoissent dans les fluides qui les arrosent ce qui convient à leur nutrition, et qu'elles en séparent les matières qui ont affecté leur mode particulier de sensibilité.

Quoiqu'on ne connoisse pas positivement ce qui se passe dans l'exécution de chaque fonction vitale, au lieu d'attribuer gratuitement aux parties une connoissance et un choix des objets qu'elles ont à séparer, à retenir, à fixer ou à evacuer, on a bien plus de raisons pour penser :

1°. Que les mouvemens organiques excités s'exécutent simplement par l'action et la réaction des parties ;

2°. Qu'il résulte de ces actions et réactions que les parties subissent dans leur état et leur nature, des changemens, des décompositions, des combinaisons nouvelles, etc. ;

3°. Qu'à la suite de ces changemens, il s'opère des sécrétions que le diamètre des canaux sécréteurs favorise ; des dépôts que la convenance des lieux et la nature des parties permettent, tantôt de retenir en isolement, et tantôt de fixer dans ces parties mêmes ; enfin, des évacuations diverses, des absorptions, des résorptions, etc.

Toutes ces opérations sont mécaniques, assujetties aux lois physiques, et s'exécutent à l'aide de la cause excitatrice et de l'orgasme qui entretiennent les mouvemens et les actions; en sorte que, par ces moyens, ainsi que par la forme, la disposition et la situation des organes, les fonctions vitales sont diversifiées, régularisées, et s'opèrent chacune selon leur mode particulier.

L'*orgasme* dont il s'agit dans ce chapitre, est un fait positif qui, quelque nom qu'on lui donne, ne peut plus être méconnu. Nous verrons qu'il est très-foible et très-obscur dans les végétaux, où il n'a que des facultés très-bornées; et qu'il se montre, au contraire, dans les animaux, d'une manière des plus éminentes; car il produit en eux cette faculté remarquable qui les distingue et qu'on nomme *irritabilite :* considérons-le d'abord dans les animaux.

De l'Orgasme animal.

Je nomme *orgasme animal,* cet état singulier des parties souples d'un animal vivant, qui constitue, dans tous les points de ces parties, une *tension* particulière et si active, qu'elle les rend susceptibles de *réaction* subite et instantanée, contre toute impression qu'elles peuvent éprouver, et qui les fait consequemment réagir sur les fluides en mouvement qu'elles contiennent.

Cette tension, variable dans son intensité, selon l'état des parties qui la subissent, constitue ce que les physiologistes nomment le *ton* des parties; elle paroît due, comme je l'ai dit, à la présence d'un fluide expansif qui pénètre ces mêmes parties ; qui s'y maintient pendant. un temps quelconque ; qui tient leurs molécules dans un certain degré d'écartement entre elles, sans détruire leur adhérence ou leur ténacité; et qui s'en échappe en partie et subitement, à tout contact provocateur d'une contraction, se rétablissant aussitôt après.

Ainsi, à l'instant de la dissipation du fluide expansif qui distendoit une partie, cette partie s'affaisse sur elle-même par l'effet de cette dissipation; mais elle se rétablit aussitôt dans sa distension première par l'arrivée de nouveau fluide expansif remplaçant. Il en résulte que l'orgasme de cette partie lui donne la faculté de réagir contre les fluides visibles qui agissoient sur elle.

Cette tension des parties molles des animaux vivans ne va pas au point d'empêcher la cohésion des molécules qui forment ces parties, et de détruire leur adhérence, leur agglutination et leur ténacité, tant que l'intensité de l'*orgasme* n'excède pas certaines proportions. Mais la tension dont il s'agit empêche le rapprochement et l'affaissement qu'auroient ces molécules, si la cause de cette tension n'existoit pas, puisque les parties molles tombent réellement dans un affaissement remarquable aussitôt que cette cause cesse son influence.

En effet, dans les animaux surtout, et même dans les végétaux, l'anéantissement de l'*orgasme*, qui ne s'effectue qu'à la mort des individus, donne alors lieu à un relâchement et un affaissement des parties souples qui les rend plus molles et plus flasques que dans l'état vivant. C'est ce qui a fait croire que ces parties flasques, considérées dans des vieillards après leur mort, n'avoient point acquis la rigidité qu'amène graduellement dans les organes la durée de la vie.

Le sang des animaux dont l'organisation est très-composée, jouit lui-même d'une sorte d'*orgasme*, surtout le sang artériel; car il est, pendant la vie, pénétré de certains gaz qui se développent dans ses parties, à mesure qu'elles subissent des changemens. Or, ces gaz concourent peut-être aussi à l'excitation des actes d'irritabilité des organes, et conséquemment aux mouvemens vitaux, lorsque le sang qui les contient affecte ces organes.

L'excessive tension que forme l'*orgasme* dans certaines circonstances, soit dans toutes les parties molles de l'individu, soit dans certaines d'en-

tre elles., et qui ne va pas néanmoins au point
de rompre la cohésion de ces parties, est connue sous le nom d'*éréthisme*, dont le *maximum*
produit l'inflammation ; et l'excessive diminution
de l'*orgasme*, mais qui ne va pas au point de
le rendre nul, est, en général, désignée par le
nom d'*atonie*.

La tension qui constitue l'*orgasme* pouvant
varier d'intensité entre certaines limites; d'une
part, sans détruire la cohésion des parties, et
de l'autre part, sans cesser d'exister, cette variation rend possibles les contractions et les distensions subites de ces parties, lorsque la cause
de l'*orgasme* est instantanément suspendue et
rétablie dans ses effets. Voilà, ce me semble, la
cause première de l'*irritabilité* animale.

La cause qui produit l'*orgasme*, c'est à-dire,
cette tension particulière des parties souples et
intérieures des animaux, fait, sans doute, partie
de celle que j'ai nommée *cause excitatrice* des
mouvemens organiques; elle réside principalement dans le calorique, soit seulement dans celui que fournissent les milieux environnans, soit
à la fois dans celui-ci et dans le même calorique
qui se produit sans cesse dans l'intérieur de
beaucoup d'animaux.

En effet, il s'émane continuellement un calorique expansif du sang artériel de beaucoup

d'animaux, qui constitue, dans leurs parties souples, la principale cause de leur *orgasme*. C'est surtout dans ceux qui ont le sang chaud que l'émanation continuelle de ce calorique devient plus remarquable. Ce fluide expansif se dissipe continuellement des parties dans lesquelles il s'étoit répandu et qu'il distendoit; mais il y est sans cesse renouvelé par la continuité des émanations nouvelles que le sang artériel de l'animal ne cesse de fournir.

Un fluide expansif semblable à celui dont il vient d'être question, se trouve répandu dans les milieux environnans, et fournit sans cesse à l'*orgasme* des animaux vivans, soit en complétant ce qui manque au *calorique intérieur* pour l'exécuter, soit en l'effectuant totalement.

En effet, il aide plus ou moins l'*orgasme* des animaux les plus parfaits, et suffit seul à l'entretien de celui des autres; il est surtout la cause de l'*orgasme* de tous les animaux qui n'ont ni artères, ni veines, c'est-à-dire, qui manquent de système de circulation. Aussi, tout mouvement organique s'affoiblit graduellement dans ces animaux, à mesure que la température des milieux environnans s'abaisse; et si cet abaissement de température va toujours en augmentant, leur *orgasme* s'anéantit, et ils périssent. Que l'on se rappelle l'engourdissement qu'éprouvent les abeilles, les fourmis, les serpens, et beaucoup d'autres animaux, lorsque la température s'abaisse jusqu'à un certain point, et l'on jugera si ce que je viens d'exposer peut avoir quelque fondement.

L'abaissement de température qui cause l'engourdissement de beaucoup d'animaux, ne produit cet effet qu'en affoiblissant leur *orgasme*, et par suite, qu'en ralentissant leurs mouvemens vitaux. Si cet abaissement de température va trop loin, j'ai dit qu'il anéantissoit alors l'*orgasme* dont il s'agit, ce qui fait périr les animaux qui se trouvent dans ce cas; mais je 'remarquerai, à cet égard, que dans les effets d'un refroidissement qui va au point d'amener la mort d'un individu, il y a une particularité observée à l'égard des animaux à sang chaud, et qui s'étend peut-être à tous ceux qui ont des nerfs : la voici.

On sait qu'un abaissement de température suffisant pour engourdir et réduire à un état de sommeil apparent certains animaux à mamelles, comme les *marmottes*, les *chauves-souris*, etc., n'est pas très-considérable. Si la chaleur revient, elle les pénètre, les ranime, les réveille, et leur rend leur activité habituelle; mais si, au contraire, le froid augmente encore après que ces animaux sont tombés dans l'engourdissement, au

lieu de les faire passer insensiblement de leur
état de sommeil apparent à la mort, cette augmentation de froid, si elle est un peu forte, produit alors sur leurs nerfs une irritation qui les
réveille, les agite, ranime leurs mouvemens organiques, et par suite, leur chaleur interne; et
si cette augmentation de froid subsiste, elle les
met bientôt dans un état de maladie qui cause
leur mort, à moins que la chaleur ne leur soit
promptement rendue.

Il suit de là que pour les animaux à sang
chaud, et peut-être pour tous ceux qui ont des
nerfs, un simple affoiblissement de leur *orgasme*
peut les réduire à l'état d'engourdissement; mais
qu'alors cet *orgasme* n'est pas totalement détruit,
puisque s'il survient un froid assez grand pour
l'anéantir, ce froid, avant d'opérer cet effet, les
irrite, les fait souffrir, les agite, et finit par
les tuer.

Il y a apparence qu'à l'égard des animaux privés de nerfs, tout abaissement de température
capable d'affoiblir leur *orgasme*, et de les réduire à un état d'engourdissement, peut, s'il
augmente suffisamment, les faire passer de leur
état de sommeil léthargique à celui de la mort,
sans leur rendre auparavant aucune activité pas-
sagère.

On a pris l'effet pour la cause même, lorsqu'on

a supposé que le premier produit d'un certain degré de froid étoit de ralentir la *respiration* ;
et de là on a attribué l'engourdissement que
subissent certains animaux, lorsque la température s'abaisse suffisamment pour cet effet, à un
ralentissement direct de la respiration de ces
animaux , tandis que le ralentissement réel de
cette même respiration n'est lui-même que la
suite d'un autre effet produit par le froid, savoir, l'affoiblissement de leur orgasme.

A l'égard des animaux qui respirent par un poumon, ceux d'entre eux qui tombent dans l'engourdissement lorsqu'ils éprouvent certains degrés de froid, subissent, sans doute, un ralentissement considérable dans leur respiration ; mais
ici, ce ralentissement de respiration n'est évidemment que le résultat d'un grand affoiblissement survenu dans l'*orgasme* de ces animaux. Or,
cet affoiblissement ralentit tous les mouvemens
organiques, l'exécution de toutes les fonctions,
la production du *calorique* intérieur, les pertes
que font ces animaux pendant leur activité habituelle, et conséquemment réduit à très-peu de
choses, ou presqu'à rien, leurs besoins de réparation pendant leur léthargie.

En effet, les animaux qui respirent par un
poumon sont assujettis à des gonflemens et des
resserremens alternatifs de la cavité qui contient

leur organe respiratoire. Or, ces mouvemens s'exécutent avec une facilité plus ou moins grande, selon que l'*orgasme* des parties souples a plus ou moins d'énergie. Ainsi plusieurs animaux à mamelles, tels que la marmotte, le loir, et beaucoup de reptiles, comme les serpens, tombent dans l'engourdissement à certains abaissemens de température, parce qu'ils ont alors leur *orgasme* très-affoibli, et qu'il en résulte, comme second effet, un ralentissement dans toutes leurs fonctions organiques, et par conséquent dans leur respiration.

Si cette diminution dans l'énergie de leur *orgasme* n'avoit pas lieu, il n'y auroit aucune raison pour que l'air, quoique plus froid, fût moins respiré par ces animaux. Dans les *abeilles* et les *fourmis*, qui respirent par des trachées, et dans lesquelles l'organe respiratoire ne subit point de gonflemens et de resserremens alternatifs, on ne peut dire que lorsqu'il fait froid ces animaux respirent moins; mais on a de bons motifs pour assurer que leur *orgasme* est alors très-affoibli, et qu'il les réduit à l'engourdissement qu'ils éprouvent dans cette circonstance.

Enfin, dans les animaux à sang chaud, la chaleur interne étant presque entièrement produite en eux, soit par suite de la décomposition de l'air dans la respiration, ainsi qu'on le pense actuellement,

tuellement, soit parce qu'elle émane sans cesse
du sang artériel dans les changemens qu'il subit
pour passer à l'état de sang veineux, ce qui est
mon opinion particulière; l'*orgasme* acquiert ou
perd de son énergie, selon que le calorique intérieur qui se trouve produit, augmente ou diminue en quantité.

Il est fort indifférent, pour la validité de l'explication que je donne de l'*orgasme*, que le calorique qui se produit dans l'intérieur des animaux à sang chaud, soit le résultat de la décomposition de l'air dans la respiration, ou qu'il
soit une émanation du sang artériel à mesure qu'il
se change en sang veineux. Cependant si l'on
vouloit revenir à l'examen de cette question, je
proposerois les considérations suivantes :

Si vous buvez un verre de liqueur spiritueuse,
la chaleur que vous sentez se développer dans votre estomac ne provient pas assurément de votre
respiration augmentée. Or, s'il peut s'émaner du
calorique de cette liqueur à mesure qu'elle subit des changemens dans votre organe, il en peut
s'exhaler pareillement de votre sang à mesure
qu'il subit lui-même des changemens dans l'état
de ses parties.

Si dans la fièvre la chaleur intérieure est fort
augmentée, on observe qu'alors la respiration est
aussi plus fréquente, et de là l'on conclut que la

consommation d'air est plus considérable ; ce qui
appuie l opinion que le calorique intérieur des
animaux à sang chaud résulte de la décomposition de l'air respiré. Je ne connois pas d'expérience qui m'apprenne positivement si, pendant la fièvre, la consommation d'air est réellement plus considérable que dans l'état de santé ;
je doute même que cela soit ainsi ; car si la respiration est plus fréquente dans cet état de maladie, il peut y avoir une compensation, en ce
qu'alors chaque inspiration est moins grande
par la gêne qu éprouvent les parties ; mais ce que
je sais, c'est que lorsque j'éprouve une inflammation locale, comme un *furoncle*, ou toute
autre tumeur enflammée, il s'émane du sang des
parties souffrantes un *calorique* d'une abondance
extraordinaire; et cependant je ne vois pas qu'aucune augmentation de respiration ait alors donné
lieu à cette surabondance *locale* de calorique;
je sens, au contraire, que le sang pressé et cu-
mulé dans la partie malade, doit être exposé à
un désordre et à des altérations (ainsi que les
parties souples qui le contiennent) qui le mettent dans le cas de produire en ce lieu le calorique observé.

Admettre que l'air atmosphérique contient,
dans sa composition, un fluide qui, lorsqu'il en
est dégagé, est un *calorique expansif,* c'est ce

que je ne puis faire ; j'ai exposé ailleurs mes
motifs à cet égard. A la vérité, je crois que l'air
est composé d'oxygène et d'azote , et je sais qu'il
contient du calorique interposé entre ses parties , parce que , dans notre globe , il n'y a nulle
part de froid absolu. Je suis même très-persuadé
que le fluide combiné et fixé qui, dans son dégagement , se trouve changé en *calorique expansif*, faisoit auparavant partie constituante de
notre sang ; que ce fluide combiné s'en dégage
sans cesse partiellement, et que, par son dégagement successif, il produit notre chaleur interne. Ce qui doit nous faire sentir que cette chaleur interne ne vient pas de notre respiration ,
c'est que si nous ne réparions continuellement les
pertes que fait notre sang , par des alimens et
conséquemment par un chyle toujours renouvelé
qui s'y verse , notre respiration, sans cette réparation, ne rendroit pas à notre sang les qualités qu'il doit avoir pour la conservation de notre existence.

Le bénéfice que les animaux retirent de leur
respiration n'est pas douteux ; leur sang en reçoit
une réparation dont ils ne pourroient se passer
sans périr ; et il paroît qu'on est fondé à croire
que c'est en s'emparant de l'oxygène de l'air ,
que le sang reçoit une des réparations qui lui
sont indispensables. Mais dans tout cela, il n'y

a aucune preuve que le calorique produit, vienne plutôt de l'air ou de son oxygène, que du sang même.

On peut dire la même chose à l'égard de la combustion : l'air en contact avec les matières enflammées peut se décomposer, et son oxygène dégagé peut se fixer dans les résidus de cette combustion; mais il n'y a nulle preuve que le calorique alors produit, vienne plutôt de l'oxygène de l'air que des matières combustibles, dans lesquelles je pense qu'il étoit combiné. Tous les faits connus s'expliquent mieux, et plus naturellement dans cette dernière opinion que dans aucune autre.

Quoi qu'il en soit, le fait positif est que, dans un grand nombre d'animaux, il y a un *calorique expansif* continuellement produit dans leur intérieur, et que c'est ce fluide invisible et pénétrant qui y entretient l'*orgasme* et l'irritabilité de leurs parties souples; tandis que dans les autres animaux, l'*orgasme* et l'irritabilité sont principalement le résultat du *calorique* des milieux environnans.

Refuser de reconnoître l'*orgasme* dont je viens de parler, et le regarder comme un fait supposé, c'est-à-dire, comme un produit de l'imagination, ce seroit nier, dans les animaux, l'existence du *ton* des parties dont ces corps jouissent pendant la durée de leur vie. Or, la mort seule anéantit ce *ton*, ainsi que l'orgasme qui le constituoit.

Orgasme végétal.

Il paroît que, dans les végétaux, la cause excitatrice des mouvemens organiques agit principalement sur les fluides contenus et les met seuls en mouvement; tandis que le tissu cellulaire végétal, soit simple, soit modifié en tubes vasculiformes, n'en reçoit qu'un *orgasme* obscur, d'où naît une contractilité générale très-lente, qui n'agit jamais isolément, ni subitement.

Si, dans la saison des chaleurs, une plante cultivée dans un pot ou une caisse, a besoin d'arrosement, on remarque que ses feuilles, l'extrémité de ses rameaux, et ses jeunes pousses sont pendantes et prêtes à se flétrir : la vie, cependant, y existe toujours; mais l'*orgasme* des parties souples de ce corps vivant y est alors très-affoibli. Si l'on arrose cette plante, on la voit peu à peu redresser ses parties pendantes, et montrer un air de vie et de vigueur dont elle étoit privée lorsqu'elle manquoit d'eau.

Ce rétablissement de la vigueur du végétal n'est pas, sans doute, uniquement le produit des fluides contenus nouvellement introduits dans la plante; mais il est aussi l'effet de l'*orgasme* ranimé de ce végétal, le fluide expansif qui cause cet orgasme, pénétrant les parties de la plante avec d'autant plus de facilité, que ses sucs ou ses fluides contenus sont plus abondans.

Ainsi, l'orgasme obscur des végétaux vivans cause, à la vérité, dans leurs parties solides, surtout dans les plus nouvelles, une contractilité lente et générale, une sorte de tension sans mouvemens instantanés, mais que différens faits autorisent à reconnoître. Néanmoins, cet orgasme végétal ne donne nullement aux organes la faculté de réagir subitement au contact des objets qui devroient les affecter, et conséquemment il n'a nullement la puissance de produire l'irritabilité dans les parties de ces corps vivans.

En effet, il n'est pas vrai, quoiqu'on ait dit le contraire (1), que les canaux dans lesquels se meuvent les fluides visibles de ces corps vivans, soient sensibles aux impressions des fluides excitateurs, et qu'ils se relâchent et se distendent ensuite pour effectuer, par une réaction subite, le transport et l'élaboration de leurs fluides visibles; en un mot, qu'ils aient un véritable *ton*.

Enfin, il n'est pas vrai que les mouvemens par-

_____

(1) RICHERAND, *Physiologie*, I, p. 32.

ticuliers observés, à certaines époques, dans les organes de la reproduction de diverses plantes, ni que ceux des feuilles, des pétioles et même des petits rameaux des plantes dites *sensitives*, soient des produits et des preuves d'*irritabilité* existante dans ces parties. J'ai observé et examiné ces mouvemens, et je me suis convaincu que leur cause n'avoit rien de comparable à l'irritabilité animale. Voyez ce que j'en ai dit, *page* 93 à 96.

Quoique la nature n'ait sans doute qu'un plan unique et général pour l'exécution de ses productions vivantes, elle a néanmoins varié partout ses moyens, en diversifiant ces productions, selon les circonstances et les objets sur lesquels elle a opéré. Mais l'homme, dans sa pensée, s'efforce sans cesse de la restreindre aux mêmes moyens, tant l'idée qu'il s'est formée de la nature est encore éloignée de celle qu'il en doit concevoir.

Que d'efforts n'a-t-on pas faits pour trouver partout la génération sexuelle dans les deux règnes des corps vivans ; et à l'égard des animaux, pour retrouver dans tous des nerfs, des muscles, le sentiment, la volonté même qui est nécessairement un acte d'intelligence ! Que la nature seroit déçue de ce qu'elle est réellement, si elle se trouvoit bornée aux facultés que nous lui attribuons !

On vient de voir que l'orgasme se montre avec une intensité très-différente et par conséquent avec

des résultats tout-à-fait particuliers selon la nature
des corps vivans dans lesquels il est produit, et
que dans les animaux seulement il donne lieu à
l'*irritabilité*. Il convient donc d'examiner maintenant en quoi consiste le phénomène singulier qui
porte ce nom.

L'Irritabilité.

L'*irritabilité* est la faculté que possèdent les
parties irritables des animaux de produire subitement un phénomène local, qui peut s'exécuter
dans chaque point de la surface de ces parties, et
se répéter de suite autant de fois que la cause provocatrice de ce phénomène agit sur les points capables d'y donner lieu.

Ce phénomène consiste en une contraction
subite et un affaissement du point irrité ; affaissement accompagné d'un resserrement des
points environnans vers celui qui a été affecté,
mais qui est bientôt suivi d'un mouvement
contraire, c'est-à-dire, d'une distension du point
irrité et des parties voisines ; en sorte que l'é-
tat naturel des parties que l'orgasme distend se
rétablit aussitôt.

J'ai dit, au commencement de ce chapitre, que
l'*orgasme* est formé et entretenu par le calorique,
c'est-à-dire, par un fluide invisible, expansif et pénétrant, qui traverse avec une certaine lenteur les

parties souples des animaux, et y produit une tension ou une espèce d'éréthisme. Or, si une impression quelconque vient à s'opérer sur telle de ces
parties, et qu'elle y provoque une dissipation subite du fluide invisible qui la distendoit, aussitôt
cette partie s'affaisse et se contracte : mais si, dans
l'instant même, une nouvelle quantité du fluide
expansif se développe et vient la distendre de
nouveau, alors elle réagit aussitôt, et produit
ainsi le phénomène de l'*irritabilité*.

Enfin, comme les parties voisines du point affecté éprouvent elles-mêmes une légère dissipation
du fluide expansif qui les distendoit, leur affaissement et leur rétablissement étant alternatifs, les
mettent dans un état de tremblotement très-
passager.

Ainsi, une contraction subite de la partie affectée, suivie d'une distension pareillement subite
qui rétablit cette partie dans son premier état,
constitue le phénomène local de l'*irritabilité*.

Le phénomène dont il s'agit n'exige nullement,
pour se produire, l'action d'aucun organe spécial, car l'état des parties et la cause qui le provoque suffisent seuls à sa production; et, en effet,
on l'observe dans les organisations animales les
plus simples : aussi, l'impression qui donne lieu
à ce phénomène n'est transportée par aucun organe particulier à aucun centre de rapport, à

aucun foyer d'action ; enfin, tout se passe uniquement dans le lieu même de l'impression, et tous les points de la surface des parties irritables sont susceptibles de le produire et de le répéter toujours de la même manière. Ce phénomène, comme on voit, est bien différent, par sa nature, de celui des *sensations*.

D'après toutes ces considérations, on voit clairement que l'orgasme est la source où l'*irritabilité* prend naissance ; mais cet orgasme se montre avec une intensité très-différente, selon la nature des corps dans lesquels il est produit.

Dans les végétaux, où il est très-obscur, sans énergie, et où il ne cause qu'avec une extrême lenteur les affaissemens et les distensions des parties, il n'a nullement le pouvoir de produire l'*irritabilité*.

Au contraire, dans les animaux où, par la nature de la substance de leur corps, l'orgasme est très-développé, il produit avec célérité les contractions et les distensions des parties, à la provocation des causes qui les excitent ; il y constitue l'*irritabilité* d'une manière éminente.

Cabanis, dans son ouvrage intitulé, *Rapports du physique et du moral de l'homme*, s'est proposé de prouver que la *sensibilité* et l'*irritabilité* sont des phénomènes de même nature et qui ont une source commune (*Histoire des Sen-*

sations, vol. I, p. 90); dans la vue, sans doute, d'accorder ce que l'on sait des animaux les plus imparfaits avec l'opinion ancienne et toujours admise, que tous les animaux, sans exception, jouissent de la faculté de sentir.

Les raisons que ce savant apporte pour montrer l'identité de nature entre le *sentiment* et l'*irritabilité*, ne m'ont paru ni claires, ni convaincantes : aussi ne détruisent-elles nullement les considérations suivantes qui distinguent éminemment ces deux facultés.

L'*irritabilité* est un phénomène propre à l'organisation animale, qui n'exige aucun organe spécial pour s'exécuter, et qui subsiste quelque temps encore après la mort de l'individu. Qu'il y ait, dans l'organisation, des organes spéciaux, ou qu'il n'y en ait aucun, cette faculté pouvant néanmoins exister, est donc générale pour tous les animaux.

La *sensibilité*, au contraire, est un phénomène particulier à certains animaux, en ce qu'elle ne peut se manifester que dans ceux qui ont un organe spécial essentiellement distinct et seul propre à la produire, et en ce qu'elle cesse constamment avec la vie, ou même un peu avant la mort.

On peut assurer que le sentiment ne peut avoir lieu dans un animal sans l'existence d'un organe spécial propre à le produire, c'est-à-dire, sans un *système nerveux*. Or, cet organe est toujours très-distinct ; car ne pouvant exister sans un *centre de rapport* pour les nerfs, il ne sauroit être imperceptible lorsqu'il existe. Cela étant ainsi, et quantité d'animaux n'offrant aucun *système nerveux*, il est évident que la sensibilité n'est pas une faculté générale pour·tous les animaux.

Enfin, le *sentiment* comparé à l'*irritabilité*, offre, en outre, cette particularité distinctive, qu'il cesse avec la vie, ou même un peu avant, tandis que l'*irritabilité* se conserve quelque temps encore après la mort de l'individu, meme après qu'il auroit été mis en pièces.

Le temps pendant lequel l'*irritabilité* se conserve dans les parties d'un individu après sa mort, varie, sans doute, à raison du système d'organisation de cet individu ; mais dans tous les animaux, probablement, l'*irritabilité* se manifeste encore après la cessation de la vie.

Dans l'homme, l'*irritabilité* de celles de ses parties qui en sont susceptibles, ne dure guère que deux ou trois heures après qu'il a cessé de vivre, et moins encore, selon la cause qui l'a fait périr : mais trente heures après avoir enlevé le cœur d'une grenouille, ce cœur est encore irritable et susceptible de produire des mouvemens lorsqu'on l'irrite. Il y a des insectes en

qui des mouvemens se manifestent plus long-temps
encore après avoir été vidés de leurs organes intérieurs.

D'après ce qui vient d'être exposé, on voit
que l'*irritabilité* est une faculté particulière aux
animaux ; que tous en sont éminemment doués
dans toutes ou dans certaines de leurs parties, et
qu'un *orgasme* énergique en est la source : on
voit, en outre, que cette faculté est fortement
distincte de celle de *sentir ;* que l'une est d'une
nature très-différente de celle de l'autre, et que
le sentiment ne pouvant résulter que des fonctions d'un système nerveux, muni, comme je
l'ai fait voir, de son centre de rapport, il n'est
propre qu'aux animaux qui possèdent un pareil
système d'organes.

Examinons maintenant l'importance du *tissu
cellulaire* dans toute espèce d'organisation.

CHAPITRE V.

*Du Tissu cellulaire, considéré comme la Gangue
dans laquelle toute organisation a été formée.*

A MESURE que l'on observe les faits que
nous présente la nature dans ses diverses parties, il est singulier de pouvoir remarquer que
les causes, même les plus simples, des faits observés, sont souvent celles qui restent le plus
long-temps inaperçues.

Ce n'est pas d'aujourd'hui que l'on sait que
tous les organes quelconques dans les animaux
sont enveloppés de *tissu cellulaire*, et que leurs
moindres parties sont dans le même cas.

En effet, il est reconnu, depuis long-temps,
que les membranes qui forment les enveloppes
du cerveau, des nerfs, des vaisseaux de tout
genre, des glandes, des viscères, des muscles
et de leurs fibres, que la peau même du corps,
sont généralement des productions du *tissu cellulaire*.

Cependant, il ne paroît pas qu'on ait vu autre
chose dans cette multitude de faits concordans,
que les faits eux-mêmes; et personne, que je

sache, n'a encore aperçu que le *tissu cellulaire* est la matrice générale de toute organisation, et que sans ce tissu aucun corps vivant ne pourroit exister et n'auroit pu se former.

Ainsi, lorsque j'ai dit (1) que le *tissu cellulaire* est la gangue dans laquelle tous les organes des corps vivans ont été successivement formés, et que le *mouvement des fluides* dans ce tissu est le moyen qu'emploie la nature pour créer et développer peu à peu ces organes aux dépens de ce même tissu, je n'ai pas craint de me voir opposer des faits qui attesteroient le contraire; car c'est en consultant les faits eux-mêmes qu'on peut se convaincre que tout organe quelconque a été formé dans le *tissu cellulaire*, puisqu'il en est partout enveloppé, même dans ses moindres parties.

Aussi voyons-nous que, dans l'ordre naturel, soit des animaux, soit des végétaux, ceux de ces corps vivans dont l'organisation est la plus simple, et qui, conséquemment, sont placés à l'une des extrémités de l'ordre, n'offrent qu'une masse de tissu cellulaire dans laquelle on n'aperçoit encore ni vaisseaux, ni glandes, ni viscères quel-

---

(1) Discours d'ouverture du Cours des Animaux sans vertebres, prononcé en 1806, *p.* 33. Dès l'an 1796, j'exposois ces principes dans les premieres leçons de mon Cours.

conques; tandis que ceux de ces corps qui ont l'organisation la plus composée, et qui, par cette raison, sont placés à l'autre extrémité de l'ordre, ont tous leurs organes tellement enfoncés dans le *tissu cellulaire*, que ce tissu forme généralement leurs enveloppes, et constitue pour eux ce milieu commun par lequel ils communiquent, et qui donne lieu à ces metastases subites si connues de tous ceux qui s'occupent de l'art de guérir.

Comparez, dans les animaux, l'organisation très-simple des *infusoires* et des *polypes* qui n'offre, dans ces êtres imparfaits, qu'une masse gelatineuse, uniquement formée de tissu cellulaire, avec l'organisation très - composée des mammifères, qui présente un tissu cellulaire toujours existant, mais enveloppant une multitude d organes divers ; et vous jugerez si les considérations que j'ai publiées sur ce sujet important sont les résultats d'un système imaginaire.

Comparez de même, dans les végétaux, l'organisation très-simple des algues et des champignons, avec l'organisation plus composée d'un grand arbre ou de tel autre végétal dicotylédon quelconque ; et vous déciderez si le plan général de la nature n'est pas partout le même, malgré les variations infinies que ses operations particulières vous présentent.

Effectivement ,

Effectivement, dans les algues inondées, telles que les nombreux *fucus* qui constituent une grande famille composée de différens genres, et telles encore que les *ulva*, les *conferva*, etc., le tissu cellulaire, à peine modifié, se montre de manière à prouver que c'est lui seul qui forme toute la substance de ces végétaux; en sorte que, dans plusieurs de ces algues, les fluides intérieurs, par leurs mouvemens dans ce tissu, n'y ont encore ébauché aucun organe quelconque; et dans les autres, ils n'y ont frayé que quelques canaux rares qui vont alimenter les corpuscules reproductifs que les botanistes prennent pour des graines, parce que souvent ils les trouvent enveloppés plusieurs ensemble dans une vésicule capsulaire, comme le sont aussi les gemmes de beaucoup de *sertulaires* connues.

On peut donc se convaincre, par l'observation, que, dans les animaux les plus imparfaits, tels que les *infusoires* et les *polypes*, et dans les végétaux les moins parfaits, tels que les *algues* et les *champignons*, tantôt il n'existe aucune trace de vaisseaux quelconques, et tantôt il ne se trouve que des canaux rares simplement ébauchés; enfin, on peut reconnoître que l'organisation très-simple de ces corps vivans n'offre qu'un tissu cellulaire, dans lequel les fluides qui le vivifient se meuvent avec lenteur, et que ces corps, dépourvus d'organes spéciaux, ne se développent, ne s'accroissent, et ne se multiplient ou ne se régénèrent que par une faculté d'*extension*, et de *séparation* de parties reproductives qu'ils possèdent dans un degré très-éminent.

A la vérité, dans les végétaux, même dans les plus perfectionnés en organisation, il n'y a pas de vaisseaux comparables à ceux des animaux qui ont un système de circulation.

Ainsi, l'organisation intérieure des végétaux n'offre réellement qu'un *tissu cellulaire* plus ou moins modifié par le mouvement des fluides; tissu qui est très-peu modifié dans les algues, dans les champignons, et même dans les mousses, tandis qu'il l'est beaucoup plus dans les autres végétaux, et surtout dans ceux qui sont dicotylédons. Mais partout, même dans les végétaux les plus perfectionnés, il n'y a véritablement à l'intérieur de ces corps vivans qu'un tissu cellulaire modifié en une multitude de tubes divers, la plupart parallèles entre eux, par suite du mouvement ascendant et du mouvement descendant des fluides, sans que ces tubes, dans leur structure, soient pour cela des canaux comparables aux vaisseaux des animaux qui possèdent un système de circulation. Nulle part ces tubes végétaux ne s'entrelacent et ne forment ces masses particulières de vaisseaux repliées et enlacées de mille manières, que nous nommons *glandes* conglomérées dans les animaux qui ont une circulation. Enfin, dans tous les végétaux, sans exception, l'intérieur de ces corps ne présente aucun organe spécial quelconque : tout y est tissu cellulaire plus ou moins modifié, tubes longitudinaux pour le mouvement des fluides, et fibres plus ou moins dures et pareillement longitudinales pour l'affermissement de la tige et des branches.

Si, d'une part, l'on reconnoît que tout corps vivant quelconque est une masse de *tissu cellulaire* dans laquelle se trouvent enveloppés des organes divers plus ou moins nombreux, selon que ce corps a une organisation plus ou moins composée ; et si, de l'autre part, l'on reconnoît aussi que ce corps, quel qu'il soit, contient, dans ses parties, des fluides qui y sont plus ou moins en mouvement, selon que, par l'etat de son organisation, il possède une vie plus ou moins active ou énergique ; on doit donc conclure que c'est au mouvement des fluides dans le *tissu cellulaire* qu'il faut attribuer originairement la formation de toute espèce d'organe dans le sein de ce tissu, et que conséquemment chaque organe doit en être enveloppé, soit dans son ensemble, soit dans ses plus petites parties; ce qui a effectivement lieu.

Relativement aux animaux, je n'ai pas besoin

de faire sentir que , dans diverses parties de leur
intérieur, le *tissu cellulaire* s'étant trouvé resserré latéralement par les fluides en mouvement
qui s'y ouvroient un passage, a été affaissé sur
lui-même dans ces parties; qu'il s'y est trouvé com-
primé et transformé, autour de ces masses cou-
rantes de fluide, en membranes enveloppantes;
et qu'à l'extérieur, ces corps vivans étant sans
cesse comprimés par la pression des fluides environnans (soit les eaux, soit les fluides atmo-
sphériques) , et modifiés par des impressions
externes, et par des dépôts qui s'y sont fixés,
leur *tissu cellulaire* a formé cette enveloppe
générale de tout corps vivant qu'on nomme *peau*
dans les animaux, et *écorce* dans les plantes.

J'étois donc fondé en raisons, lorsque j'ai dit,
«que le propre du mouvement des fluides dans les
parties souples des corps vivans qui les contiennent, et principalement dans le *tissu cellulaire* de ceux qui sont les plus simples, est de
s'y frayer des routes, des lieux de dépôt et des
issues; d'y créer des canaux, et , par suite, des
organes divers; d'y varier ces canaux et ces organes à raison de la diversité , soit des mouvemens, soit de la nature des fluides qui y donnent lieu; enfin, d'agrandir, d'allonger, de diviser et de solidifier graduellement ces canaux
et ces organes par les matières qui se forment

sans cesse dans ces fluides composés, qui s'en séparent ensuite, et dont une partie s'assimile et s'unit aux organes, tandis que l'autre est rejetée au dehors. » (*Rech. sur les Corps vivans*, p. 8 et 9.)

De même j'étois fondé en raisons, lorsque j'ai dit, « que l'état d'organisation dans chaque corps vivant a été obtenu petit à petit par les progrès de l'influence du mouvement des fluides (dans le *tissu cellulaire* d'abord, et ensuite dans les organes qui s'y trouvent formés), et par ceux des changemens que ces fluides y ont continuellement subi dans leur nature et leur état, par la succession habituelle de leurs déperditions et de leurs renouvellemens. »

Enfin, j'étois autorisé par ces considérations, lorsque j'ai dit, « que chaque organisation et chaque forme acquises par cet état de choses et par les circonstances qui y ont concouru, furent conservées et transmises par la génération, jusqu'à ce que de nouvelles modifications de ces organisations et de ces formes eussent été acquises par la même voie et par de nouvelles circonstances. » (*Rech. sur les Corps vivans*, p. 9.)

Il résulte de ce que je viens d'exposer, que le propre du *mouvement des fluides* dans les corps vivans, et par conséquent du mouvement organique, est non-seulement de développer l'organisation, tant que ce mouvement n'est point affoibli par l'indurescence que la durée de la vie produit dans les organes; mais que ce *mouvement des fluides* a, en outre, la faculté de composer peu à peu l'organisation, en multipliant les organes et les fonctions à remplir, à mesure que de nouvelles circonstances dans la manière de vivre, ou que de nouvelles habitudes contractées par les individus, l'excitent diversement, exigent de nouvelles fonctions, et conséquemment de nouveaux organes.

J'ajoute à ces considérations, que plus le mouvement des fluides est rapide dans un corps vivant, plus il y complique l'organisation, et plus alors le système vasculaire s'y ramifie.

C'est du concours non interrompu de ces causes et de beaucoup de temps, ainsi que d'une diversité infinie de circonstances influentes, que les corps vivans de tous les ordres ont été successivement formés.

L'organisation végétale s'est aussi formée dans un tissu cellulaire.

Que l'on se représente un *tissu cellulaire*, dans lequel, par certaines causes (1), la nature

_____

(1) L'analise chimique a fait voir que les substances

n'a pu établir l'*irritabilité*, et on aura l'idée de la gangue dans laquelle toute organisation végétale a été formée.

Si l'on considère ensuite que les mouvemens des fluides dans les végétaux ne sont excités que par des influences extérieures, on se convaincra que, dans cette sorte de corps vivans, la vie ne peut avoir qu'une foible activité, même dans les temps et les climats où la végétation est rapide, et que conséquemment la composition de l'organisation, dans ces êtres, est nécessairement restreinte dans des limites très-resserrées.

On s'est donné des peines infinies pour connoître dans ses détails l'organisation des végétaux : on a cherché en eux des organes particuliers ou spéciaux, comparables, s'il étoit possible, à quelques-uns de ceux que l'on connoît dans les animaux ; et les résultats de tant de recherches n'ont abouti qu'à nous montrer dans

---

animales abondent en *azote*, tandis que les substances végétales sont dépourvues de cette matière, ou n'en contiennent que dans de très-petites proportions. Il y a donc entre la nature des substances animales et celle des substances végétales une différence reconnue : or, cette différence peut être cause que les agens qui produisent l'*orgasme* et l'*irritabilité* des animaux, ne peuvent établir les mêmes facultés dans les parties des végétaux vivans.

leurs parties contenantes, un *tissu cellulaire* plus
ou moins serré, dont les cellules plus ou moins
allongées, communiquent entre elles par des
pores, et des tubes vasculaires de différente forme
et grandeur, ayant, la plupart, des pores laté
raux, ou quelquefois des fentes.

Tous les détails qui ont été présentés sur ce
sujet fournissent peu d'idées claires et générales,
et les seules qu'il nous semble convenable d'admettre comme telles, sont :

1°. Que les végétaux sont des corps vivans
plus imparfaits en organisation que les animaux,
et dans lesquels les mouvemens organiques sont
moins actifs, les fluides s'y mouvant avec plus
de lenteur, et l'*orgasme* des parties contenantes
n'y existant que d'une manière très-obscure ;

2°. Qu'ils sont essentiellement composés de
tissu cellulaire, puisque ce tissu se reconnoît
dans toutes leurs parties, et que dans les plus
simples d'entre eux (les algues, les champignons, et vraisemblablement toutes les plantes
agames), on le trouve à peu près seul et n'ayant
encore subi que peu de modifications ;

3°. Que le seul changement que le *tissu cellulaire* ait éprouvé dans les végétaux monoco-
tylédons ou dicotylédons, de la part des fluides qui ont été mis en mouvement dans ces corps,
consiste en ce que certaines parties de ce *tissu*

cellulaire ont été transformées en *tubes vasculaires*, de grandeur et de forme variées, ouverts aux extrémités, et ayant, la plupart, des pores latéraux divers.

J'ajouterai à tout ce que je viens de dire sur ce sujet, que le mouvement des fluides se faisant en général, soit en montant, soit en descendant, dans les végétaux, l'on sent que leurs vaisseaux doivent être presque toujours longitudinaux et à peu près parallèles entre eux, ainsi qu'à la direction de la tige et des branches.

Enfin, la partie extérieure du *tissu cellulaire*, qui constitue la masse de chaque végétal et la matrice de sa chétive organisation, étant affaissée et resserrée par les impressions que font sur elle le contact, la pression et le froissement varié des milieux environnans, et se trouvant épaissie par des dépôts, est transformée en un tégument général (1), qu'on nomme *écorce*, et qui

---

(1) Si les tiges des palmiers et de certaines fougères paroissent sans écorce, c'est que ces tiges ne sont que des collets radicaux allongés, dont l'extérieur offre une continuité de cicatrices qu'ont laissé les anciennes feuilles après leur chute ; ce qui fait qu'il n'y peut exister une écorce continue ou sans interruption ; mais on ne peut nier que chaque partie séparée de cet extérieur n'ait son écorce particulière, quoique plus ou moins perceptible, à cause du peu d'extension de ces parties.

est comparable à la peau des animaux. De là l'on conçoit que la surface externe de cette écorce, plus désorganisée encore que l'écorce elle-même, par les causes que je viens d'indiquer, doit constituer cette pellicule extérieure qu'on nomme *épiderme*, soit dans les végétaux, soit dans les animaux.

Ainsi, si l'on considère les végétaux sous le rapport de leur organisation intérieure, tout ce qu'ils nous montrent de saisissable est, pour les plus simples d'entre eux, un *tissu cellulaire* sans vaisseaux, mais diversement modifié, étendu ou resserré dans ses expansions, par la forme particulière du végétal ; et pour ceux qui sont plus composés, un assemblage de *cellules* et de *tubes vasculiformes* de différentes grandeurs, ayant, la plupart, des pores latéraux, et des *fibres* plus ou moins abondantes qui résultent du resserrement et de l'endurcissement qu'une partie des tubes vasculaires a été forcée de subir. Voilà tout ce que présente l'organisation intérieure des végétaux, relativement aux parties contenantes, leur *moelle* même n'en étant pas exceptée.

Mais si l'on considère les végétaux sous le rapport de leur organisation extérieure, tout ce qu'ils nous offrent de plus général et de plus essentiel à remarquer, comprend :

1°. Toutes les particularités de leur forme,

de leur couleur, de leur consistance, et de celles de leurs parties ;

2°. L'écorce qui les recouvre partout et qui les fait communiquer par ses pores avec les milieux environnans ;

3°. Les organes plus ou moins composés, qui naissent à l'extérieur, se développent dans le cours de la vie du végétal, servent à sa *reproduction*, n'exécutent qu'une seule fois leurs fonctions, et sont les plus importans à considérer pour déterminer les caractères et les vrais rapports de chaque végétal.

C'est donc dans la considération des parties extérieures des plantes, et principalement dans celle des organes qui sont propres à leur *reproduction*, qu'il faut chercher les moyens de caractériser les végétaux, et de déterminer leurs rapports naturels.

D'après tout ce que je viens d'exposer, comme étant le résultat positif des connoissances acquises par l'observation, il est évident que, d'une part, les vrais rapports dans les *animaux* ne peuvent être déterminés que d'après leur organisation intérieure, parce qu'elle en fournit les moyens et les seuls véritablement importans; et que, de l'autre part, ces rapports ne peuvent être pareillement déterminés dans les *végétaux*, ainsi que les coupes qui y distinguent les classes, les

ordres , les familles et les genres, que d'après
l'organisation extérieure de ces corps vivans;
car leur organisation intérieure est trop peu
composée et trop confuse dans les différentes
modifications qu'on peut observer en elle , pour
offrir les moyens propres à remplir de pareils
objets.

Nous venons de voir que le *tissu cellulaire* est
généralement la gangue ou la matrice dans laquelle toute organisation a été primitivement
formée , et que ce fut par les suites du mouvement des fluides intérieurs des corps vivans que
tous leurs organes furent créés dans cette gangue
et à ses dépens. Maintenant nous allons examiner rapidement si l'on est réellement autorisé à
attribuer à la nature la faculté de former des
générations directes.

CHAPITRE VI.

Des Générations directes ou spontanées.

L'ORGANISATION et la vie sont le produit de la nature, et en même temps le résultat des moyens qu'elle a reçus de l'*Auteur suprême* de toutes choses, et des lois qui la constituent elle-même : c'est ce dont on ne sauroit maintenant douter. Ainsi, l'organisation et la vie ne sont que des phénomènes naturels, et leur destruction dans l'individu qui les possède n'est encore qu'un phénomène naturel, suite nécessaire de l'existence des premiers.

Les corps sont sans cesse assujettis à des mutations d'état, de combinaison et de nature, au milieu desquelles les uns passent continuellement de l'état de corps inerte ou passif, à celui qui permet en eux la vie, tandis que les autres repassent de l'état vivant à celui de corps brut et sans vie. Ces passages de la vie à la mort, et de la mort à la vie, font évidemment partie du cercle immense de toutes les sortes de changemens auxquels, pendant le cours des temps, tous les corps physiques sont soumis.

La nature, ai-je déjà dit, crée elle-même les

premiers traits de l'organisation dans des masses où il n'en existoit pas; et ensuite l'usage et les mouvemens de la vie développent et composent les organes. (*Rech. sur les Corps vivans*, p. 92.)

Quelque extraordinaire que puisse paroître cette proposition, on ne pourra s'empêcher de suspendre tout jugement qui tende à la rejeter, si l'on prend la peine d'examiner et de peser sérieusement les considérations que je vais exposer.

Les anciens philosophes ayant observé le pouvoir de la *chaleur*, avoient remarqué l'extrême fécondité que les différentes parties de la surface du globe en reçoivent de toutes parts, à mesure qu'elle y est plus abondamment répandue; mais ils négligèrent de considérer que le concours de l'*humidité* est la condition essentielle qui rend la chaleur si féconde et si nécessaire à la vie. Néanmoins, s'étant aperçus que la vie, dans tous les corps qui la possèdent, puise dans la chaleur son soutien et son activité, et que sa privation amène partout la mort, ils sentirent, avec raison, que non-seulement la chaleur étoit nécessaire au soutien de la vie, mais qu'elle pouvoit même la créer, ainsi que l'organisation.

Ils reconnurent donc qu'il s'opéroit des *générations directes*, c'est-à-dire, des générations

opérées directement par la nature, et non formées par des individus d'espèce semblable : ils
les nommèrent assez improprement *générations
spontanées ;* et comme ils s'aperçurent que la
décomposition des matières, soit végétales, soit
animales, fournissoit à la nature des circonstances favorables à la création directe de ces
corps nouvellement doués de la vie, ils suppo-
sèrent, mal à propos, qu'ils étoient le produit de
la fermentation.

Je puis montrer qu'il n'y eut point d'erreur
de la part des anciens, lorsqu'ils attribuèrent à
la nature la faculté d'opérer des générations directes; mais qu'ils en commirent une des plus évidentes, en appliquant cette vérité morale à quantité de corps vivans qui ne sont et ne peuvent
être nullement dans le cas de participer à cette
sorte de génération.

En effet, comme alors on n'avoit pas suffisamment observé ce qui se passe relativement
à ce sujet, et que l'on ignoroit que la nature,
à l'aide de la chaleur et de l'humidité, ne crée
directement que les premières ébauches de l'organisation, et particulièrement que celles des
corps vivans qui commencent, soit l'échelle animale, soit l'échelle végétale, soit, peut-être, certaines de leurs ramifications ; les anciens dont je
parle pensèrent que les animaux à organisation

peu composée, qu'ils nommèrent, par cette raison, *animaux imparfaits*, étoient tous les résultats de ces générations spontanées.

Enfin, comme à ces époques l'histoire naturelle n'avoit fait presque aucun progrès, et qu'on n'avoit observé que très-peu de faits relatifs aux productions de la nature, les *insectes* et tous les animaux que l'on désignoit alors sous le nom de *vers*, étoient regardés généralement comme des animaux imparfaits qui naissent, dans les temps et les lieux favorables, du produit de la chaleur et de la corruption de diverses matières.

On croyoit alors que la chair corrompue engendroit directement des larves qui, par la suite, se métamorphosoient en mouches; que le suc extravasé des végétaux qui, à la suite de certaines piqûres d'insectes, donne lieu aux noix de galle, produisoit directement les larves qui se transforment en *cinips*, etc., etc.; ce qui est tout-à-fait sans fondement.

Ainsi, l'erreur des anciens, relative à une fausse application qu'ils firent des *générations directes* de la nature, c'est-à-dire, de la faculté qu'elle a de créer les premières ébauches de l'organisation et les premiers actes de la vie, se propageât et se transmît d'âge en âge, fut étayée par les faits mal jugés que je viens de citer, et devint,

devint, pour les modernes, le motif ou la cause d'une autre erreur, lorsqu'ils eurent reconnu la première.

En effet, à mesure que l'on sentit la nécessité de recueillir des faits, et d'observer, avec précision, ce qui a véritablement lieu à cet égard, on parvint à découvrir l'erreur où les anciens étoient tombés : des hommes célèbres par leur mérite et leurs talens d'observation, tels que *Rhedi*, *Leuwenoek*, etc., prouvèrent que tous les insectes, sans exception, sont ovipares, ou quelquefois en apparence vivipares; qu'on ne voit jamais paroître des *vers* sur la viande corrompue, que lorsque des mouches ont pu y déposer leurs œufs; enfin, que tous les animaux, quelque imparfaits qu'ils soient, ont les moyens de se reproduire et de multiplier eux-mêmes les individus de leur espèce.

Mais, malheureusement pour les progrès de nos lumières, nous sommes presque toujours extrêmes dans nos jugemens, comme dans nos actions; et il ne nous est que trop commun d'opérer la destruction d'une erreur, pour nous jeter ensuite dans une erreur opposée. Que d'exemples je pourrois citer à cet égard, même dans l'état actuel des opinions accréditées, si ces détails n'étoient étrangers à mon objet !

Ainsi, de ce qu'il fût prouvé que tous les animaux,

sans exception, possèdent les moyens de se reproduire eux-mêmes ; de ce que l'on reconnût que les
insectes et tous les animaux des classes postérieures ne se reproduisent que par la voie d'une génération sexuelle; de ce que l'on aperçût dans les vers
et les radiaires des cörps qui ressemblent à des
œufs ; enfin, de ce qu'il fût constaté que les polypes se reproduisent par des gemmes ou des
espèces de bourgeons; l'on en a conclu que les *générations directes* attribuées à la nature , n'ont jamais
lieu, et que tout corps vivant provient d'un individu semblable de son espèce , par une génération,
soit vivipare, soit ovipare, soit même gemmipare.

Cette conséquence est défectueuse , en ce
qu'elle est trop générale; car elle exclut les générations directes opérées par la nature au commencement de l'échelle , soit végétale , soit animale , et peut-être encore au commencement
de certaines ramifications de cette échelle. D'ailleurs , de ce que les corps en qui la nature a établi directement l'organisation et la vie en obtiennent aussitôt la faculté de se reproduire eux-
mêmes , s'ensuit-il nécessairement que ces corps
ne proviennent que d'individus semblables à eux ?
Non, sans doute , et c'est là l'erreur dans laquelle on est tombé , après avoir reconnu celle
des anciens.

Non-seulement on n'a pu démontrer que les

animaux les plus simples en organisation, tels
que les *infusoires*, et, surtout, parmi eux, les
monades ; ni que les végétaux les plus simples,
tels, peut-être, que les *byssus* de la première famille des *algues*, provinssent tous d'individus
semblables qui les auroient produits; mais, en
outre, il y a des observations qui tendent à prouver que ces animaux et ces végétaux extrêmement petits, transparens, d'une substance gélatineuse ou mucilagineuse, presque sans consistance , singulièrement fugaces, et aussi facilement détruits que formés, selon les variations de
circonstances qui les font exister ou périr, ne
peuvent laisser après eux des gages inaltérables
pour de nouvelles générations. Il est, au contraire, bien plus probable que leurs renouvellemens sont des produits directs des moyens et
des facultés de la nature à leur égard, et qu'eux
seuls, peut-être, sont dans ce cas. Aussi ver-
rons-nous que la nature n'a participé qu'indirectement à l'existence de tous les autres corps
vivans, les ayant fait successivement dériver des
premiers, en opérant peu à peu, à la suite de
beaucoup de temps, des changemens et une composition croissante dans leur organisation, et
en conservant toujours, par la voie de la reproduction, les modifications acquises et les perfectionnemens obtenus.

Si l'on reconnoît que tous les corps naturels
sont réellement des productions de la nature,
il doit être alors de toute évidence que, pour
donner l'existence aux différens corps vivans,
elle a dû nécessairement commencer par former
les plus simples de tous, c'est-à-dire, par créer
ceux qui ne sont véritablement que de simples
ébauches d'organisation, et qu'à peine nous osons
regarder comme des corps organisés et doués
de la vie. Mais lorsqu'à l'aide des circonstances
et de ses moyens, la nature est parvenue à établir dans un corps les mouvemens qui y constituent la vie, la succession de ces mouvemens
y développe l'organisation, donne lieu à la *nutrition*, la première des facultés de la vie, et
de celle-ci naît bientôt la seconde des facultés
vitales, c'est-à-dire, l'accroissement de ce corps.

La surabondance de la nutrition, en donnant
lieu à l'accroissement de ce corps, y prépare
les matériaux d'un nouvel être que l'organisation met dans le cas de ressembler à ce même
corps, et lui fournit par-là les moyens de se reproduire, d'où naît la troisième des facultés de
la vie.

Enfin, la durée de la vie dans ce corps augmente graduellement la consistance de ses parties contenantes, ainsi que leur résistance aux
mouvemens vitaux : elle affoiblit proportion

nellement la nutrition, amène le terme de l'accroissement, et finit par opérer la mort de l'individu.

Ainsi, dès que la nature est parvenue à faire exister la vie dans un corps, la seule existence de la vie dans ce corps, quoiqu'il soit le plus simple en organisation, y fait naître les trois facultés que je viens de citer; et ensuite sa durée dans ce même corps en opère, par degrés, la destruction inévitable.

Mais nous verrons que la vie, surtout lorsque les circonstances y sont favorables, tend sans cesse, par sa nature, à composer l'organisation; à créer des organes particuliers; à isoler ces organes et leurs fonctions; et à diviser et multiplier ses divers centres d'activité. Or, comme la reproduction conserve constamment tout ce qui a été acquis, de cette source féconde sont sortis, avec le temps, les différens corps vivans que nous observons; enfin, des résidus qu'ont laissé chacun de ces corps après avoir perdu la vie, sont provenus les différens minéraux qui nous sont connus. Voilà comment tous les corps naturels sont réellement des *productions* de la nature, quoiqu'elle n'ait donné directement l'existence qu'aux corps vivans les plus simples.

La nature n'établit la vie que dans des corps

alors dans l'état gélatineux ou mucilagineux, et
assez souples dans leurs parties pour se soumettre
facilement aux mouvemens qu'elle leur communique à l'aide de la *cause excitatrice* dont j'ai
déjà parlé, ou d'un *stimulus* que je vais essayer
de faire connoître. Ainsi, tout germe, au moment
de sa fécondation, c'est-à-dire, à l'instant où,
par un acte organique, il reçoit la préparation
qui le rend propre à jouir de la vie, et tout
corps qui reçoit directement de la nature les premiers traits de l'organisation et les mouvemens
de la vie la plus simple, se trouvent nécessairement alors dans l'état *gélatineux* ou *mucilagineux*, quoiqu'ils soient cependant composés
de deux sortes de parties, les unes contenantes,
et les autres contenues, celles-ci étant essentiellement fluides.

Comparaison de l'acte organique nommé fécondation, *avec cet acte de la nature qui donne
lieu aux* générations directes.

Quelque inconnus que soient pour nous les deux
objets que je me propose de mettre ici en comparaison, leurs rapports néanmoins sont des plus
évidens, puisque les résultats qui en proviennent
sont à peu près les mêmes. En effet, les deux
actes dont il s'agit font, de part et d'autre, exister la *vie*, ou lui donnent lieu de pouvoir s'éta-

blir dans des corps où elle ne se trouvoit pas
auparavant, et qui ne pouvoient la posséder que
par eux. Ainsi, leur comparaison attentivement
suivie, ne peut que nous éclairer, jusqu'à un certain point, sur la véritable nature de ces actes.

J'ai déjà dit (1) que, dans la génération des
animaux à mamelles, le mouvement vital paroi-
soit succéder immédiatement dans l'embryon,
à la fécondation qu'il venoit de recevoir; tandis que, dans les ovipares, il y a un intervalle
entre l'acte de la fécondation de l'embryon, et
le premier mouvement vital que l'incubation
lui communique ; et l'on sait que cet intervalle
peut être quelquefois très-prolongé.

Or, dans le cours de cet intervalle, l'embryon
fécondé que l'on considère n'est pas encore au
nombre des corps vivans ; il est propre, sans
doute, à recevoir la vie ; et, pour cela, il ne
lui faut qu'un *stimulus* que peut lui fournir l'incubation ; mais tant que le mouvement organique ne lui a point été imprimé par ce *stimulus,*
cet embryon fécondé n'est qu'un corps préparé
à posséder la vie, et non un corps qui en soit doué.

Un œuf fécondé de poule ou de tout autre
oiseau, que l'on conserve pendant un certain
temps, sans l'exposer à l'incubation ou à l'élévation de température qui en tient lieu, ne con-

_____

(1) *Recherches sur les Corps vivans*, p. 46.

tient pas un embryon vivant ; de même, une graine de plante, qui est véritablement un œuf végétal, ne renferme pas non plus un embryon vivant, tant qu'on ne l'a point exposée à la germination.

Or, si, par des circonstances particulières, le mouvement vital que procure l'incubation ou la germination, n'est point communiqué à l'embryon de cet œuf ou de cette graine, il arrivera qu'au bout d'un temps relatif à la nature de chaque espèce et de certaines circonstances, les parties de cet embryon fécondé se détérioreront; et alors l'embryon dont il s'agit, n'ayant jamais eu la vie en propre, ne subira point la mort; il cessera seulement d'être en état de recevoir la vie, et achèvera de se décomposer.

J'ai déjà fait voir dans mes *Mémoires de Physique et d'Histoire naturelle* (p. 250), que la vie pouvoit être suspendue pendant un temps quelconque, et reprise ensuite.

Ici, je vais faire remarquer qu'elle peut être préparée, soit par un acte organique, soit directement par la nature elle-même, sans aucun acte de ce genre; en sorte que certains corps, sans posséder la vie, peuvent être préparés à la recevoir, par une impression qui, sans doute, *trace dans ces corps les premiers traits de l'organisation.*

Qu'est-ce, en effet, que la génération sexuelle,
si ce n'est un acte qui a pour but d'opérer la *fécondation ;* et ensuite, qu'est-ce que la *fécondation* elle-même, si ce n'est un acte préparatoire
de la vie; en un mot, un acte qui dispose les
parties d'un corps à recevoir la vie et à en
jouir ?

L'on sait que dans un œuf qui n'a point été
fécondé, on trouve néanmoins un corps gélatineux qui, à l'extérieur, ressemble parfaitement
à un embryon fécondé, et qui n'est autre que
le germe qui existe déjà dans cet œuf, quoiqu'il
n'ait point reçu de fécondation.

Cependant, qu'est-ce que le germe d'un œuf
qui n'a reçu aucune fécondation, si ce n'est un
corps presque inorganique, un corps non préparé intérieurement à recevoir la vie, et auquel
l'incubation la plus complète ne pourroit la communiquer?

C'est un fait généralement connu, que tout
corps qui reçoit la vie, ou qui reçoit les premiers
traits de l'organisation qui le préparent à la possession de la vie, est alors nécessairement dans
un état *gélatineux* ou *mucilagineux ;* en sorte
que les parties contenantes de ce corps ont la
plus foible consistance, la plus grande flexibi-
lité, et sont, conséquemment, dans le plus grand
état de souplesse possible.

Il falloit que cela fût ainsi : il falloit que les parties solides du corps dont je parle fussent elles-mêmes dans un état très-voisin des fluides, afin que la disposition qui peut rendre les parties intérieures de ce corps propres à jouir de la vie, c'est-à-dire, du mouvement organique qui la constitue, pût être facilement opérée.

Or, il me paroît certain que la fécondation sexuelle n'est autre chose qu'un acte qui établit une disposition particulière dans les parties intérieures d'un corps gélatineux qui le subit; disposition qui consiste dans un certain arrangement et une certaine distension de ces parties, sans lesquels le corps dont il s'agit ne pourroit recevoir la vie et en jouir.

Il suffit pour cela qu'une *vapeur subtile* et pénétrante, échappée de la matière qui féconde, s'insinue dans le corpuscule gélatineux susceptible de la recevoir ; qu'elle se répande dans ses parties; et qu'en rompant, par son mouvement expansif, l'adhésion qu'ont entre elles ces mêmes parties, elle y achève l'organisation qui y étoit déjà tracée, et la dispose à recevoir la vie, c'est-à-dire, les mouvemens qui la constituent.

Il paroît qu'il y a cette différence entre l'*acte de la fécondation* qui prépare un embryon à la possession de la vie, et l'acte de la nature qui donne

lieu aux *générations directes ;* que le premier
s'opère sur un petit corps gélatineux ou mucilagineux dans lequel l'organisation étoit déjà tracée,
tandis que le second ne s'exécute que sur un petit
corps gélatineux ou mucilagineux dans lequel il
ne se trouve aucune esquisse d'organisation.

Dans le premier, la vapeur fécondante qui pénètre dans l'embryon, ne fait, par son mouvement expansif, que désunir, dans le tracé de l'organisation, les parties qui ne doivent plus avoir
d'adhérence entre elles, et que leur donner une
certaine disposition.

Dans le second, les fluides subtils ambians qui
s'introduisent dans la masse du petit corps gélatineux ou mucilagineux qui les reçoit, agrandissent les interstices de ses parties intérieures, et
les transforment en cellules ; dès lors, ce petit
corps n'est plus qu'une masse de *tissu cellulaire,*
dans laquelle des fluides divers peuvent s'intro-
duire et se mettre en mouvement.

Cette petite masse gélatineuse ou mucilagineuse,
transformée en *tissu cellulaire,* peut donc alors
jouir de la vie, quoiqu'elle n'offre encore aucun
organe quelconque ; puisque les corps vivans les
plus simples, soit animaux, soit végétaux, ne
sont réellement que des masses de *tissu cellu-*
laire qui n'ont point d'organes particuliers. A cet
égard, je ferai remarquer que la condition in-

dispensable pour l'existence de la vie dans un corps, étant que ce corps soit composé de parties contenantes non fluides, et de fluides contenus qui peuvent se mouvoir dans ces parties ; un corps que constitue un tissu cellulaire très-souple, et dont les cellules communiquent entre elles par des pores, peut remplir cet objet : le fait lui-même atteste que cela peut être ainsi.

Si la petite masse dont il s'agit est gélatineuse, ce sera la vie animale qui pourra s'y établir ; mais si elle n'est que mucilagineuse, la vie végétale seule pourra y exister.

Relativement à l'acte de fécondation organique, si vous comparez l'embryon d'un animal ou d'un végétal qui n'a point encore reçu de fécondation, avec le même embryon qui aura subi cet acte préparatoire de la vie ; vous n'observerez entre eux aucune différence perceptible, parce que la masse et la consistance de ces embryons seront encore les mêmes, et que les deux sortes de parties qui les constituent se trouveront dans un terme extrême d'obscurité.

Vous concevrez alors qu'une flamme invisible ou une vapeur subtile et expansive (*aura vitalis*), qui s'émane de la matière fécondante, ne fait, en pénétrant un embryon gélatineux ou mucilagineux, c'est-à-dire, en traversant sa masse et se répandant dans ses parties souples, qu'établir dans ces mêmes parties une disposition qui n'y existoit pas auparavant ; que détruire la cohésion de celles de ces parties qui doivent être désunies ; que séparer les solides des fluides dans l'ordre qu'exige l'organisation déjà esquissée ; et que disposer les deux sortes de parties de cet embryon à recevoir le mouvement organique.

Enfin, vous concevrez que le *mouvement vital* qui succède immédiatement à la fécondation dans les mammifères, et qui, au contraire, dans les ovipares et dans les végétaux, ne s'établit qu'à l'aide de diverses sortes d'incubation pour les uns, et de la germination pour les autres, doit ensuite développer peu à peu l'organisation des individus qui en sont doués.

Nous ne pouvons pénétrer plus avant dans le mystère admirable de la *fécondation ;* mais la considération qui le concerne et que je viens d'exposer, est incontestable ; et elle repose sur des faits positifs qui me semblent ne pouvoir être révoqués en doute.

Il importoit donc de faire remarquer que, dans un autre état de choses, la nature imite elle-même, pour ses générations directes, le procédé de la *fécondation* qu'elle emploie dans les générations sexuelles ; et qu'elle n'a pas besoin, pour cela, du concours ou des produits d'aucune organisation préexistante.

Mais auparavant, il est nécessaire de rappeler qu'un fluide subtil', pénétrant, dans un état plus ou moins expansif, et vraisemblablement d'une nature très-analogue à celle du fluide qui constitue les vapeurs fécondantes, se trouve continuellement répandu dans notre globe, et qu'il fournit et entretient sans cesse le *stimulus* qui fait, ainsi que l'*orgasme*, la base de tout mouvement vital; en sorte que l'on peut assurer que dans les lieux et les climats où l'*intensité d'action* du fluide dont il s'agit, se trouve favorable au mouvement organique, celui-ci ne cesse d'exister que lorsque des changemens survenus dans l'état des organes d'un corps qui jouit de la vie, ne permettent plus à ces organes de se prêter à la continuité de ce mouvement.

Ainsi, dans les *climats chauds*, où ce fluide abonde, et particulièrement dans les lieux où une *humidité* considérable se trouve jointe à cette circonstance, la vie semble naître et se multiplier partout; l'organisation se forme directement dans des masses appropriées où elle n'existoit pas antérieurement; et dans celles où elle existoit déjà, elle se développe avec promptitude et parcourt ses différens états, dans chaque individu, avec une célérité singulièrement remarquable.

On sait, effectivement, que dans les temps et les climats très-chauds, plus les animaux ont leur organisation composée et perfectionnée, plus l'influence de la température leur fait parcourir promptement les différens états compris dans la durée de leur existence, cette influence en rapprochant proportionnellement les époques et le terme de leur vie. On sait assez que, dans les régions équatoriales, une jeune fille est nubile de très-bonne heure, et que de très-bonne heure aussi elle voit arriver l'âge du dépérissement ou de la vieillesse. Enfin, c'est une chose reconnue, que l'intensité de la chaleur rend fort dangereuses les différentes maladies connues, en leur faisant parcourir leurs termes avec une rapidité étonnante.

D'après ces considérations, on peut conclure que la chaleur, quand elle est considérable, est nuisible généralement à tous les animaux qui vivent dans l'air, parce qu'elle raréfie fortement leurs fluides essentiels. Aussi a-t-on remarqué que, dans les pays chauds, principalement aux heures de la journée où le soleil est très-ardent, ces animaux paroissent souffrir, et se cachent pour éviter la trop grande impression de la lumière.

Au contraire, tous les animaux aquatiques ne reçoivent de la chaleur, quelque grande qu'elle puisse être, que des effets favorables à leurs mouvemens et a leurs développemens organiques ; et parmi eux, ce sont surtout les plus imparfaits, tels que les *infusoires*, les *polypes* et les *radiaires* qui en profitent le plus, comme d'une circonstance avantageuse pour leur multiplication et leur régénération.

Les végétaux qui ne possèdent qu'un *orgasme* imparfait et fort obscur, sont absolument dans le même cas que les animaux aquatiques dont je viens de parler : car quelque puisse être l'intensité de la chaleur, si ces corps vivans ont suffisamment de l'eau à leur disposition, ils ne végètent que plus vigoureusement.

Nous venons de voir que la chaleur est indispensable aux animaux les plus simplement organisés : examinons maintenant s'il n'y a pas lieu de croire qu'elle ait pu former elle-même, avec le concours de circonstances favorables, les premières ébauches de la vie animale.

La nature, à l'aide de la chaleur, de la lumière, de l'électricité et de l'humidité, forme des générations spontanées *ou directes, à l'extrémité de chaque règne des corps vivans, où se trouvent les plus simples de ces corps.*

Cette proposition est si éloignée de l'idée que l'on s'est formée à cet égard, que l'on sera porté long-temps à la rejeter comme une erreur, et même à la regarder comme l'un des produits de notre imagination.

Mais

Mais comme il arrivera tôt ou tard que des hommes indépendans des préjugés, même de ceux qui sont le plus généralement répandus, et profonds observateurs de la nature, pourront entrevoir les vérités que cette proposition renferme, je désire de pouvoir contribuer à les leur faire apercevoir.

Je crois avoir prouvé, par le rapprochement des faits analogues, que la nature, dans certaines circonstances, imite ce qui se passe dans la fécondation sexuelle, et opère elle-même la vie dans des masses isolées de matières qui se trouvent dans un état propre à la recevoir.

En effet, pourquoi la *chaleur* et l *électricité* qui, dans certaines contrées et dans certaines saisons, se trouvent si abondamment répandues dans la nature, surtout à la surface du globe, n'y opéreroient-elles pas sur certaines matières qui se rencontrent dans un état et des circonstances favorables, ce que la *vapeur subtile* des matières fécondantes exécute sur les embryons des corps vivans qu'elle rend propres à jouir de la vie?

Un savant célèbre (Lavoisier, *Chimie*, tom. I, p. 202) a dit, avec raison, que Dieu, en apportant la lumière, avoit répandu sur la terre le principe de l'organisation, du sentiment et de la pensée.

Or, la lumière, que l'on sait être génératrice

de la chaleur, et cette dernière, que l'on a justement regardée comme la mère de toutes les
générations, répandent au moins sur notre globe,
le principe de l'organisation et du sentiment; et
comme le sentiment, à son tour, donne lieu aux
actes de la pensée, par suite des impressions
multipliées que les objets intérieurs et extérieurs
exercent sur son organe, par le moyen des sens,
on doit reconnoître dans ces bases l'origine de
toute faculté animale.

Cela étant ainsi, peut-on douter que la *chaleur*,
cette mère des générations, cette âme matérielle
des corps vivans, ait pu être le principal des
moyens qu'emploie directement la nature, pour
opérer sur des matières appropriées une ébauche
d'organisation, une disposition convenable des
parties; en un mot, un acte de vitalisation analogue à celui de la fécondation sexuelle?

Non-seulement la formation directe des corps
vivans les plus simples a pu avoir lieu, comme
je vais le démontrer; mais la considération suivante prouve qu'il est nécessaire que de pareilles
formations s'opèrent et se répètent continuellement, dans les circonstances qui s'y trouvent favorables, sans quoi l'ordre de choses que nous
observons ne pourroit exister.

J'ai déjà fait voir que les animaux des premières classes (les *infusoires*, les *polypes* et les

radiaires) ne se multiplient point par la génération sexuelle, qu'ils n'ont aucun organe particulier pour cette génération, que la fécondation est
nulle pour eux, et que, conséquemment, ils ne
font point d'œufs.

Maintenant, si nous considérons les plus imparfaits de ces animaux, tels que les *infusoires*,
nous verrons que, lorsqu'il survient une saison
rigoureuse, ils périssent tous, ou au moins ceux
du premier de leurs ordres. Or, puisque ces animalcules sont si éphémères et ont une si frêle existence, avec quoi ou comment se régénèrent-ils dans
la saison où on les voit reparoître ? Ne doit-on
pas avoir lieu de penser que des organisations si
simples, que des ébauches d'animalité si fragiles
et de si peu de consistance, ont été nouvellement
et directement formées par la nature, plutôt que
de s'être régénérées elles-mêmes ? Voilà nécessairement la question où il en faudra venir à l'égard
de ces êtres singuliers.

On ne sauroit donc douter que des portions de
matières inorganiques appropriées, et qui se trouvent dans un concours de circonstances favorables, ne puissent, par l'influence des agens de la
nature, dont la *chaleur* et *l'humidite* sont les
principaux, recevoir dans leurs parties cette disposition qui ébauche l'organisation cellulaire, de
là, conséquemment, passer à l'état organique le

plus simple, et dès lors jouir des premiers mouvemens de la vie.

Sans doute, il n'est jamais arrivé que des matières non organisées et sans vie, quelles qu'elles
pussent être, aient pu, par un concours quelconque de circonstances, former directement un insecte, un poisson, un oiseau, etc., ainsi que tel
autre animal dont l'organisation est déjà compliquée et avancée dans ses développemens. De pareils animaux n'ont pu assurément recevoir l'existence que par la voie de la génération; en sorte
qu'aucun fait d'animalisation ne peut les con-
cerner.

Mais les premiers linéamens de l'organisation;
les premières aptitudes à recevoir des développe-
pemens internes, c'est-à-dire, par intus-suscep-
tion; enfin, les premières ébauches de l'ordre de
choses et du mouvement intérieur qui constituent
la vie, se forment tous les jours sous nos yeux,
quoique jusqu'à présent on n'y ait fait aucune
attention, et donnent l'existence aux corps vivans les plus simples, qui se trouvent à l'une des
extrémités de chaque règne organique.

Il est bon d'observer que l'une des conditions
essentielles à la formation de ces premiers linéamens de l'organisation, est la présence de
l'humidité, et surtout celle de l'eau en masse
fluide. Il est si vrai que ce n'est uniquement qu'à

la faveur de l'humidité que les corps vivans les
plus simples peuvent se former et se renouveler
perpétuellement, que tous les *infusoires*, tous les
polypes, et toutes les *radiaires*, ne se rencontrent
jamais que dans l'eau ; en sorte qu'on peut regarder comme une vérité de fait, que c'est exclusivement dans ce fluide que le règne animal a pris
son origine.

Poursuivons l'examen des causes qui ont pu
créer les premiers traits de l'organisation dans
des masses appropriées où il n'en existoit pas.

Si, comme je l'ai fait voir, la lumière est
génératrice de la *chaleur*, celle-ci l'est, à son
tour, de l'*orgasme vital* qu'elle produit et entretient dans les animaux qui n'en ont point
en eux la cause ; ainsi, elle peut donc en créer
les premiers élémens dans les masses appropriées
qui ont reçu la plus simple de toutes les organisations.

Si l'on considère que l'organisation la plus simple n'exige aucun organe particulier, c'est-à-dire,
aucun organe spécial, distinct des autres parties
du corps de l'individu, et propre à une fonction
particulière (ce que la simplification de l'organisation observée dans beaucoup d'animaux qui
existent rend évident), l'on concevra qu'elle
pourra s'opérer dans une petite masse de matières qui possédera la condition suivante :

Toute masse de matières en apparence ho-
mogène, d'une consistance gélatineuse ou mu-
cilagineuse, et dont les parties, cohérentes
entre elles, seront dans l'état le plus voisin de
la fluidité, mais auront seulement une consis-
tance suffisante pour constituer des parties con-
tenantes, sera le corps le plus approprié à re-
cevoir les premiers traits de l'organisation et
la vie.

Or, les fluides subtils et expansifs répandus et
toujours en mouvement dans les milieux qui environnent une pareille masse de matières, la pénétrant sans cesse et se dissipant de même, régu-
lariseront, en traversant cette masse, la disposition intérieure de ses parties, la constitueront
dans un état *cellulaire,* et la rendront propre
alors à *absorber* et à *exhaler* continuellement les
autres fluides environnans qui pourront pénétrer
dans son intérieur et qui seront susceptibles d'y
être contenus.

On doit, en effet, distinguer les fluides qui pénètrent dans les corps vivans :

1°. En *fluides contenables,* tels que l'air atmosphérique, différens gaz, l'eau, etc. La nature de ces fluides ne leur permet pas de traverser les parois des parties contenantes, mais

seulement d'entrer et de s'échapper par des issues;

2°. En *fluides incontenables*, tels que le calorique, l'électricité, etc. Ces fluides subtils étant susceptibles, par leur nature, de traverser les parois des membranes enveloppantes, des cellules, etc., aucun corps, par conséquent, ne peut les retenir ou les conserver que passagèrement.

D'après les considérations exposées dans ce chapitre, il me paroît certain que la nature opère elle-même des *générations directes* ou spontanées; qu'elle en a les moyens; qu'elle les exécute à l'extrémité antérieure de chaque règne organique où se trouvent les corps vivans les plus imparfaits; et que c'est uniquement par cette voie qu'elle a pu donner l'existence à tous les autres.

Ainsi, c'est pour moi une vérité des plus évidentes, savoir : que la nature forme des *générations* directes, dites *spontanées*, au commencement de l'échelle, soit végétale, soit animale. Mais une question se présente : est-il certain qu'elle ne donne lieu à de semblables générations qu'à ce point de l'une et de l'autre échelle ? J'ai pensé, jusqu'à présent, que cette question devoit être résolue par l'affirmative; parce qu'il me paroissoit que pour donner l'existence à tous les corps vivans, il suffisoit à la nature d'avoir formé direc-

tement les plus simples et les plus imparfaits des
végétaux et des animaux.

Cependant, il y a tant d'observations consta-
tées, tant de faits connus qui semblent indiquer
que la nature forme encore des *générations di-*
rectes ailleurs qu'au commencement précis des
échelles animale et végétale, et l'on sait qu'elle a
tant de ressources, et qu'elle varie tellement ses
moyens, selon les circonstances, qu'il se pourroit que mon opinion, qui borne la possibilité des
générations directes aux points où se trouvent les
végétaux et les animaux les plus imparfaits, ne
fût pas fondée.

En effet, dans différens points de la première
moitié de l'échelle, soit végétale, soit animale,
au commencement même de certaines branches
séparées de ces échelles, pourquoi la nature ne
pourroit-elle donner lieu à des générations directes, et, selon les circonstances, établir dans
ces diverses ébauches de corps vivans, certains
systèmes particuliers d'organisation, différens de
ceux que l'on observe aux points ou l'échelle animale et l'échelle végétale paroissent commencer?

N'est-il pas présumable, comme de savans naturalistes l'ont déjà pensé, que les *vers intestins*,
qu'on ne trouve jamais ailleurs que dans le corps
des autres animaux, y sont des générations directes de la nature; que certaines vermines qui

causent des maladies à la peau, ou y pullulent
à leur occasion, ont encore une semblable origine? Et parmi les végétaux, pourquoi les moi-
sissures, les champignons divers, les lichens
mêmes qui naissent et se multiplient si abondamment sur les troncs d'arbres et sur les pierres,
à la faveur de l'humidité et d'une température
douce, ne se trouveroient-ils pas dans le même
cas?

Sans doute, dès que la nature a créé directement un corps végétal ou animal, bientôt l'existence de la vie dans ce corps lui donne non-seulement la faculté de s'accroître, mais, en outre,
celle de préparer des scissions de ses parties; en
un mot, de former des corpuscules granulifor-
mes propres à le reproduire. S'ensuit-il que ce
corps, qui vient d'obtenir la faculté de multiplier
les individus de son espèce, n'ait pu lui-même provenir que de corpuscules semblables à ceux qu'il
sait former? C'est une question qui, je crois, mérite bien qu'on l'examine.

Que les *générations directes*, qui font l'objet
de ce chapitre, aient ou n'aient pas réellement
lieu, ce sur quoi, maintenant, je n'ai point d'avis
prononcé; toujours est-il certain, selon moi, que
la nature en exécute de réelles au commencement de chaque règne de corps vivans, et que
sans cette voie elle n'eût jamais pu donner l'exis-

tence aux végétaux et aux animaux qui habitent notre globe.

Passons maintenant à l'examen des résultats immédiats de la vie dans un corps.

CHAPITRE VII.

Des Résultats immédiats de la Vie dans un Corps.

Les lois qui régissent toutes les mutations que nous observons dans la nature, quoique partout les mêmes et jamais en contradiction entre elles, produisent dans les corps vivans des résultats fort différens de ceux qu'elles occasionnent dans les corps privés de la vie, et qui leur sont tout-à-fait opposés.

Dans les premiers, à la faveur de l'ordre et de l'état de choses qui s'y trouvent, ces lois tendent et réussissent continuellement à former des combinaisons entre des principes qui, sans cette circonstance, n'en eussent jamais opéré ensemble, à compliquer ces combinaisons et à les surcharger d'élémens constitutifs ; en sorte que la totalité des *corps vivans* peut être considérée comme formant un laboratoire immense et toujours actif, dans lequel tous les composés qui existent ont originairement puisé leur source.

Dans les seconds, au contraire, c'est-à-dire, dans les corps privés de la vie, où aucune force ne concourt, par le moyen d'une harmonie dans

les mouvemens, à conserver l'intégrité de ces
corps, ces mêmes lois tendent sans cesse à alterer
les combinaisons existantes, à les simplifier ou à
diminuer la complication de leur composition;
en sorte qu'avec le temps elles parviennent à
dégager presque tous les principes qui les constituoient, de leur état de combinaison.

Voici un ordre de considérations dont les
développemens, bien saisis et appliqués à tous
les faits connus, ne peuvent que montrer de plus
en plus la solidité du principe que je viens d'é-
tablir.

Ces considérations, néanmoins, sont très-différentes de celles qui ont fixé l'attention des
savans; car ayant remarqué que les résultats des
lois de la nature dans les corps vivans, étoient
bien différens de ceux qu'elles produisent dans
les corps inanimés, ils ont attribué à des lois
particulières, pour les premiers, les faits singuliers qu'on observe en eux, et qui ne sont dus
qu'à la différence de circonstances qui existe
entre ces corps et ceux qui sont privés de la
vie. Ils n'ont pas vu que les corps vivans, par
leur nature, c'est-à-dire, par l'état et l'ordre de
choses qui produisent en eux la vie, donnoient
aux lois qui les régissent une direction, une
force et des propriétés qu'elles ne peuvent avoir
dans les corps inanimés; en sorte que, négligeant

de considérer qu'une même cause varie nécessairement dans ses produits, lorsqu'elle agit sur
des objets différens par leur nature et les circonstances qui les concernent, ils ont pris, pour
expliquer les faits observés, une route tout-à-fait
opposée à celle qu'il falloit suivre.

En effet, on a dit que les corps vivans avoient
la faculté de résister aux lois et aux forces auxquelles tous les corps non vivans ou de matière
inerte sont assujettis, et qu'ils se régissoient par
des lois qui leur étoient particulières.

Rien n'est moins vraisemblable, et n'est, en
effet, moins prouvé, que cette prétendue faculté
qu'on attribue aux corps vivans, de résister aux
forces auxquelles tous les autres corps sont soumis.

Cette opinion, qui est à peu près généralement admise, puisqu'on la trouve exposée dans
tous les ouvrages modernes qui traitent de ce sujet, me paroît avoir été imaginée ; d'une part, par
l'embarras où l'on s'est trouvé lorsqu'on a voulu
expliquer les causes des différens phénomènes de
la vie ; et de l'autre part, par la considération,
intérieurement sentie, de la faculté que possèdent les corps vivans, de former eux mêmes
leur propre substance, de réparer les altérations
que subissent les matières qui composent leurs
parties ; enfin, de donner lieu à des combinaisons qui n'eussent jamais existé sans eux. Ainsi,

au défaut de moyens, on a tranché la difficulté,
en supposant des lois particulières que l'on s'est
dispensé en même temps de déterminer.

Pour prouver que les corps qui possèdent la
vie sont assujettis à un ordre de lois qui est différent de celui auquel obéissent les êtres inanimés, et que les premiers jouissent, en conséquence, d'une force particulière, dont la principale propriété est, dit-on, de les soustraire à
l'empire des *affinités chimiques*, M. *Richerand*
cite les phénomènes que présente l'observation
du corps humain vivant ; savoir : « l'altération
des alimens par les organes digestifs ; l'absorption
qu'opèrent les vaisseaux chyleux de leur partie nutritive ; la circulation de ces sucs nourriciers dans le système sanguin ; les changemens
qu'ils éprouvent en traversant les poumons et
les glandes sécrétoires ; l'impressionnabilité par
les objets extérieurs ; le pouvoir de s'en rapprocher ou de les fuir ; en un mot, toutes les
fonctions qui s'exercent dans l'économie animale. » Outre ces phénomènes, ce savant cite,
comme preuves plus directes, la *sensibilité* et
la *contractilité*, deux propriétés dont sont doués
les organes auxquels les fonctions qui s'exécutent dans l'économie animale sont confiées. (*Élémens de Physiologie*, vol. I, p. 81.)

Quoique les phénomènes organiques qui vien-

nent d'être cités, ne soient pas généraux à l'égard
des corps vivans, ne le soient pas même relativement aux animaux, ils sont néanmoins très-
fondés à l'égard d'un grand nombre de ces derniers et du corps humain vivant; et ils prouvent
effectivement l'existence d'une *force particulière*
qui anime les corps qui jouissent de la vie ;
mais cette force ne résulte nullement de lois
propres à ces corps; elle prend sa source dans
la cause excitatrice des mouvemens vitaux. Or,
cette cause qui, dans les corps vivans, peut
donner lieu à la force en question, ne sauroit
la produire dans les corps bruts ou sans vie,
et ne sauroit animer ces derniers, quoiqu'elle
soit influente à l'égard des uns et des autres.

D'ailleurs, la *force* dont il s'agit ne soustrait
pas totalement les différentes parties des corps
vivans à l'empire des *affinités chimiques ;* et
M. *Richerand* convient lui-même qu'il se passe
dans les machines animées des effets bien évidemment chimiques, physiques et mécaniques;
seulement ces effets sont toujours influencés,
modifiés et altérés par les forces de la vie. J'ajouterai aux réflexions de M. *Richerand* sur ce sujet, que les altérations et les changemens que
les effets des affinités chimiques produisent dans
les parties des corps vivans, où ils tendent à
détruire l'état de choses propre à y conserver la

vie, y sont sans cesse réparés, quoique plus
ou moins complétement, par les résultats de la
force vitale qui agit dans ces corps. Or, pour
faire exister cette force vitale, et lui donner les
propriétés qu'on lui connoît, la nature n'a pas
besoin de lois particulières; celles qui régissent
généralement tous les corps lui suffisent parfaitement pour cet objet.

La nature ne complique jamais ses moyens
sans nécessité : si elle a pu produire tous les phénomènes de l'organisation, à l'aide des lois et
des forces auxquelles tous les corps sont généralement soumis, elle l'a fait sans doute, et n'a
pas créé, pour régir une partie de ses productions, des lois et des forces opposées à celles
qu'elle emploie pour régir l'autre partie.

Il suffit de savoir que la cause qui produit la
force vitale dans des corps où l'organisation et
l'état des parties permettent à cette force d'y exister et d'y exciter les fonctions organiques, ne sauroit donner lieu à une puissance semblable dans
des corps bruts ou inorganiques, en qui l'état des
parties ne peut permettre les actes et les effets
qu'on observe dans les corps vivans. La même
cause dont je viens de parler, ne produit, à l'égard
des corps bruts ou des matières inorganiques,
qu'une force qui sollicite sans cesse leur décomposition, et qui l'opère effectivement et successivement,

sivement, en se conformant aux affinités chimiques, lorsque l'intimité de leur combinaison ne
s'y oppose pas.

Il n'y a donc nulle différence dans les lois physiques, par lesquelles tous les corps qui existent se
trouvent régis; mais il s'en trouve une considérable
dans les *circonstances* citées où ces lois agissent.

La force vitale, nous dit-on, soutient une
lutte perpétuelle contre les forces auxquelles obéissent les corps inanimés; et la vie n'est que ce
combat prolongé entre ces deux forces différentes.

Pour moi, je ne vois ici, de part et d'autre,
qu'une même force qui est sans cesse *composante*
dans tel ordre de choses, et *décomposante* dans
tel autre contraire. Or, comme les circonstances que ces deux ordres de choses occasionnent, se rencontrent toujours dans les corps vivans, mais non à la fois dans leurs mêmes parties, et qu'elles s'y forment, en succédant les
unes aux autres, par les changemens que les
mouvemens vitaux ne cessent d'y operer ; il
existe dans ces corps, pendant leur vie, une lutte
perpétuelle entre celles de ces circonstances qui
y rendent la force vitale composante, et celles, toujours renaissantes, qui la rendent décomposante.

Avant de développer ce principe, exposons
quelques considérations qu'il importe de ne point
perdre de vue.

7

Si tous les actes de la vie, et tous les phénomènes organiques, sans exception, ne sont que le résultat des *relations* qui existent entre des parties contenantes dans un état approprié, et des fluides contenus mis en mouvement, au moyen d'une cause stimulante qui excite ces mouvemens ; les effets suivans devront nécessairement provenir de l'existence, dans un corps, de l'ordre et de l'état de choses que je viens d'énoncer.

Effectivement, par suite de ces relations, ainsi que des mouvemens, des actions et des réactions que produit la cause stimulante que je viens de citer, il s'opère sans cesse dans tout corps qui jouit d'une vie active :

1°. Des changemens dans l'état des parties contenantes de ce corps (surtout parmi les plus souples), et dans celui de ses fluides contenus;

2°. Des pertes réelles dans ces parties contenantes et ces fluides contenus, occasionnées par les changemens qui s'opèrent dans leur état ou leur nature ; pertes qui donnent lieu à des dépôts, des dissipations, des évacuations et des sécrétions de matières, dont les unes ne peuvent plus être employées, tandis que les autres peuvent l'être à certains usages ;

3°. Des besoins, toujours renaissans, de réparation pour les pertes éprouvées; besoins qui exigent perpétuellement, dans ce corps, l'intro-

duction de nouvelles matières propres à y satisfaire, et auxquels satisfont effectivement les
alimens dont les animaux font usage, et les absorptions qu'effectuent les végétaux;

4°. Enfin, des combinaisons de divers genres
que les circonstances des différens actes de la
vie et les résultats de ces actes mettent uniquement dans le cas de s'effectuer; combinaisons
qui, sans ces résultats et ces circonstances,
n'eussent jamais eu lieu.

Ainsi, pendant la durée de la vie dans un
corps, il se forme donc sans cesse des combinaisons qui sont d'autant plus surchargées de
principes, que l'organisation de ce corps y est
plus propre; et il se forme aussi sans cesse, parmi
ses composés, des altérations, et à la fin des
destructions qui donnent lieu perpétuellement
aux pertes qu'il éprouve.

Tel est le fait positif et principal que l'observation constante des phénomènes de la vie confirmera toujours.

Reprenons ici l'examen des deux considérations
importantes dont j'ai parlé plus haut, et qui nous
donnent, en quelque sorte, la clef de tous les phénomènes relatifs aux corps composés; les voici:

La première concerne une cause générale et
continuellement active, qui détruit, quoique
avec une lenteur ou une promptitude plus ou

moins grande, tous les composés qui existent;
La seconde est relative à une puissance qui
forme sans cesse des combinaisons, et qui les complique et les surcharge de principes, à mesure
que les circonstances y sont favorables.

Or, quoique ces deux puissances soient en opposition, l'une et l'autre, néanmoins, prennent
leur source dans des lois et des forces qui ne le
sont nullement entre elles, mais qui régissent
leurs effets dans des circonstances très-différentes.

J'ai déjà établi dans plusieurs de mes ouvrages (1) que, par le moyen des lois et des forces
qu'emploie la nature, toute combinaison ou toute
matière composée tend à se détruire ; et que
sa tendance, à cet égard, est plus ou moins
grande, plus ou moins prompte à s'effectuer,
selon la nature, le nombre, les proportions et
l'intimité d'union des principes qui la constituent. La raison en est que, parmi les principes
combinés dont il s'agit, certains d'entre eux
n'ont pu subir l'état de combinaison, que par
l'action d'une force qui leur est étrangère, et
qui les modifie en les fixant; en sorte que ces
principes ont une tendance continuelle à se dégager; tendance qu'ils effectuent à la provocation
de toute cause qui la favorise.

_____

(1) *Mémoires de Phys. et d'Hist. naturelle*, p. 88; *Hydrogéologie*, p. 98 et suiv.

Ainsi, la plus légère attention suffira pour nous convaincre que la nature (l'activité du mouvement établi dans toutes les parties de notre globe) travaille sans relâche à détruire tous les composés qui existent; à dégager leurs principes de l'état de combinaison, en leur présentant sans cesse des causes qui provoquent ce dégagement; et à ramener ces principes à l'état de liberté qui leur rend les facultés qui leur sont propres, et qu'ils tendent à conserver toujours : telle est la première des deux considérations énoncées ci dessus.

Mais j'ai fait voir, en même temps, qu'il existe aussi dans la nature une cause particulière, puissante et continuellement active, qui a la faculté de former des combinaisons, de les multiplier, de les diversifier, et qui tend sans cesse à les surcharger de principes. Or, cette cause puissante, qu'embrasse la seconde des deux considérations citées, réside dans l'action organique des corps vivans, où elle forme continuellement des combinaisons qui n'eussent jamais existé sans elle.

Cette cause particulière ne se trouve point dans des lois qui soient propres à ces corps vivans, et que l'on puisse regarder comme opposées à celles qui régissent les autres corps; mais elle prend sa source dans un ordre de choses essentiel à l'existence de la vie, et surtout dans une force qui résulte de la *cause excitatrice* des mouvemens organiques. Conséquemment, la cause particulière qui forme les matières composées des corps vivans, naît de l'unique circonstance capable de la faire exister.

Afin de pouvoir être entendu à cet égard, je dois faire remarquer que deux hypothèses ont été imaginées, dans l'intention d'expliquer tous les faits relatifs aux composés existans, aux mutations qu'ils subissent, et aux combinaisons peu compliquées que nous pouvons former nous-mêmes, détruire et rétablir ensuite.

L'une, généralement admise, est l'hypothèse des *affinités* : elle est assez connue.

L'autre, et c'est mon opinion particulière, repose sur la considération qu'aucune matière simple quelconque ne peut avoir de tendance par elle-même à se combiner avec une autre ; que les *affinités* entre certaines matières ne doivent point être regardées comme des forces, mais comme des convenances qui permettent la combinaison de ces matières; et qu'enfin, nulles d'entre elles ne peuvent se combiner ensemble, que lorsqu'une force qui leur est étrangère les contraint à le faire, et que leurs *affinités* ou leurs convenances le leur permettent.

Selon l'hypothèse admise de ces *affinités*, auxquelles les chimistes attribuent des forces actives et particulières, tout ce qui environne les corps vivans tend à les détruire ; en sorte que si ces corps ne possédoient pas en eux un principe de réaction , ils succomberoient bientôt par suite des actions qu'exercent sur eux les matières qui les environnent. De là , au lieu de reconnoître qu'une *force excitatrice* des mouvemens, existe sans cesse dans les milieux qui environnent tous les corps , soit vivans, soit inanimés ; et que, dans les premiers, elle réussit à opérer les phénomènes qu'ils présentent, tandis que , dans les seconds, elle amène successivement des changemens que les *affinités* permettent , et finit par détruire toutes les combinaisons existantes; on a mieux aimé supposer que la vie , dans les corps qui la possèdent, ne se maintient et ne développe cette suite de phénomènes qui leur sont propres, que parce que ces corps se trouvoient assujettis à des lois qui leur étoient tout-à-fait particulières.

Un jour, sans doute, on reconnoîtra que les *affinités* ne sont point des forces , mais que ce sont des convenances ou des espèces de rapports entre certaines matières , qui leur permettent de contracter entre elles une union plus ou moins intime, à l'aide d'une force générale qui les y contraint, et qui se trouve hors d'elles. Or, comme , entre les différentes matières , les

affinités varient, ces matières qui en déplacent
d'autres déjà combinées, ne le font que parce
qu'ayant une affinité plus grande avec tel ou tel
des principes de leur combinaison, elles sont
aidées dans cette action par cette force générale, *excitatrice* des mouvemens, et par celle
qui tend à rapprocher et à unir tous les corps.

Quant à la vie, tout ce qui en provient, pendant sa durée dans un corps, résulte; d'une part,
de la tendance qu'ont les élémens constitutifs des
composés à se dégager de leur état de combinaison, surtout ceux qui ont subi une coercion quelconque ; et de l'autre part, des produits de la *force*
excitatrice des mouvemens. En effet, il est aisé
d'apercevoir que, dans un corps organisé, cette
force, dont je parle, régularise son action dans
chacun des organes de ce corps; qu'elle met toutes
les actions en harmonie, par suite de la connexion
de ces organes; qu'elle répare partout, tant qu'ils
conservent leur intégrité, les altérations que la
première cause avoit opérées ; qu'elle profite des
changemens qui s'exécutent dans les fluides composés et en mouvement, pour s'emparer, parmi
ces fluides, des matières assimilées qui s y rencontrent, et les fixer ou elles doivent être ; enfin,
qu'elle tend sans cesse, par cet ordre de choses,
à la conservation de la vie. Cette même force
tend aussi, dans un corps vivant, à l'accroisse-

ment des parties ; mais bientôt, par une cause
particulière que j'exposerai en son lieu, cet accroissement se borne presque partout, et donne
alors à ce corps la faculté de se reproduire.

Ainsi, je le répète, cette force singulière, qui
prend sa source dans la *cause excitatrice* des mouvemens organiques, et qui, dans les corps organisés, fait exister la vie, et produit tant de phénomènes admirables, n'est pas le résultat de lois
particulières, mais celui de circonstances et d'un
ordre de choses et d'actions qui lui donnent le
pouvoir de produire de pareils effets. Or, parmi
les effets auxquels cette *force* donne lieu dans les
corps vivans, il faut compter celui d'effectuer des
combinaisons diverses, de les compliquer, de les
surcharger de principes coercibles, et de créer
sans cesse des matières qui, sans elle et sans le
concours des circonstances dans lesquelles elle
agit, n'eussent jamais existé dans la nature.

Comme la direction des raisonnemens généralement admis par les physiologistes, les physiciens et les chimistes de notre siècle, est toute
autre que celle des principes que je viens d'exposer et que j'ai déjà développés ailleurs (1), mon
but n'est nullement d'entreprendre de changer
cette direction, et conséquemment de persuader

_____

(1) *Hydrogéologie*, p. 105.

mes contemporains; mais j'ai dû rappeler ici les
deux considérations dont il s'agit, parce qu'elles
complètent l'explication que j'ai donnée des phénomènes de la vie, que je suis convaincu de leur
fondement, et que je sais que, sans elles, on sera
toujours obligé de supposer pour les corps vivans
des lois contraires à celles qui régissent les phénomènes des autres corps.

Il me paroit hors de doute que si l'on examinoit
suffisamment ce qui se passe à l'égard des objets
dont il s'agit, on seroit bientôt convaincu :

Que tous les êtres doués de la vie ont la faculté,
par le moyen des fonctions de leurs organes; les
uns (les *végétaux*), de former des combinaisons
directes, c'est-à-dire, d'unir ensemble des élémens libres après les avoir modifiés, et de produire immédiatement des composés; les autres (les
animaux), de modifier ces composés, et de les
changer de nature en les surchargeant de principes et en augmentant les proportions de ces
principes d'une manière remarquable.

Je persiste donc à dire que les corps vivans
forment eux-mêmes, par l'action de leurs organes,
la substance propre de leur corps, et les matières
diverses que leurs organes sécrètent; et qu'ils ne
prennent nullement dans la nature cette substance toute formée et ces matières qui ne proviennent uniquement que d'eux seuls.

C'est au moyen des alimens, dont les végétaux et les animaux sont obligés de faire usage pour conserver leur existence, que l'action des organes de ces corps vivans parvient, en modifiant et changeant ces alimens, à former des matières particulières qui n'eussent jamais existé sans cette cause, et à composer, avec ces matières, par des changemens et des renouvellemens perpétuels, le corps entier qu'elles constituent, ainsi que les produits de ce corps.

Par conséquent, toutes les matières, soit végétales, soit animales, étant très-surchargées de principes dans leur combinaison, et surtout de principes coercés, l'homme n'a donc aucun moyen pour en former de pareilles ; il ne peut, par ses opérations, que les altérer, les changer, les détruire enfin, ou en obtenir différentes combinaisons particulières, toujours de moins en moins compliquées. Il n'y a que les mouvemens de la vie, dans chacun des corps qui en sont doués, qui peuvent seuls produire ces matières.

Ainsi, les *végétaux*, qui n'ont ni canal intestinal, ni aucun autre organe quelconque pour exécuter des digestions, et qui n'emploient conséquemment, comme matières alimentaires, que des substances fluides ou dont les molécules n'ont ensemble aucune agrégation (telles que l'eau, l'air atmosphérique, le calorique, la lumière et

les gaz qu'ils absorbent), forment cependan
avec de pareils matériaux, au moyen de leur action organique, tous les sucs propres qu'on leur
connoît et toutes les matières dont leur corps est
composé; c'est-à-dire, forment eux - mêmes les
mucilages, les *gommes*, les *résines*, le *sucre*, les
sels essentiels, les *huiles fixes* et *volatiles*, les
fécules, le *gluten*, la *matière extractive* et la *matière ligneuse;* toutes substances qui résultent tellement de combinaisons premières ou directes,
que jamais l'art n'en pourra former de semblables.

Assurément les *végétaux* ne peuvent prendre
dans le sol, par le moyen de leurs racines, les
substances que je viens de nommer : elles n'y sont
pas, ou celles qui s'y rencontrent sont dans un
état d'altération ou de décomposition plus ou
moins avancé ; enfin, s'il y en avoit qui fussent
encore dans leur état d'intégrité, ces corps vivans ne pourroient en faire aucun usage, qu'ils
n'en eussent préalablement opéré la décomposition.

Les *végétaux* seuls ont donc formé directement
les matières dont je viens de parler ; mais, hors
de ces *végétaux*, ces matières ne peuvent leur
devenir utiles que comme *engrais;* c'est-à-dire,
qu'après s'être dénaturées, consumées, et avoir
subi la somme d'altérations nécessaire pour leur
donner cette faculté essentielle des *engrais*, qui

consiste à entretenir autour des racines des plantes une humidité qui leur est favorable.

Les *animaux* ne sauroient former des combinaisons directes, comme les végétaux : aussi font-ils usage de matières composées pour alimens ; ont-ils essentiellement une digestion à exécuter (du moins leur presque totalité), et conséquemment des organes pour cette fonction.

Mais ils forment eux-mêmes aussi leur propre substance et leurs matières sécrétoires : or, pour cela, ils ne sont nullement obligés de prendre pour alimens, et ces matières sécrétoires, et une substance semblable à la leur : avec de l'herbe ou du foin, le *cheval* forme, par l'action de ses organes, son sang, ses autres humeurs, sa chair ou ses muscles ; la substance de son tissu cellulaire, de ses vaisseaux, de ses glandes ; ses tendons, ses cartilages, ses os ; enfin, la matière cornée de ses sabots, de son poil et de ses crins.

C'est donc en formant leur propre substance et leurs matières sécrétoires, que les *animaux* surchargent singulièrement les combinaisons qu'ils produisent, et donnent à ces combinaisons l'étonnante proportion ou quantité des principes qui constituent les matières animales.

Maintenant nous ferons remarquer que la substance des corps vivans, ainsi que les matières sécrétoires qu'on leur voit produire, par le moyen de leur action organique, varient dans les qualités qui leur sont propres :

1°. Selon la nature même de l'être vivant qui les forme : ainsi, les productions végétales sont en général différentes des productions animales; et, parmi ces dernières, les productions des animaux à vertèbres sont en général différentes de celles des animaux sans vertèbres;

2°. Selon la nature de l'organe qui les sépare des autres matières après leur formation : les matières sécrétoires séparées par le foie, ne sont pas les mêmes que celles séparees par les reins, etc.;

3°. Selon la force ou la foiblesse des organes de l'être vivant et de leur action : les matières sécrétoires d'une jeune plante ne sont pas les mêmes que celles de la même plante fort âgée; comme celles d'un enfant ne sont pas les mêmes que celles d'un homme fait;

4°. Selon que l'intégrité des fonctions organiques est parfaite, ou qu'elle se trouve plus ou moins altérée : les matières sécrétoires de l homme sain ne peuvent être les mêmes que celles de l'homme malade;

5°. Enfin, selon que le *calorique*, qui se forme continuellement à la surface de notre globe, quoique dans des quantités variables, suivant la différence des climats, favorise, par son abondance, l'activité **organique** des corps vivans qu'il pénètre ; ou qu'il ne permet à cette activité organique, par suite de sa grande rareté, qu'une action très-affoiblie : effectivement, dans les climats chauds, les matières sécrétoires que forment les corps vivans, sont différentes de celles qu'ils produisent dans les climats froids; et, dans ces derniers climats, les matières sécrétées par ces mêmes corps diffèrent aussi entre elles, suivant qu'elles sont formées dans la saison des chaleurs ou pendant les rigueurs de l'hiver.

Je n'insisterai pas davantage ici pour montrer que l'action organique des corps vivans forme sans cesse des combinaisons qui n'eussent jamais eu lieu sans cette cause : mais je ferai de nouveau remarquer que s'il est vrai, comme on n'en sauroit douter, que toutes les matières minérales composées, telles que les terres et les pierres, les substances métalliques, sulfureuses, bitumineuses, salines, etc., proviennent des résidus des corps vivans, résidus qui ont subi des altérations successives dans leur composition, à la surface et dans le sein de la terre et des eaux ; il sera de même très-vrai de dire que les *corps vivans* sont la source première où toutes les matières composées connues ont pris naissance. Voyez mon *Hydrogéologie*, p. 91 et suiv.

Aussi, tenteroit-on vainement de faire une collection riche et variée de minéraux, dans certaines régions du globe, telles que les vastes déserts de l'Afrique, où, depuis nombre de siècles, l'on ne voit plus de végétaux, et où l'on ne rencontre que quelques animaux passagers.

Maintenant que j'ai fait voir que les corps vivans formoient eux-mêmes leur propre substance, ainsi que les différentes matières qu'ils sécrètent, je vais dire un mot de la faculté de se nourrir et de celle de s'accroître, dont jouissent, dans de certaines limites, tous ces corps, parce que ces facultés sont encore le résultat des actes de la vie.

CHAPITRE

CHAPITRE VIII.

Des Facultés communes à tous les Corps vivans.

C'est un fait certain et bien reconnu, que les corps vivans ont des facultés qui leur sont communes, et qu'ils reçoivent, conséquemment, de la vie qui les transmet à tous les corps qui la possèdent.

Mais ce qui, je crois, n'a pas été considéré, c'est que les facultés qui sont communes a tous les corps vivans n'exigent point d'organes particuliers pour les produire ; tandis que les facultés qui sont particulières à certains de ces corps exigent absolument l'existence d'un organe spécial propre à y donner lieu.

Sans doute , aucune faculté vitale ne peut exister dans un corps , sans l'organisation , et l'organisation elle-même n'est qu'un assemblage d'organes réunis. Mais ces organes, dont la réunion est nécessaire à l'existence de la vie, ne sont nullement particuliers à aucune portion du corps qu'ils composent ; ils sont, au contraire, répandus partout dans ce corps , et partout aussi ils donnent lieu à la vie, ainsi qu'aux facultés essentielles qui en proviennent. Donc les facul-

8

tés communes à tous les corps vivans sont uniquement produites par les causes mêmes qui font exister la vie.

Il n'en est pas de même des organes spéciaux qui donnent lieu à des facultés exclusives à certains corps vivans : la vie peut exister sans eux; mais lorsque la nature parvient à les créer, les principaux d'entre eux ont une connexion si grande avec l'ordre de choses qui existe dans les corps qui sont dans ce cas, que ces organes sont alors nécessaires à la conservation de la vie dans ces corps.

Ainsi, ce n'est que dans les organisations les plus simples que la vie peut exister sans organes spéciaux; et alors ces organisations sont réduites à ne produire aucune autre faculté que celles qui sont communes à tous les corps vivans.

Lorsque l'on se propose de rechercher ce qui appartient essentiellement à la vie, l'on doit distinguer les phénomènes qui sont propres à tous les corps qui la possèdent, de ceux qui sont particuliers à certains de ces corps : et comme les phénomènes que nous offrent les corps vivans sont les indices d'autant de facultés dont ils jouissent, la distinction dont il s'agit séparera utilement les facultés qui sont communes à tous les corps doués de la vie, de celles qui sont particulières à certains d'entre eux.

Les facultés communes à tous les corps vivans,
c'est-à-dire , celles dont ils sont exclusivement
doués, et qui constituent autant de phénomènes
qu'eux seuls peuvent produire, sont :

1°. De se *nourrir* à l'aide de matières alimentaires incorporées ; de l'assimilation continuelle
d'une partie de ces matières qui s'exécute en
eux ; enfin , de la fixation des matières assimilées, laquelle répare d'abord avec surabondance ,
ensuite plus ou moins complétement , les pertes
de substance que font ces corps dans tous les
temps de leur vie active ;

2°. De *composer leur corps ,* c'est-à-dire, de
former eux-mêmes les substances propres qui le
constituent, avec des matériaux qui en contiennent seulement les principes, et que les matières alimentaires leur fournissent particulièrement ;

3°. De se développer et de s'accroître jusqu'à
un certain terme, particulier à chacun d'eux,
sans que leur accroissement résulte de l apposi-
tion à l'extérieur des matières qui se réunissent
à leur corps ;

4°. Enfin , de se régénérer eux-mêmes , c'est-à-
dire , de produire d'autres corps qui leur soient
en tout semblables.

Qu'un corps vivant, végétal ou animal, ait
une organisation fort simple ou très-composée ;

qu'il soit de telle classe, de tel ordre, etc.; il
possède essentiellement les quatre facultés que je
viens d'énoncer. Or, comme ces facultés sont
exclusivement le propre de tous les corps vivans,
on peut dire qu'elles constituent les phénomènes
essentiels que ces corps nous présentent.

Examinons maintenant ce qu'il nous est possible d'apercevoir et de penser relativement aux
moyens que la nature emploie pour produire ces
phénomenes exclusivement communs à tous les
corps vivans.

Si la nature ne crée directement la vie que
dans des corps qui ne la possédoient pas; si elle
ne crée l'organisation que dans sa plus grande
simplicité (chap. VI); enfin, si elle n'y entretient les mouvemens organiques qu'à l'aide d'une
cause excitatrice de ces mouvemens (chap. III);
on demandera comment les mouvemens, entre-
tenus dans les parties d'un corps organisé, peuvent donner lieu à la *nutrition*, à l'accroissement,
à la reproduction de ce corps, et lui donner en
même temps la faculté de former lui-meme sa
propre substance.

Sans vouloir donner l'explication de tous les
objets de détail qui concernent cette œuvre admirable de la nature, ce qui nous exposeroit
à des erreurs, et pourroit compromettre les vérités principales que l'observation a fait aperce-

voir, je crois que, pour répondre à la question
qui vient d'être énoncée, il suffit de présenter
les observations et les réflexions suivantes.

Les actes de la vie, ou autrement les mouvemens organiques , à l'aide des *affinités* et de
l'écartement des principes déjà combinés que ces
mouvemens et la pénétration des fluides subtils
entraînent, opèrent nécessairement des changemens dans l'état, soit des parties contenantes,
soit des fluides contenus d'un corps vivant. Or,
de ces changemens qui forment des combinaisons diverses et nouvelles, résultent différentes
sortes de matières, dont les unes, par la continuité du mouvement vital, sont dissipées ou
évacuées, tandis que les autres sont seulement
séparées des parties qui n'ont pas encore changé
de nature. Parmi ces matières séparées, les unes
sont déposées en certains lieux du corps, ou
reprises par des canaux absorbans, et servent à
certains usages; telles sont la lymphe, la bile,
la salive, la matière prolifique, etc.; mais les
autres, ayant reçu certaines *assimilations,* sont
transportées par la force générale qui anime tous
les organes et fait exécuter toutes les fonctions,
et ensuite sont fixées dans des parties de convenance ou semblables, soit solides, soit souples
et contenantes, dont elles réparent les pertes,
et dont, en outre, elles augmentent l'étendue ,

selon leur abondance et la possibilité qu'elles y trouvent.

C'est donc par la voie de ces dernières, c'est-à-dire, des matières *assimilées*, ou devenues propres à certaines parties, que s'exécute la *nutrition*. Ainsi, la première des facultés de la vie, la nutrition, n'est essentiellement qu'une réparation des pertes éprouvées ; ce n'est qu'un moyen qui rétablit ce que la tendance de toutes les matières composées vers leur décomposition étoit parvenue à effectuer à l'égard de celles qui se sont trouvées dans des circonstances favorables. Or, ce rétablissement s'opère à l'aide d'une force qui transporte les matières nouvellement assimilées dans les lieux où elles doivent être fixées, et non par aucune loi particulière, ce que je crois avoir mis en évidence. En effet, chaque sorte de partie du corps animal sécrète et s'approprie, par une véritable *affinité*, les molécules assimilées qui peuvent s'identifier avec elle.

Mais la *nutrition* est plus ou moins abondante, selon l'état de l'organisation de l'individu.

Dans la jeunesse de tout corps organisé doué de la vie, la nutrition est d'une abondance extrême ; et alors elle fait plus que réparer les pertes, car elle ajoute à l'étendue des parties.

En effet, dans un corps vivant, toute partie contenante encore nouvelle est, par suite des causes

de sa formation, extrêmement souple et d'une
foible consistance. La nutrition alors s'y exécute
avec tant de facilité qu'elle y est surabondante.
Dans ce cas, non-seulement elle répare complétement les pertes ; mais, en outre, par une
fixation interne de particules assimilées, elle ajoute
successivement à l'étendue des parties, et devient
la source de l'*accroissement* du jeune individu
qui jouit de la vie.

Mais apres un certain terme, qui varie suivant
la nature de l'organisation dans chaque race, les
parties, même les plus souples, de cet individu,
perdent une grande partie de leur souplesse et de
leur orgasme vital ; et leur faculté de nutrition se
trouve alors proportionnellement diminuée.

La nutrition, dans ce cas, se trouve bornée à
la réparation des pertes ; l'état du corps vivant
est stationnaire pendant un certain temps ; et ce
corps jouit, à la vérité, de sa plus grande vigueur, mais ne s'accroît plus. Or, l'excédant des
parties préparées, qui n'a pu être employé ni à
la nutrition, ni à l'accroissement, reçoit de la
nature une autre destination, et devient la source
où elle puise ses moyens pour reproduire d'autres
individus semblables.

Ainsi, la *reproduction*, troisième des facultés
vitales, tire, de même que l'accroissement,
son origine de la nutrition, ou plutôt des ma-

tériaux préparés pour la nutrition. Mais cette
faculté de reproduction ne commence à jouir
de son intensité que lorsque la faculté d'accroissement commence à diminuer : on sait assez combien l'observation confirme cette considération ;
puisque les organes reproducteurs (les parties
sexuelles), dans les végétaux comme dans les
animaux, ne commencent à se développer que
lorsque l'accroissement de l'individu est sur le
point de se terminer.

J'ajouterai que les matériaux préparés pour la
nutrition étant des particules assimilées et en autant de sortes qu'il y a de parties différentes dans
un corps, la réunion de ces diverses particules
que la nutrition et l'accroissement n'ont pu employer, fournit les élémens d'un très-petit corps
organisé parfaitement semblable à celui dont il
provient.

Dans un corps vivant très-simple, et qui n'a
pas d'organes spéciaux, l'excédant de la nutrition
rencontrant le terme qui fixe l'accroissement de
l'individu, est alors employé à former et à développer une partie qui se sépare ensuite de ce
corps vivant, et qui, continuant de vivre et de
s'accroître, constitue un nouvel individu qui lui
ressemble. Tel est effectivement le mode de reproduction par scission du corps et par gemmes ou bourgeons, lequel s'exécute sans exi-

ger aucun organe particulier pour y donner lieu.

Enfin, à un terme encore plus éloigné, terme pareillement variable, même dans les différens individus d'une race, selon les circonstances de leurs habitudes et celles du climat qu'ils habitent, les parties les plus souples du corps vivant qui y est parvenu ont acquis une rigidité telle, et une si grande diminution dans leur orgasme, que la *nutrition* ne peut plus réparer qu'incomplétement ses pertes. Alors ce corps dépérit progressivement; et si quelqu'accident léger, quelqu'embarras intérieur que les forces diminuées de la vie ne sauroient vaincre, n'en amènent pas la fin dans cet individu, sa vieillesse croissante est nécessairement et naturellement terminée par la mort, qui survient à l'époque où l'état de choses qui existoit en lui cesse de permettre l'exécution des mouvemens organiques.

On a nié cette *rigidité* des parties molles, croissante avec la durée de la vie, parce qu'on a vu qu'après la mort le cœur et les autres parties molles d'un vieillard s'affaissoient plus fortement et devenoient plus flasques que dans un enfant ou un jeune homme qui vient de mourir. Mais on n'a pas fait attention que l'orgasme et l'irritabilité qui subsistent quelque temps encore après la mort, se prolongeoient davantage et conservoient plus d'intensité dans les jeunes individus que dans

les vieillards , où ces facultés très-diminuées s'é-
teignent presqu'en même temps que la vie , et
que cette cause seule donnoit lieu aux effets remarqués.

C'est ici le lieu de faire voir que la nutrition ne
peut s'opérer sans augmenter peu à peu la consistance des parties qu'elle répare.

Tous les corps vivans, et principalement ceux
en qui une chaleur interne se développe et s'entretient pendant le cours de la vie, ont continuellement une portion de leurs humeurs et même du
tissu de leur corps dans un véritable état de
décomposition; ils font sans cesse, par conséquent,
des pertes réelles , et l'on ne peut douter que ce
ne soit aux suites de ces altérations des solides et
des fluides des corps vivans que sont dues différentes matières qui se forment en eux , dont les
unes sont sécrétées et déposées ou retenues, tandis que les autres sont évacuées par diverses
voies.

Ces pertes ameneroient bientôt la détérioration
des organes et des fluides de l'individu, si la nature
n'eut pas donné aux corps vivans qui les éprouvent , une faculté essentielle à leur conservation ;
celle de les réparer. Or , des suites de ces pertes
et de ces réparations perpétuelles , il arrive qu'a-
près un certain temps de la durée de la vie , le
corps qui y est assujetti peut ne plus avoir dans

ses parties aucune des molécules qui les compo-
soient originairement.

On sait que la nutrition effectue les réparations dont je viens de parler ; mais elle le fait
plus ou moins complétement, selon l'âge et l'é-
tat des organes de l'individu, comme je l'ai remarqué plus haut.

Outre cette inégalité connue dans le rapport des
pertes aux réparations selon les âges des individus, il en existe une autre très-importante à considérer, et à laquelle cependant il ne paroît pas
qu'on ait donné d'attention. Il s'agit de l'inégalité
constante qui a lieu entre les matières assimilées
et fixées par la nutrition, et celles qui se dégagent
à la suite des altérations continuelles qui viennent
d'être citées.

J'ai fait voir dans mes *Recherches*, etc.
(vol. II, p. 202), que la cause de cette inégalité
vient de ce que

L'assimilation (la nutrition qui en résulte)
fournit toujours plus de principes ou de matières
fixes que la cause des pertes n'en enlève ou n'en
fait dissiper.

Les pertes et les réparations successives que
font sans cesse les parties des corps vivans ont
été depuis long-temps reconnues ; et néanmoins
ce n'est que depuis peu d'années que l'on com-

mence à sentir que ces pertes résultent des altérations que les fluides et même les solides de ces
corps éprouvent continuellement dans leur état
et leur nature. Enfin, bien des personnes encore
ont de la peine à se persuader que ce sont les résultats de ces altérations et des changemens ou combinaisons qui s'opèrent sans cesse dans les fluides
essentiels des corps vivans, qui donnent lieu à la
formation des différentes matières sécrétoires, ce
que j'ai déjà établi (1).

Or, s'il est vrai, d'une part, que les pertes emportent du corps vivant moins de matières fixes,
terreuses et toujours concrètes, que de matières
fluides, et surtout que de matières coercibles; et
de l'autre part, que la nutrition fournit graduellement aux parties plus de matières fixes que de
matières fluides et de substances coercibles; il
en résultera que les organes acquerront peu à
peu une rigidité croissante qui les rendra progressivement moins propres à l'exécution de leurs
fonctions, ce qui a effectivement lieu.

Loin que tout ce qui environne les corps vivans
tende à les détruire, ce que l'on répète dans tous
les ouvrages physiologiques modernes; je suis convaincu, au contraire, qu'ils ne conservent leur

---

(1) *Mémoires de Phys. et d'Hist. nat.*, p. 260 à 263;
et *Hydrogéologie*, p. 112 à 115.

existence qu'à l'aide d'influences extérieures , et
que la cause qui amène essentiellement la mort
de tout individu possédant la vie , est en lui-
même et non hors de lui.

Je vois, en effet , clairement que cette cause
résulte de la différence qui s'établit peu à peu
entre les matières assimilées et fixées par la nutrition , et celles rejetées ou dissipées par les déperditions continuelles que font les corps qui
jouissent de la vie , les matières coercées étant
toujours les premières et les plus faciles à se dégager de l'état de combinaison qui les fixoit.

En un mot , je vois que cette cause qui amène
la vieillesse , la décrépitude , et enfin la mort ,
réside , par suite de ce que je viens d'exposer,
dans l'*indurescence* progressive des organes ; indurescence qui produit peu à peu la rigidité des
parties , et qui , dans les animaux , diminue proportionnellement l'intensité de l'*orgasme* et de
l'*irritabilité* , roidit et rétrécit les vaisseaux , détruit insensiblemènt l'influence des fluides sur les
solides , *et vice versá* ; enfin , dérange l'ordre et
l'état de choses nécessaires à la vie , et finit par
l'anéantir entièrement.

Je crois avoir prouvé que les facultés communes à tous les corps vivans sont de se nourrir ;
de composer eux-mêmes les différentes substances
qui constituent les parties de leur corps; de se déve-

lopper et de s'accroître jusqu'à un terme particulier à chacun d'eux ; de se régénérer, c'est-à-dire,
de reproduire d'autres individus qui leur ressemblent ; enfin , de perdre la vie qu'ils possédoient,
par une cause qui est en eux-mêmes.

Maintenant je vais considérer les facultés particulières à certains corps vivans ; et je me borne-
rai, comme je viens de le faire , à l'exposition des
faits généraux , ne voulant entrer dans aucun
des détails connus qui se trouvent dans les ouvrages de *physiologie.*

CHAPITRE IX.

Des Facultés particulières à certains Corps vivans.

DE même qu'il y a des facultés qui sont communes à tous les corps qui jouissent de la vie, ce que j'ai fait voir dans le chapitre précédent, de même aussi l'on observe dans certains corps vivans des facultés qui leur sont particulières, et que les autres ne possèdent nullement.

Ici, se présente une considération capitale, à laquelle il importe infiniment d'avoir égard si l'on veut faire des progrès ultérieurs dans les sciences naturelles : la voici.

Comme il est de toute évidence que l'organisation, soit animale, soit végétale, s'est elle-même, par les suites du pouvoir de la vie, composée et compliquée graduellement, depuis celle qui est dans sa plus grande simplicité, jusqu'à celle qui offre la plus grande complication, le plus d'organes, et qui donne aux corps vivans, dans ce cas, les facultés les plus nombreuses; il est aussi de toute évidence que chaque organe spécial, et que la faculté qu'il procure, ayant une fois été obtenus, doivent ensuite exister dans tous les corps vivans qui, dans l'ordre naturel, viennent après ceux qui les possèdent, à moins que quelque avortement ne les ait fait disparoître. Mais avant l'animal ou le végétal qui, le premier, a obtenu cet organe, ce seroit en vain qu'on chercheroit, parmi des corps vivans plus simples et plus imparfaits, soit l'organe, soit la faculté en question; ni cet organe, ni la faculté qu'il procure ne sauroient s'y rencontrer. S'il en étoit autrement, toutes les facultés connues seroient communes à tous les corps vivans, tous les organes se rencontreroient dans chacun de ces corps, et la progression dans la composition de l'organisation n'auroit pas lieu.

Il est, au contraire, bien démontré par les faits, que l'organisation offre une progression évidente dans sa composition, et que tous les corps vivans ne possèdent pas les mêmes organes. Or, je ferai voir dans l'instant que, faute d'avoir suffisamment considéré l'ordre de la nature dans ses productions, et la progression remarquable qui se trouve dans la composition de l'organisation, les naturalistes ont fait des efforts très-infructueux pour retrouver dans certaines classes, soit d'animaux, soit de végétaux, des organes et des facultés qui ne pouvoient s'y rencontrer.

Il faut donc, dans l'ordre naturel des animaux,

par

par exemple, se pénétrer d'abord du point de cet
ordre où tel organe a commencé d'exister, afin
de ne plus chercher le même organe dans les
points beaucoup plus antérieurs du meme ordre,
si l'on ne veut retarder la science en attribuant
hypothétiquement à des parties, dont on ne connoît pas la nature, des facultés qu'elles ne sauroient avoir.

Ainsi, plusieurs botanistes ont fait des efforts
inutiles pour retrouver la génération sexuelle
dans les plantes agames (les *cryptogames* de
Linnée), et d'autres ont cru trouver dans ce
qu'on nomme les *trachées* des végétaux un organe spécial pour la respiration. De même plusieurs zoologistes ont voulu retrouver un *poumon*
dans certains mollusques, un *squelette* dans les
astéries ou étoiles de mer, des *branchies* dans les
méduses : enfin, un Corps savant vient de proposer, cette année, pour sujet de prix, de rechercher s'il existe une *circulation* dans les radiaires.

Assurément, de pareilles tentatives prouvent
combien on est encore peu pénétré de l'ordre
naturel des animaux, de la progression qui existe
dans la composition de l'organisation, et des
principes essentiels qui doivent résulter de la
connoissance de cet ordre. D'ailleurs, en fait
d'organisation, et lorsqu'il s'agit d'objets très-

petits et inconnus, on *croit voir* tout ce que l'on *veut voir ;* et l'on trouvera ainsi tout ce que l'on voudra, comme cela est déjà arrivé, en attribuant arbitrairement des facultés à des parties dont on n'a su reconnoître ni la nature ni l'usage.

Considérons maintenant quelles sont les facultés principales qui sont particulières à certains corps doués de la vie, et voyons dans quel point de l'ordre naturel, soit des animaux, soit des végétaux, chacune de ces facultés, ainsi que les organes qui y donnent lieu, ont commencé d'exister.

Les facultés particulières à certains corps vivans, et que conséquemment les autres corps doués de la vie ne possèdent pas, sont principalement :

1°. De digérer des alimens ;

2°. De respirer par un organe spécial ;

3°. D'exécuter des actions et des locomotions, par des organes musculaires ;

4°. De sentir ou de pouvoir éprouver des sensations ;

5°. De se multiplier par la génération sexuelle ;

6°. D'avoir leurs fluides essentiels en circulation ;

7°. D'avoir, dans un degré quelconque, de l'intelligence.

Il y a bien d'autres facultés particulières dont

on trouve des exemples parmi les corps qui jouissent de la vie, et principalement parmi les animaux ; mais je me borne à considérer celles-ci,
parce qu'elles sont les plus importantes, et que
ce que je vais présenter à leur égard suffit à mon
objet.

Les facultés qui ne sont pas communes à tous
les corps vivans viennent toutes, sans exception,
d'organes spéciaux qui y donnent lieu, et conséquemment d'organes que tous les corps doués
de la vie ne possèdent point; et les actes qui
produisent ces facultés sont des fonctions de ces
organes.

En conséquence, sans examiner si les fonctions
des organes dont il s'agit s'exécutent continuellement ou avec interruption, et selon les circonstances; et sans considérer si ces fonctions concernent, soit la conservation de l'individu, soit
celle de l'espèce; ou si elles font communiquer
l'individu avec les corps qui lui sont étrangers
et qui l'environnent, je vais exposer sommaire-
ment mes idées sur les fonctions organiques qui
donnent lieu aux sept facultés citées ci-dessus.
Je prouverai que chacune d'elles est particulière
à certains animaux, et qu'elle ne peut être commune à tous les individus qui composent leur
règne.

La Digestion : c'est la première des facultés

particulières dont jouissent la plupart des animaux, et c'est, en même temps, une fonction organique qui s'exécute dans une cavité centrale de l'individu ; cavité qui, quoique variée dans sa forme, selon les races, est, en général, conformée en tube ou en canal, ayant tantôt une seule de ses extrémités ouverte, et tantôt l'une et l'autre.

La fonction dont il s'agit, qui ne s'opère que sur des matières composées, étrangères aux parties de l'individu, et qu'on nomme *alimentaires*, consiste d'abord à détruire l'agrégation des molécules constituantes et ordinairement agrégées des matières alimentaires introduites dans la cavité digestive ; et ensuite à changer l'état et les qualités de ces molécules, de manière qu'une partie d'entre elles devienne propre à former du *chyle*, et à renouveler ou réparer le fluide essentiel de l'individu.

Des liqueurs répandues dans l'organe digestif par les conduits excréteurs de diverses glandes placées dans le voisinage, liqueurs qui se versent principalement aux époques où une digestion doit s'exécuter, facilitent d'abord la dissolution, c'est-à-dire, la destruction de l'agrégation des molécules des matières alimentaires, et ensuite concourent à opérer les changemens que doivent subir ces molécules. Alors celles de ces molécules qui sont suffisamment changées et préparées, nageant dans les liqueurs digestives et autres qui leur servent de véhicule, pénètrent, par les pores absorbans des parois du tube alimentaire ou intestinal, dans les vaisseaux chyleux ou dans les secondes voies, et y constituent ce fluide précieux qui vient réparer le fluide essentiel de l'individu.

Toutes les molécules ou parties plus grossières qui n'ont pu servir à la formation du chyle, sont ensuite rejetées de la cavité alimentaire.

Ainsi, l'organe spécial de la *digestion* est la cavité alimentaire dont l'ouverture antérieure, par laquelle les alimens sont introduits dans cette cavité, porte le nom de *bouche*, tandis que celle de l'extrémité postérieure, lorsqu'elle existe, s'appelle l'*anus*.

Il suit de cette considération, que tous les corps vivans qui manquent de cavité alimentaire, n'ont jamais de digestion à exécuter; et comme toute digestion s'effectue sur des matières composées, et qu'elle détruit l'agrégation des molécules alimentaires engagées dans des masses solides, il en résulte que les corps vivans qui n'en exécutent point, ne se nourrissent que d'alimens fluides, soit liquides, soit gazeux.

Tous les végétaux sont dans le cas que je viens de citer; ils manquent d'organe digestif, et n'ont effectivement jamais de digestion à exécuter.

La plupart des animaux, au contraire, ont un organe spécial pour la digestion, qui leur donne la faculté de digérer; mais cette faculté n'est pas, comme on l'a dit, commune à tous les animaux, et ne sauroit être citée comme un des caractères de l'animalité. En effet, les *infusoires* ne la possèdent point, et en vain chercheroit-on une cavité alimentaire dans une monade, une volvoce, un protée, etc.; on ne la trouveroit point.

La faculté de digérer n'est donc que particulière au plus grand nombre des animaux.

La *respiration* : c'est la seconde des facultés particulières à certains animaux, parce qu'elle est moins générale que la digestion; sa fonction s'exécute dans un organe spécial distinct, lequel est très-diversifié selon les races en qui cette fonction s'opère, et selon la nature du besoin qu'elles en ont.

Cette fonction consiste en une réparation du fluide essentiel, et trop promptement altéré de l'individu qui est dans ce cas; réparation pour laquelle la voie trop lente des alimens ne suffit pas. Or, la réparation dont il s'agit s'effectue dans l'organe respiratoire, à l'aide du contact d'un fluide particulier respiré, lequel, en se décomposant, vient communiquer au fluide essentiel de l'individu des principes réparateurs.

Dans les animaux dont le fluide essentiel est peu composé, et ne se meut qu'avec lenteur, les altérations de ce fluide essentiel sont lentes, et alors la voie des alimens suffit seule aux réparations ; les fluides, capables de fournir certains principes réparateurs nécessaires, pénétrant dans l'individu par cette voie ou par celle de l'absorption, et produisant suffisamment leur influence, sans exiger un organe spécial. Ainsi, la faculté de respirer par un organe particulier n'est pas nécessaire à ces corps vivans. Tel est le cas de tous les végétaux, et tel est encore celui d'un assez grand nombre d'animaux , comme ceux qui composent la classe des *infusoires* et celle des *polypes*.

La faculté de respirer ne doit donc être reconnue exister que dans les corps vivans qui possèdent un organe spécial pour la fonction qui la procure ; car si ceux qui manquent d'un pareil organe ont besoin, pour leur fluide essentiel, de recevoir quelque influence analogue à celle de la respiration, ce qui est très-douteux, ils la reçoivent apparemment par quelque voie générale et lente, comme celle des alimens, ou celle de l'absorption qui s'exécute par les pores extérieurs, et non par le moyen d'un organe particulier. Ainsi les corps vivans dont il s'agit ne respirent pas.

Le plus important des principes réparateurs
que fournit le fluide respiré au fluide essentiel
de l'animal, paroît être l'*oxygène*. Il se dégage
du fluide respiré, vient s'unir au fluide essentiel
de l'animal, et rend alors à ce dernier des qualités qu'il avoit perdues.

On sait qu'il y a deux fluides respiratoires différens qui fournissent l'oxygène dans l'acte de
la respiration. Ces fluides sont l'*eau* et l'*air ;* ils
forment, en général, les milieux dans lesquels
les corps vivans se trouvent plongés, ou dont ils
sont environnés.

L'eau, en effet, est le fluide respiratoire de
beaucoup d'animaux qui habitent continuellement dans son sein. On croit que, pour fournir
l'*oxygene*, ce fluide ne se décompose point ; mais
qu'entraînant toujours avec lui une certaine
quantité d'air qui lui est, en quelque sorte, ad
hérente, cet air se décompose dans l'acte de la
respiration, et fournit alors son oxygène au
fluide essentiel de l'animal. C'est de cette manière que les poissons et quantité d'animaux aquatiques respirent ; mais cette respiration est moins
active, et fournit plus lentement les principes
réparateurs que celle qui se fait par l'air à nu.

L'air atmosphérique et à nu est le second
fluide respiratoire, et c est effectivement celui
que respire un grand nombre d'animaux qui

vivent habituellement dans son sein ou à sa portée : il se décompose promptement dans l'acte
de la respiration, et fournit aussitôt son oxygène au fluide essentiel de l'animal, dont il répare les altérations. Cette respiration, qui est
celle des animaux les plus parfaits et de beaucoup d'autres, est la plus active, et elle l'est,
en outre, d'autant plus, que la nature de l'organe en qui elle s'opère, favorise davantage son
activité.

Il ne suffit pas de considérer, dans un animal,
l'existence d'un organe spécial pour la respiration ; il faut encore avoir égard a la nature de
cet organe, afin de juger du degré de perfectionnement de son organisation, par la renais-
sance, prompte ou lente, des besoins qu'il a de
réparer son fluide essentiel.

A mesure que le fluide essentiel des animaux
se compose davantage, et devient plus animalisé, les altérations qu'il subit, pendant le cours de
la vie, sont plus grandes et plus promptes, et les
réparations dont il a besoin deviennent graduellement proportionnées aux changemens qu'il
éprouve.

Dans les animaux les plus simples et les plus
imparfaits, tels que les *infusoires* et les *polypes*,
le fluide essentiel de ces animaux est si peu composé , si peu animalisé, et s'altère avec tant

de lenteur, que les réparations alimentaires lui
suffisent. Mais, bientôt après, la nature commence à avoir besoin d'un nouveau moyen pour
entretenir dans son état utile, le fluide essentiel
des animaux. C'est alors qu'elle crée la *respiration*; mais elle n'établit d'abord que le système
respiratoire le plus foible, le moins actif; enfin,
celui que fournit l'eau lorsqu'elle va elle-même
porter partout son influence comme fluide respiré.

La nature, ensuite, variant le mode de la respiration, selon le besoin progressivement augmenté du bénéfice qu'elle procure, rend cette
fonction de plus en plus active, et finit par lui
donner la plus grande énergie.

Puisque la respiration aquifère est la moins
active, considérons-la d'abord, et nous verrons
que les organes qui respirent l'eau sont de deux
sortes, lesquelles diffèrent encore entre elles par
leur activité. Nous remarquerons ensuite la même
chose à l'égard des organes qui respirent l'air.

Les organes qui respirent l'eau doivent être
distingués en *trachées aquifères* et en *branchies*;
comme les organes qui respirent l'air le sont en
trachées aérifères et en *poumons*. Il est, en effet,
de toute évidence que les trachées aquifères sont
aux branchies, ce que les trachées aérifères sont
aux poumons. (*Syst. des Animaux sans vertèbres*, p. 47.)

Les *trachées aquifères* consistent en un certain nombre de vaisseaux qui se ramifient et s'étendent dans l'intérieur de l'animal, et qui s'ouvrent au dehors par une multitude de petits tubes qui absorbent l'eau : à l'aide de ce moyen, l'eau pénètre continuellement par les tubes qui s'ouvrent au dehors, circule, en quelque sorte, dans tout l'intérieur de l'animal, y va porter l'influence respiratoire, et paroît en sortir en se versant dans la cavité alimentaire.

Ces trachées aquifères constituent l'organe respiratoire le plus imparfait, le moins actif, le premier que la nature a créé ; enfin, celui qui appartient à des animaux dont l'organisation est si peu composée, qu'ils n'ont encore aucune circulation pour leur fluide essentiel. On en trouve des exemples remarquables dans les *radiaires*, telles que les oursins, les astéries, les méduses, etc.

Les *branchies* constituent aussi un organe qui respire l'eau, et qui peut, en outre, s'accoutumer à respirer l'air à nu ; mais cet organe respiratoire est toujours isolé, soit en dedans, soit en dehors de l'animal, et il n'existe que dans des animaux dont l'organisation est déjà assez composée pour avoir un système nerveux et un système de circulation pour leur sang.

Vouloir trouver des branchies dans les *radiaires* et dans les *vers*, parce qu'ils respirent l'eau, c'est comme si l'on vouloit trouver un poumon dans les *insectes*, parce qu'ils respirent l'air. Aussi les trachées aérifères des insectes constituent-elles le plus imparfait des organes qui respirent l'air; elles s'étendent dans toutes les parties de l'animal, et y vont porter l'utile influence de la respiration; tandis que le poumon, comme les branchies, est un organe respiratoire isolé, qui, lorsqu'il a obtenu son plus grand perfectionnement, est le plus actif des organes respiratoires.

Pour bien saisir le fondement de tout ce que je viens d'exposer, il importe de donner quelque attention aux deux considérations suivantes.

La *respiration*, dans les animaux qui n'ont pas de circulation pour leur fluide essentiel, s'effectue avec lenteur, sans mouvement particulier apparent, et dans un système d'organes qui est répandu à peu près dans tout le corps de l'animal. Dans cette respiration, c'est le fluide respiré qui va lui-même porter partout son influence; le fluide essentiel de l'animal ne va nulle part au-devant de lui. Telle est la respiration des *radiaires* et des *vers*, dans laquelle l'eau est le fluide respiré, et telle est ensuite la respiration des *insectes* et des *arachnides*, dans laquelle ce fluide respiré est l'air atmosphérique.

Mais la *respiration* des animaux, qui ont une

circulation générale pour leur fluide essentiel, présente un mode très-différent : elle s'effectue avec moins de lenteur; donne lieu à des mouvemens particuliers qui, dans les animaux les plus parfaits, deviennent mesurés; et s'exécute dans un organe simple, double ou composé, mais qui est isolé, puisqu'il ne s'étend pas partout. Alors le fluide essentiel ou le sang de l'animal va lui-même au devant du fluide respiré qui ne pénètre que jusqu'à l'organe respiratoire : il en résulte que le sang est contraint de subir, outre la circulation générale, une circulation particulière que je nomme *respiratoire.* Or, comme tantôt il n'y a qu'une partie du sang qui se rende à l'organe de la respiration avant d'être envoyée dans toutes les parties du corps de l'animal, et que tantôt tout le sang passe par cet organe avant son émission dans tout le corps, la *circulation respiratoire* est donc tantôt incomplète et tantôt complète.

Ayant montré qu'il y a deux modes très-différens pour la respiration des animaux qui possèdent un organe respiratoire distinct, je crois qu'on peut donner à celle du premier mode, telle que celle des *radiaires*, des *vers* et des *insectes*, le nom de *respiration générale*, et qu'il faut nommer *respiration locale*, celle du second mode qui appartient aux animaux plus parfaits que les

insectes, et à laquelle, peut-être, il faudra joindre
la respiration bornée des *arachnides*.

Ainsi, la faculté de respirer est particulière
à certains animaux, et la nature de l'organe par
lequel ces animaux respirent, est tellement ap-
propriée à leurs besoins et au degré de perfectionnement de leur organisation, qu'il seroit
très inconvenable de vouloir retrouver dans
des animaux imparfaits l'organe respiratoire d'a-
nimaux plus parfaits.

Le *système musculaire* : il donne aux animaux
en qui il existe, la faculté d'exécuter des actions
et des locomotions, et de diriger ces actes, soit par
les penchans nés des habitudes, soit par le sentiment intérieur, soit, enfin, par des opérations
de l'intelligence.

Comme il est reconnu qu'aucune action musculaire ne peut avoir lieu sans l'influence nerveuse, il suit de là que le *système musculaire* n'a
pu être formé qu'après l'établissement du système
nerveux, au moins dans sa première simplicité
ou sa moindre complication. Or, s il est vrai que
celle des fonctions du système nerveux, qui a
pour objet d'envoyer le fluide subtil des nerfs
aux fibres musculaires ou à leurs faisceaux, pour
les mettre en action, est beaucoup plus simple
que celle qui est nécessaire pour produire le *sen-*
timent , ce que je compte prouver; il en doit ré-

sulter que , dès que le système nerveux a pu se
composer d'une masse médullaire à laquelle aboutissent différens nerfs , ou dès qu'il a pu offrir
quelques ganglions séparés , envoyant des filets
nerveux à certaines parties , dès lors il a été capable d'opérer l'excitation musculaire , sans pouvoir cependant produire le phénomène du sentiment.

Je me crois fondé à conclure de ces considérations, que la formation du *système musculaire* est
postérieure à celle du système nerveux considéré
dans sa moindre composition ; mais que la faculté
d'exécuter des actions et des locomotions par le
moyen des organes musculaires, est, dans les
animaux, antérieure à celle de pouvoir éprouver
des sensations.

Or, puisque le système nerveux est, dans sa
première formation , antérieur au système musculaire; puisqu'il n'a commencé à exister que
lorsqu'il s'est trouvé composé d'une masse médullaire principale de laquelle partent différens
filets nerveux ; et puisqu'un pareil système d'organes ne peut exister dans des animaux d'une
organisation aussi simple que celle des infusoires
et du plus grand nombre des polypes ; il est donc
de toute évidence que le *système musculaire*
est particulier à certains animaux, que tous ne
le possèdent pas , et néanmoins que la faculté

d'agir et de se mouvoir, par des organes musculaires, existe dans un plus grand nombre d'animaux que celle de sentir.

Pour préjuger l'existence du système musculaire dans les animaux où elle paroît douteuse,
il importe de considérer si les parties de ces animaux offrent, aux attaches des fibres musculaires,
des points d'appui d'une certaine consistance ou
fermeté; car, par l'habitude d'être tiraillés, ces
points d'attache s'affermissent progressivement.

On est assuré que le système musculaire existe
dans les *insectes*, et dans tous les animaux des
classes postérieures; mais la nature a-t-elle établi
ce système dans des animaux plus imparfaits que
les insectes? Si elle l'a fait, on peut penser, à
l'égard des *radiaires*, que ce n'est guères que dans
les échinodermes et dans les fistulides, et non
dans les radiaires mollasses : peut-être a-t-elle
ébauché ce système dans les actinies; la consistance assez coriace de leur corps autorise à le
croire; mais on ne sauroit supposer son existence dans les hydres, ni dans la plupart des
autres polypes, et encore moins dans les infusoires.

Il est possible que, lorsque la nature a commencé l'établissement d'un système d'organes particulier quelconque, elle ait choisi les circonstances favorables à l'exécution de cette création;

et

et qu'en conséquence, dans l'échelle que nous formons des animaux, il y ait vers l'origine de l'établissement de ce système, quelques interruptions occasionnées par les cas où sa formation n'a pu avoir lieu.

L'observation bien suivie des opérations de la nature et guidée par ces considérations, nous apprendra sans doute bien des choses que nous ignorons encore sur ces sujets intéressans; et peut-être nous fera-t-elle découvrir que, quoique la nature ait pu commencer l'établissement du système musculaire dans les radiaires, les vers, qui viennent ensuite, n'en sont pas encore pourvus.

Si cette considération est fondée, elle confirmera celle que j'ai déjà présentée à l'égard des *vers;* savoir : qu'ils paroissent constituer une branche particulière de la chaîne animale, recommencée par des générations directes (chap. VI, p. 88).

Le système musculaire, bien prononcé et bien connu dans les insectes, se montre ensuite toujours et partout dans les animaux des classes suivantes.

Le *sentiment:* c'est une faculté qui doit occuper le quatrième rang parmi celles qui ne sont pas communes à tous les corps qui possèdent la vie ; car la faculté de sentir paroît moins générale encore que celle du mouvement musculaire, celle de respirer, et celle de digérer.

On verra plus loin que le *sentiment* n'est qu'un effet, c'est-à-dire, que le résultat d'un acte organique, et non une faculté inhérente ou propre à aucune des matières qui composent les parties d'un corps susceptible de l'éprouver.

Aucune de nos humeurs, ni aucun de nos organes, pas même nos nerfs, n'ont en propre la faculté de sentir. Ce n'est que par illusion que nous attribuons l'effet singulier qu'on nomme *sensation* ou sentiment, à une partie affectée de notre corps ; aucune des matières qui composent cette partie affectée ne sent réellement et ne sauroit sentir. Mais l'effet très-remarquable auquel on donne le nom de sensation, et celui de douleur, lorsqu'il est trop intense, est le produit de la fonction d un système d'organes très-particulier, dont les actes s'exécutent selon les circonstances qui les provoquent.

J'espère prouver que cet effet qui constitue le *sentiment* ou la sensation, résulte évidemment d'une cause *affectante* qui excite une action dans toutes les parties du système d'organes spécial qui y est propre, laquelle, par une répercussion plus prompte que l'éclair, et qui s'effectue dans toutes les parties du système, reporte son effet général dans le foyer commun, ou la sensation s'opère, et de là propage cette sensation jusqu'au point du corps qui fut affecté.

J'essayerai de développer, dans la troisième partie de cet ouvrage, le mécanisme admirable de l'effet qui constitue ce qu'on nomme *sentiment:* ici je dirai seulement que le système d'organes particulier, qui peut produire un pareil effet, est connu sous le nom de *système nerveux;* et j'ajouterai que le système dont il s'agit n'acquiert la faculté de donner lieu au sentiment, que lorsqu'il est assez avancé dans sa composition pour offrir des nerfs nombreux qui se rendent à un foyer commun ou centre de rapport.

Il résulte de ces considérations, que tout animal qui ne possède pas un *système nerveux*, dans l'état cité, ne sauroit éprouver l'effet remarquable dont il vient d'être question, et conséquemment ne peut avoir la faculté de sentir; à plus forte raison tout animal qui n'a point de nerfs aboutissant à une masse médullaire principale, doit-il être privé du sentiment.

Ainsi donc la faculté de *sentir* ne peut être commune à tous les corps vivans, puisqu'il est généralement reconnu que les végétaux n'ont point de nerfs, ce qui ne leur permet nullement de la posséder; mais on a cru cette faculté commune à tous les animaux, et c'est une erreur évidente; car tous les animaux ne sont point et ne peuvent être munis de nerfs; outre cela, ceux en qui des nerfs commencent à exister, ne pos-

sèdent pas encore un système nerveux, pourvu
des conditions qui le rendent propre à la production du sentiment. Aussi est-il probable que
dans son origine ou son imperfection première,
ce système n a d'autre faculté que celle d'exciter
le mouvement musculaire : par conséquent la faculté de sentir ne sauroit être commune à tous les
animaux.

S'il est vrai que toute faculté particulière
à certains corps vivans, provienne d'un organe
spécial qui y donne lieu, ce qui est prouvé partout par le fait même ; il le doit être aussi que la
faculté de sentir, qui est évidemment particulière à certains animaux, est uniquement le produit d'un organe ou d'un système d'organes particulier capable, par ses actes, de produire le
sentiment.

D'après cette considération, le *système ner-*
veux constitue l'organe spécial du sentiment, lorsqu'il est composé d'un centre unique de rapport
et de nerfs qui y aboutissent. Or, il paroît que
ce n'est guères que dans les *insectes* que la composition du système nerveux commence à être
assez avancée pour pouvoir produire en eux le
sentiment, quoique d'une manière encore obscure.
Cette faculté se retrouve ensuite dans tous les animaux des classes postérieures, avec des progrès proportionnés dans son perfectionnement.

Mais dans des animaux plus imparfaits que les insectes, tels que les *vers* et les *radiaires*, si l'on trouve quelques vestiges de nerfs et de ganglions séparés, on a de grands motifs pour présumer que ces organes ne sont propres qu'à l'excitation du mouvement musculaire, la plus simple faculté du système nerveux.

Enfin, quant aux animaux plus imparfaits encore, tels que le plus grand nombre des *polypes* et tous les *infusoires*, il est de toute évidence qu'ils ne peuvent posséder un système nerveux capable de leur donner la faculté de sentir, ni même celle de se mouvoir par des muscles : en eux, l'irritabilité seule y supplée.

Ainsi, le *sentiment* n'est pas une faculté commune à tous les animaux, comme on l'a généralement pensé.

La *génération sexuelle*: c'est une faculté particulière qui, dans les animaux, est à peu près aussi générale que le sentiment ; elle résulte d'une fonction organique non essentielle à la vie, et qui a pour but d'opérer la *fécondation* d'un embryon qui devient alors susceptible de posséder la vie, et de constituer, après ses développemens, un individu semblable à celui ou à ceux dont il provient.

Cette fonction s'exécute dans des temps particuliers, tantôt réglés et tantôt qui ne le sont

pas, par le concours de deux systèmes d'organes qu'on nomme *sexuels*, dont l'un constitue
les organes *mâles*, et l'autre ceux qui sont nom-
més *femelles*.

La génération sexuelle s'observe dans les animaux et dans les végétaux; mais elle est particulière à certains animaux et à certaines plantes,
et n'est point une faculté commune aux uns et
aux autres de ces corps vivans : la nature ne
pouvoit la rendre telle, comme nous l'allons
voir.

En effet, pour pouvoir produire les corps vivans, soit végétaux, soit animaux, la nature
fut obligée de créer d'abord l'organisation la plus
simple, dans des corps des plus frêles, et où il lui
étoit impossible de faire exister aucun organe
spécial. Elle eut bientôt besoin de donner à ces
corps la faculté de se multiplier, sans quoi il
lui eût fallu faire partout des créations; ce qui
n'est nullement en son pouvoir. Or, ne pouvant
donner à ses premières productions la faculté
de se multiplier par aucun système d'organes
particulier, elle parvint à leur donner la même
faculté, en donnant à celle de s'*accroître*,
qui est commune à tous les corps qui jouissent
de la vie, la faculté d'amener des scissions, d'a-
bord du corps entier, et ensuite de certaines portions en saillie de ce corps : de là les gemmes et

les différens corps reproductifs, qui ne sont que des parties qui s'étendent, se séparent, et continuent de vivre après leur séparation, et qui, n'ayant exigé aucune fécondation, ne constituant aucun embryon, se développant sans déchirement d'aucune enveloppe, ressemblent cependant, après leur accroissement, aux individus dont ils proviennent.

Tel est le moyen que la nature sut employer pour multiplier ceux des végétaux et des animaux en qui elle ne put donner les appareils compliqués de la génération sexuelle : ce seroit en vain que l'on voudroit trouver de semblables appareils dans les *algues* et les *champignons*, ou dans les *infusoires* et les *polypes*.

Lorsque les organes *mâles* et les organes *femelles* se trouvent réunis sur ou dans le même individu, on dit que cet individu est *hermaphrodite*.

Dans ce cas, il faudra distinguer l'hermaphrodisme parfait qui se suffit à lui-même, de celui qui est imparfait, en ce qu'il ne se suffit pas. En effet, beaucoup de végétaux sont hermaphrodites; en sorte que l'individu qui possède les deux sexes, se suffit à lui-même pour la fécondation : mais dans les animaux en qui les deux sexes existent, il n'est pas encore prouvé, par l'observation, que chaque individu se suffise à lui-même; et l'on sait que quantité de *mollusques*, réellement hermaphrodites, se fécondent néanmoins les uns les autres. A la vérité, parmi les mollusques hermaphrodites, ceux qui ont une coquille bivalve, et qui sont fixés comme les *huîtres*, semblent devoir se féconder eux-mêmes : il est cependant possible qu'ils se fécondent mutuellement par la voie du milieu dans lequel ils sont plongés. S'il en est ainsi, il n'y a, dans les animaux, que des hermaphrodites imparfaits; et l on sait que dans les animaux vertébrés, il n'y a même aucun individu véritablement hermaphrodite. Ainsi, les hermaphrodites parfaits se trouveront uniquement parmi les végétaux.

Quant au caractère de l *hermaphrodisme*, que l'on fait consister dans la réunion des deux sexes sur le même individu, il semble que les plantes *monoïques* fassent une exception ; car, quoiqu'un arbrisseau ou un arbre monoïque porte les deux sexes, chacune de ses fleurs est néanmoins unisexuelle.

Je remarquerai, à cet égard, que c'est à tort qu'on donne le nom d *individu* à un arbre ou à un arbrisseau, et même à des plantes herbacées vivaces ; car cet arbre ou cet arbrisseau, etc., n'est réellement qu'une collection d'individus qui vivent les uns sur les autres, communiquent ensemble, et participent à une vie commune, comme cela a lieu aussi pour les *polypes* composés des madrépores, millépores, etc.; ce que j'ai déjà prouvé dans le premier chapitre de cette seconde partie.

La *fécondation*, résultat essentiel d'un acte de la génération sexuelle, doit être distinguée en deux degrés particuliers, dont l'un, supérieur ou plus éminent, puisqu'il appartient aux animaux les plus parfaits (aux mammiferes), comprend la fécondation des *vivipares*, tandis que l'autre, inférieur ou moins parfait, embrasse celle des *ovipares*.

La fécondation des vivipares vivifie, dans l'instant même, l'embryon qui en reçoit l'influence, et ensuite cet embryon continuant de vivre, se nourrit et se développe aux dépens de la mère, avec laquelle il communique jusqu'à sa naissance. Il n'y a point d'intervalle connu entre l'acte qui le rend propre à posséder la vie, et la vie même qu'il reçoit par cet acte : d'ailleurs, cet embryon fécondé est enfermé dans une enveloppe (le placenta) qui ne contient pas avec lui des approvisionnemens de nourriture.

Au contraire, la fécondation des ovipares ne fait que préparer l'embryon, et que le rendre propre à recevoir la vie ; mais elle ne la lui donne pas. Or, cet embryon fécondé des ovipares est enfermé, avec une provision de nourriture, dans

des enveloppes qui cessent de communiquer avec
la mère avant d'en être séparées ; et il ne reçoit
la vie que lorsqu'une cause particulière, que les
circonstances seules rendent prompte ou tar-
dive, ou même peuvent anéantir, vient lui communiquer le mouvement vital.

Cette cause particulière qui, postérieurement
à la fécondation d'un embryon d'ovipare, donne
la vie à cet embryon, consiste, pour les œufs des
animaux, dans une simple élévation de température , et, pour les graines des plantes, dans
le concours de l'humidité et d'une douce chaleur qui vient les pénétrer. Ainsi , pour les
œufs des oiseaux, l'*incubation* amène cette élévation de température, et pour beaucoup d'autres œufs, une chaleur douce de l'atmosphère
suffit ; enfin , les circonstances favorables à la *germination* vivifient les graines des végétaux.

Mais les œufs et les graines propres à donner
l'existence à des animaux et à des végétaux, contiennent nécessairement chacun un embryon fécondé, enfermé dans des enveloppes, d'où il ne
peut sortir qu'après les avoir rompues : ils sont
donc les résultats de la génération sexuelle, puisque les corps reproductifs qui n'en proviennent
pas n'offrent point un embryon renfermé dans
des enveloppes qu'il doit détruire pour pouvoir
se développer. Assurément, les *gemmes* et les

corps reproductifs plus ou moins oviformes de beaucoup d'animaux et de végétaux, ne sont nullement dans le cas de leur être comparés : co seroit donc s'abuser que de rechercher la génération sexuelle là où la nature n'a pas eu le moyen de l'établir.

Ainsi, la génération sexuelle est particulière à certains animaux et à certains végétaux : conséquemment, les corps vivans les plus simples et les plus imparfaits ne sauroient posséder une pareille faculté.

La *circulation* : c'est une faculté qui n'a d'existence que dans certains animaux, et qui, dans le règne animal, est bien moins générale que les cinq dont je viens de parler. Cette faculté provient d'une fonction organique relative à l'*accélération* des mouvemens du fluide essentiel de certains animaux; fonction qui s'exécute dans un système d'organes particulier qui y est propre.

Ce système d'organes se compose essentiellement de deux sortes de vaisseaux ; savoir : d'*artères* et de *veines* ; et presque toujours, en outre, d'un muscle creux et charnu qui occupe à peu près le centre du système, qui en devient bientôt l'agent principal, et qu'on nomme le *cœur*.

La fonction qu'exécute le système d'organes dont il s'agit, consiste à faire partir le fluide essentiel de l'animal, qui doit ici porter le nom de *sang*, d'un point à peu près central où se trouve le cœur lorsqu'il existe, pour l'envoyer de là, par les *artères*, dans toutes les parties du corps, d'où revenant au même point par les *veines*, il est ensuite renvoyé de nouveau dans toutes ces parties.

C'est à ce mouvement du sang, toujours envoyé à toutes les parties, et toujours retournant au point de départ, pendant le cours entier de la vie, qu'on a donné le nom de *circulation*, qu'il faut qualifier de *générale*, afin de la distinguer de la *circulation respiratoire*, qui s'exécute par un système particulier, composé pareillement d'artères et de veines.

La nature, en commençant l'organisation dans les animaux les plus simples et les plus imparfaits, n'a pu donner à leur fluide essentiel qu'un mouvement extrêmement lent. Tel est, sans doute, le cas du fluide essentiel, presque simple et très-peu animalisé, qui se meut dans le tissu cellulaire des *infusoires*. Mais ensuite, animalisant et composant graduellement le fluide essentiel des animaux, à mesure que leur organisation se compliquoit et se perfectionnoit, elle en a augmenté peu à peu le mouvement par différens moyens.

Dans les *polypes*, le fluide essentiel est presque aussi simple encore, et n'a pas beaucoup plus de mouvement que celui des *infusoires*. Cependant, la forme déjà régulière des polypes, et surtout la cavité alimentaire qu'ils possèdent, commencent à donner quelques moyens à la nature pour activer un peu leur fluide essentiel.

Elle en a probablement profité dans les *radiaires*, en établissant dans la cavité alimentaire de ces animaux, le centre d'activité de leur fluide essentiel. En effet, les fluides subtils, ambians et expansifs, qui constituent la *cause excitatrice* des mouvemens de ces animaux, pénétrant principalement dans leur cavité alimentaire, ont, par leurs expansions sans cesse renouvelées, surcomposé cette cavité, amené la forme rayonnante, tant interne qu'externe, de ces mêmes animaux, et sont, en outre, la cause des mouvemens isochrones qu'on observe dans les *radiaires mollasses*.

Lorsque la nature eut réussi à établir le mouvement musculaire, comme dans les *insectes*, et peut-être même un peu avant, elle eut alors un nouveau moyen pour activer un peu plus encore le mouvement de leur *sanie* ou fluide essentiel; mais, parvenue à l'organisation des *crustacés*, ce moyen ne lui suffisoit plus, et il lui fallut créer un système d'organes particulier pour l'accélération du fluide essentiel de ces animaux, c'est-à-dire, de leur *sang*. C'est, en effet, dans les *crustacés* qu'on voit, pour la première fois, la fonction d'une *circulation générale* complétement exécutée ; fonction qui n'avoit reçu qu'une simple ébauche dans les *arachnides*.

Chaque nouveau système d'organes acquis, se conserve toujours dans les organisations subséquentes ; mais la nature travaille ensuite à le perfectionner de plus en plus.

Ainsi, dans le commencement, la circulation générale offre dans son système d'organes, un cœur à un seul ventricule, et même, dans les *annelides*, le cœur n'est pas connu : elle n'est accompagnée d'abord que par une circulation respiratoire incomplète, c'est-à-dire, dans laquelle tout le sang ne passe pas par l'organe de la respiration avant d'être envoyé à toutes les parties. Tel est le cas des animaux à branchies non perfectionnées ; mais dans les *poissons*, ou la respiration branchiale est à son perfectionnement, la circulation générale est accompagnée d'une circulation respiratoire complète.

Lorsqu'ensuite la nature eut réussi à créer un poumon pour respirer, comme dans les *reptiles*, la circulation générale ne put être alors accompagnée que par une circulation respiratoire incomplète; parce que le nouvel organe respiratoire étoit encore trop imparfait, que la circulation générale elle-même n'avoit encore dans son système d'organes qu'un cœur à un seul ventricule , et que le nouveau fluide respiré étant par lui-même plus promptement réparateur que l'eau , ne rendoit pas nécessaire une respiration complète. Mais lorsque la nature fut parvenue à opérer le perfectionnement de la respiration pulmonaire, comme dans les *oiseaux* et les *mammifères,* alors la circulation générale fut accompagnée par une circulation respiratoire complète; le cœur eut nécessairement deux ventricules et deux oreillettes; et le *sang* obtint la plus grande accélération dans son mouvement, l'animalisation la plus éminente , devint propre à élever la température intérieure de l'animal au-dessus de celle des milieux environnans; enfin , fut assujetti à de promptes altérations qui exigèrent des réparations proportionnées.

La *circulation* du fluide essentiel d'un corps vivant est donc une fonction organique particulière à certains animaux : elle commence à se montrer complète et générale dans les *crustacés,* et se retrouve dans les animaux des classes suivantes , qui sont graduellement plus parfaits; mais en vain la chercheroit-on dans les animaux moins parfaits des classes antérieures, on ne la trouveroit pas.

L'*intelligence :* c'est de toutes les facultés particulières à certains animaux, celle qui se trouve la plus bornée, relativement au nombre de ceux qui la possèdent, même dans sa plus grande imperfection ; mais aussi c'est la plus admirable, surtout lorsqu'elle est bien développée ; et on peut alors la regarder comme le chef-d'œuvre de tout ce qu'a pu exécuter la nature à l'aide de l'organisation.

Cette faculté provient des actes d'un organe particulier qui, seul, peut y donner lieu, et paroît lui-même très-composé lorsqu'il a acquis tous les développemens dont il est susceptible.

Comme cet organe est véritablement distinct de celui qui produit le sentiment, quoiqu'il ne puisse exister sans celui-ci, il en résulte que la faculté d'exécuter des actes d'*intelligence*, non-seulement n'est pas commune a tous les animaux, mais même ne l'est pas à tous ceux qui possèdent celle de sentir ; car le sentiment peut exister sans l'intelligence.

L'*organe spécial*, en qui se produisent les actes de l'entendement, paroît n'être qu'un accessoire du système nerveux, c'est-à-dire, qu'une partie surajoutée au cerveau, lequel contient le foyer ou centre de rapport des nerfs. Aussi l'organe particulier, dont il est question, est-il contigu à ce foyer ; d'ailleurs, la nature de la substance dont il se compose ne paroît nullement differer de celle qui forme le système nerveux ; cependan

dant, en lui seul s'exécutent les actes de l'intelligence ; et comme le système nerveux peut exister
sans lui, c'est donc un *organe spécial.*

On trouvera, dans la troisième partie, quelques
aperçus généraux sur le mécanisme probable des
fonctions de cet organe que l'on confond avec la
masse médullaire, connue sous le nom de *cerveau,*
dans les animaux vertébrés et dont cependant il
ne constitue que les deux hémisphères plicatiles qui
le recouvrent. Il me suffit ici de faire remarquer
que, parmi les animaux qui ont un système nerveux, il n'y a que les plus parfaits d'entre eux qui
aient réellement leur cerveau muni des deux hémisphères que je viens de citer ; et que, probablement, tous les animaux sans vertèbres, sauf, peut-
être, certains *mollusques* du dernier ordre, en
sont généralement dépourvus, quoiqu'un grand
nombre d'entre eux ait un cerveau, auquel les
nerfs d'un ou de plusieurs sens particuliers se
rendent immédiatement, et que ce cerveau soit,
en général, partagé en deux lobes, ou divisé par
un sillon.

D'après ces considérations, la faculté d'exécuter des actes d'*intelligence* ne commence guères
qu'aux *poissons,* ou tout au plus qu'aux *mollusques
céphalopodes.* Elle est alors dans sa plus grande
imperfection ; elle a fait quelques progrès de développement dans les *reptiles,* surtout dans ceux

des derniers ordres ; elle en a fait de beaucoup plus grands dans les *oiseaux* ; et elle offre dans les *mammifères* des derniers ordres, tous ceux qu'elle peut avoir dans les animaux.

L'*intelligence* est donc une faculté particulière à certains animaux qui possèdent celle de sentir; mais cette faculté n'est pas commune à tous ceux qui jouissent du sentiment : en effet, nous verrons que, parmi ces derniers, ceux qui n'ont pas l'organe particulier propre à l'exécution des actes de l'intelligence, ne peuvent avoir que de simples *perceptions* des objets qui les affectent; mais qu'ils ne s'en forment point d'idée, ne comparent point, ne jugent point, et sont régis, dans toutes leurs actions, par leurs besoins et leurs penchans habituels.

Résumé de cette seconde Partie.

En me bornant, dans les neuf chapitres précédens, aux seules observations que j'avois à présenter, j'ai évité d'entrer dans une multitude de détails, à la vérité, fort intéressans, mais que l'on trouve dans les bons ouvrages de physiologie que le public possède : les considérations que j'ai exposées me paroissent suffire pour prouver :

1°. Que la vie, dans tout corps qui la possède, ne consiste qu'en un ordre et un état de choses qui permettent aux parties intérieures de ce corps

d'obéir à l'action d'une cause excitatrice , d'exécuter des mouvemens qu'on nomme *organiques*
ou *vitaux ,* et desquels il reçoit la faculté de produire, selon son espèce, les phénomènes connus
de l'organisation ;

2° Que la *cause excitatrice* des mouvemens
vitaux est étrangère aux organes de tous les corps
vivans ; que les élémens de cette cause se trouvent
toujours, quoiqu'avec des variations dans leur
abondance , dans tous les lieux qu'ils habitent ;
que les milieux environnans les leur fournissent ,
soit uniquement, soit en partie ; et que , sans cette
même cause , aucun de ces corps ne pourroit
jouir de la vie ;

3°. Que tout corps vivant quelconque est nécessairement composé de deux sortes de parties ;
savoir : de parties contenantes, constituées par
un *tissu cellulaire* très-souple , dans lequel et aux
dépens duquel toute espèce d'organe a été formée,
et de fluides visibles contenus, susceptibles d'é-
prouver des mouvemens de déplacement, et des
changemens divers dans leur état et leur nature;

4° Que la nature animale n'est pas essentiellement distinguée de la nature végétale par des organes particuliers a chacune de ces deux sortes
de corps vivans ; mais qu'elle l'est principalement
par la nature même des substances qui entrent
dans la composition de ces deux sortes de corps :

de manière que la substance de tout corps animal permet à la cause excitatrice d'y établir un *orgasme* énergique et l'*irritabilité ;* tandis que la substance de tout corps végétal ne laisse à la cause excitatrice que le pouvoir de mettre en mouvement les fluides visibles contenus , mais ne lui permet , sur les parties contenantes, qu'un *orgasme obscur ,* incapable de produire l'irritabilité et de faire exécuter aux parties des mouvemens subits ;

5°. Que la nature elle-même donne lieu à des *générations* directes , dites *spontanées ,* en créant l'organisation et la vie dans des corps qui ne les possédoient pas ; qu'elle a nécessairement cette faculté à l'égard des animaux et des végétaux les plus imparfaits qui commencent, soit l'échelle animale, soit l'échelle végétale, soit peut-être encore certaines de leurs ramifications; et qu'elle n'exécute ces admirables phénomènes que sur de petites masses de matière , gélatineuse pour la nature animale , mucilagineuse pour la nature végétale , transformant ces masses en tissu cellulaire , les remplissant de fluides visibles qui s'y composent, et y établissant des mouvemens , des dissipations , des réparations , et divers changemens , à l'aide de la cause excitatrice que les milieux environnans fournissent;

6°. Que les lois qui régissent toutes les mu-

tations que nous observons dans les corps de quelque nature qu'ils soient, sont partout les mêmes;
mais que ces lois opèrent dans les corps vivans
des résultats tout-à-fait opposés à ceux qu'elles
exécutent dans les corps bruts ou inorganiques; parce que, dans les premiers, elles rencontrent un ordre et un état de choses qui
leur donnent le pouvoir d'y produire tous les phénomènes de la vie; tandis que dans les derniers,
rencontrant un état de choses fort différent, elles
y produisent d'autres effets : en sorte qu'il n'est
pas vrai que la nature ait pour les corps vivans
des lois particulières opposées à celles qui régissent les mutations qui s'observent à l'égard des
corps privés de la vie;

7°. Que tous les corps vivans, de quelque règne et de quelque classe qu'ils soient, ont des
facultés qui leur sont communes; qu'elles sont
le propre de l'organisation générale de ces corps
et de la vie qu'ils possèdent; et qu'en conséquence ces facultés communes à tout ce qui possède la vie n'exigent aucun organe particulier
pour exister;

8°. Qu'outre les facultés communes à tous les
corps vivans, certains de ces corps, surtout
parmi les animaux, ont des facultés qui leur sont
tout-à-fait particulières, c'est à-dire, qu'on ne

retrouve nullement dans les autres; mais que ces facultés particulieres, telles que celles que l'on observe dans beaucoup d'animaux, sont chacune le produit d'un organe ou d'un système d'organes spécial qui les leur procure; en sorte que tout animal en qui cet organe ou ce système d'organes n'existe pas, ne peut nullement posséder la faculté qu'il donne à ceux qui en sont munis (1);

9°. Enfin, que la mort de tout corps vivant est un phénomène naturel qui résulte nécessairement des suites de l'existence de la vie dans ce corps, si quelque cause accidentelle ne le pro-

---

(1) A cette occasion, je remarquerai que les végétaux n'offrent généralement dans leur intérieur aucun organe spécial pour une fonction particulière, et que chaque portion d'un végétal contenant, comme les autres, les organes essentiels à la vie, peut, par conséquent, soit vivre et végéter séparément, soit, par un greffe d'approche, partager avec un autre végétal, une vie qui leur deviendroit commune; enfin, qu'il résulte de cet ordre de choses dans les végétaux, que plusieurs individus d'une même espèce et d'un même genre, peuvent vivre les uns sur les autres, et jouir d'une vie commune.

J'ajouterai que les *bourgeons latens* que l'on trouve sur les branches et même sur le tronc des végétaux ligneux, ne sont point des organes spéciaux, mais que ce sont les ébauches de nouveaux individus qui n'attendent pour se développer que des circonstances favorables.

duit pas avant que les causes naturelles l'amènent;
que ce phénomène n'est autre chose que la cessation complète des mouvemens vitaux, a la suite
d'un dérangement quelconque dans l'ordre et
l'état de choses nécessaires pour l'exécution de
ces mouvemens; et que dans les animaux à organisation très-composée, les principaux systèmes d'organes possédant, en quelque sorte, une
vie particulière, quoique étroitement liée à la
vie générale de l'individu, la mort de l'animal
s'exécute graduellement et comme par parties,
de manière que la vie s'éteint successivement
dans ses principaux organes et dans un ordre
constamment le même, et l'instant où le dernier
organe cesse de vivre est celui qui complète la
mort de l'individu.

Sur des sujets aussi difficiles que ceux dont je
viens de traiter, tout est ici réduit à ce qu'il nous
est possible de connoître, et se trouve restreint
dans les limites de ce que l'observation a pu nous
apprendre. Tout y est ramené aux conditions
essentielles à l'existence de la vie dans un corps;
conditions établies d'après les faits mêmes qui
montrent leur nécessité.

Si les choses ne sont pas réellement telles que
je viens de l'indiquer, ou si l'on pense que les
conditions citées et remplies, et que les faits re-

connus qui attestent le fondement de ces choses, ne sont pas des preuves suffisantes pour autoriser à les reconnoître ; alors on devra renoncer à la recherche des causes physiques qui donnent lieu aux phénomènes de l'organisation et de la vie.

FIN DE LA SECONDE PARTIE.

PHILOSOPHIE

ZOOLOGIQUE.

TROISIÈME PARTIE.

Considérations sur les Causes physiques du Sentiment , celles qui constituent la force productrice des actions ; enfin , celles qui donnent lieu aux actes d'intelligence qui s'observent dans différens Animaux.

INTRODUCTION.

Dans la seconde partie de cet ouvrage, j'ai essayé de répandre quelque jour sur les causes physiques de la vie, dans les corps qui en jouissent; sur les conditions nécessaires pour qu'elle puisse exister; enfin, sur la source de cette *force excitatrice* des mouvemens vitaux , sans laquelle aucun corps ne pourroit réellement posséder la vie.

Maintenant, je me propose de considérer ce

que peut être le *sentiment* ; comment l'organe
spécial qui y donne lieu (le *système nerveux*),
peut produire l'admirable phénomène des sensations ; comment les sensations elles-mêmes peuvent, par la voie de l'organe ajouté au *cerveau*,
produire des idées; et celles-ci occasionner dans
le même organe, la formation des pensées, des
jugemens, des raisonnemens ; en un mot, des
actes d'intelligence plus admirables encore que
ceux que les sensations constituent.

Mais, dit-on ; « les fonctions du cerveau sont
d'un autre ordre que celles des autres viscères.
Dans ces derniers, les causes et les effets sont
de même nature (de nature physique). » . . . .
. . . .

« Les fonctions du cerveau sont d'un ordre
tout différent : elles consistent à recevoir, par
le moyen des nerfs, et à transmettre immédiatement à l'*esprit* les impressions des sens ; à conserver les traces de ces impressions, et à les reproduire avec plus ou moins de promptitude, de
netteté et d'abondance quand l'*esprit* en a besoin
pour ses opérations, ou quand les lois de l'association des idées les ramènent ; enfin, à transmettre aux muscles, toujours par le moyen des
nerfs, les ordres de la volonté. »

« Or, ces trois fonctions supposent l'influence
mutuelle, à jamais incompréhensible, de la ma-

tière divisible et du moi indivisible, hiatus infranchissable dans le système de nos idées, et pierre éternelle d'achoppement de toutes les philosophies ; elles se trouvent même avoir encore une difficulté qui ne tient pas nécessairement à la première : non-seulement nous ne comprenons, ni ne comprendrons jamais, comment des traces quelconques, imprimées dans notre cerveau, peuvent être perçues de notre esprit, et y produire des images; mais quelque délicates que soient nos recherches, ces traces ne se montrent en aucune façon à nos yeux, et nous ignorons entièrement quelle est leur nature, quoique l'effet de l'âge et des maladies sur la mémoire ne nous laissent douter, ni de leur existence, ni de leur siége. » (*Rapport à l'Institut, sur un Mémoire de MM. Gall et Spurzheim,* p. 5.)

Il faut, à mon avis, un peu de témérité pour déterminer les bornes des conceptions auxquelles l'intelligence humaine peut atteindre, ainsi que les limites et la mesure de cette intelligence. En effet, qui peut assurer que jamais l'homme n'obtiendra telle connoissance, et ne pénétrera tel des secrets de la nature? Ne sait-on pas qu'il a déjà découvert quantité de vérités importantes, parmi lesquelles plusieurs sembloient entièrement hors de sa portée ?

Certes, je le répète, il y auroit plus de témérité dans celui qui voudroit déterminer, d'une manière positive, ce que l'homme peut savoir, et ce qu'il est condamné à ignorer toujours, que dans celui qui, étudiant les faits, examinant les suites des relations qui existent entre différens corps physiques, et consultant toutes les inductions, lorsque la grossièreté de ses sens ne lui permettroit plus de trouver lui-même les preuves des *certitudes morales* qu'il auroit su acquérir, feroit des tentatives soutenues pour reconnoître les causes des phénomènes de la nature, quelles qu'elles puissent être.

S'il étoit question d'objets hors de la nature, de phénomènes qui ne fussent pas *physiques* ou le résultat de causes physiques, sans doute ces sujets seroient au-dessus de l'intelligence humaine; car elle ne sauroit avoir aucune prise sur ce qui peut être étranger à la nature.

Or, comme, dans cet ouvrage, il ne s'agit particulièrement que des animaux; et comme l'observation nous apprend que, parmi eux, il y en a qui possèdent la faculté de *sentir*, qui se forment des *idees*, qui exécutent des *jugemens* et différens actes d'*intelligence*; en un mot, qui ont de la mémoire; je demanderai ce que c'est que cet être particulier qu'on nomme *esprit* dans le passage cité ci-dessus; être singulier qui est, dit-on, en rapport avec les actes du cerveau, de manière

que les fonctions de cet organe sont d'un autre
ordre que celles des autres organes de l'individu.

Je ne vois, dans cet être factice, dont la nature ne m'offre aucun modèle, qu'un moyen imaginé pour résoudre des difficultés que l'on n'a-
voit pu lever, faute d'avoir étudié suffisamment
les lois de la nature : c'est à peu près la même
chose que ces *catastrophes* universelles, auxquelles on a recours pour répondre à certaines ques-
tions géologiques qui nous embarrassent, parce
que les procédés de la nature, dans les mutations de tous genres qu'elle produit sans cesse,
ne sont point encore reconnus.

Relativement aux *traces* que nos idées et nos
pensées impriment dans notre cerveau, qu'importe que ces traces ne puissent être aperçues
par aucun de nos sens, si, comme on en convient, il y a des observations qui ne nous laissent aucun doute sur leur existence, ainsi que
sur leur siége : apercevons-nous mieux le mode
d'exécution des fonctions de nos autres organes?
et, pour citer un seul exemple, voyons-nous
mieux comment les nerfs mettent nos muscles
en action? Cependant, nous ne pouvons douter que l'influence nerveuse ne soit indispensable
pour l'exécution de nos mouvemens musculaires.

A l'égard de la nature, où il nous importe tant
d'acquérir des connoissances, les seules qui puis-

sent être à notre disposition, et où encore nous ne pouvons guères obtenir, sur les nombreux phénomènes qu'elle présente, que des *certitudes morales*, voici la seule voie qui me paroisse propre à nous conduire au but vers lequel nous tendons.

Sans nous en laisser imposer, sur ce sujet, par des décisions absolues, presque toujours inconsidérément hasardées, recueillons avec soin les faits que nous pouvons observer, consultons l'expérience partout où nous en avons les moyens, et lorsque cette expérience nous est interdite, rassemblons toutes les inductions que peut nous fournir l'observation des faits analogues à ceux qui nous échappent, et ne prononçons nulle part définitivement : par cette voie, nous pourrons peu à peu parvenir à connoître les causes d'une multitude de phénomènes naturels, et, peut-être même, celles des phénomènes qui nous paroissent les plus incompréhensibles.

Ainsi, comme les limites de nos connoissances, à l'égard de tout ce que nous offre la nature, ne sont pas fixées et ne peuvent l'être, je vais, en faisant usage des lumières acquises et des faits observés, essayer de déterminer, dans cette troisième partie, quelles sont les causes physiques qui donnent à certains animaux la faculté de sentir ; celle de produire eux-mêmes les mouvemens qui constituent leurs actions; celle, enfin, de se former des idées, de comparer ces idées pour en obtenir des jugemens; en un mot, d'exéter différens actes d'*intelligence*.

Le plus souvent, les considérations que j'exposerai, à cet égard, seront dans le cas de nous donner des convictions intimes et morales, et cependant il est impossible de prouver positivement le fondement de ces considérations. Il semble que notre destinée ne nous permette, relativement à quantité de phénomènes naturels, d'acquérir que cet ordre de connoissances; et néanmoins on ne sauroit douter de son importance dans mille circonstances où il est nécessaire que nos jugemens soient dirigés.

Si le *physique* et le *moral* ont une source commune; si les idées, la pensée, l'imagination même, ne sont que des phénomènes de la nature, et conséquemment que de véritables faits d'organisation; il appartient principalement au zoologiste, qui s'est appliqué à l'étude des phénomènes organiques, de rechercher ce que sont les idées, comment elles se produisent, comment elles se conservent; en un mot, comment la mémoire les renouvelle, les rappelle et les rend de nouveau sensibles; de là, il n'a que quelques efforts à faire pour apercevoir ce que sont les pensées elles-mêmes, auxquelles les idées seules peuvent donner lieu; enfin, en suivant la même voie, et en s'étayant de ses premiers aperçus, il peut découvrir comment les pensées donnent lieu au raisonnement, à l'analise , à des jugemens , à la volonté d'agir ; et comment encore des actes de pensées et des jugemens multipliés peuvent faire naître l'*imagination*, cette faculté si féconde en création d'idées, qu'elle semble même en produire dont les objets ne sont pas dans la nature, mais qui ont pris nécessairement leur source dans ceux qui s'y trouvent.

Si tous les actes d'intelligence, dont j'entreprends de rechercher les causes, ne sont que des phéno-mènes de la nature , c'est-à-dire, des actes d'organisation, ne puis-je pas , en me pénétrant de la connoissance des seuls moyens que possèdent les organes pour exécuter leurs fonctions, espé-rer de découvrir comment ceux de l'intelli-gence peuvent donner lieu à la formation des idées, en conserver, plus ou moins long-temps, les traces ou les empreintes ; enfin, avoir la faculté, à l'aide de ces idées , d'exécuter des pensées , etc., etc. ?

On ne sauroit douter , maintenant , que les actes d'intelligence ne soient uniquement des faits d'organisation, puisque, dans l'homme même, qui tient de si près aux animaux par la sienne, il est reconnu que des dérangemens dans les or-ganes qui produisent ces actes, en entraînent

dans

dans la production des actes dont il s'agit, et dans la nature même de leurs résultats.

La recherche des causes, dont j'ai parlé plus haut, m'a donc paru fondée sur une possibilité évidente : je m'en suis occupé; je me suis attaché à l'examen du seul moyen dont la nature pouvoit disposer pour opérer les phénomènes dont il est ici question; et ce sont les résultats de mes méditations à cet égard que je vais présenter.

Le point essentiel à considérer, est que, dans tout système d'organisation animale, la nature ne peut avoir qu'un seul moyen à sa disposition, pour faire exécuter aux différens organes les fonctions qui leur sont propres.

En effet, ces fonctions sont partout le résultat de relations entre des fluides qui se meuvent dans l'animal, et les parties de son corps qui contiennent ces fluides.

Partout, ce sont des fluides en mouvement (les uns contenables, et les autres incontenables) qui vont porter leurs influences sur les organes; et partout, encore, ce sont des parties souples qui, tantôt en éréthisme, réagissent sur les fluides qui les affectent, et tantôt incapables de réagir, modifient, par leur disposition et les impressions qu'elles conservent, le mouvement des fluides qui s'agitent parmi elles.

Ainsi, lorsque les parties souples des organes sont susceptibles d'être animées par l'orgasme, et de réagir sur les fluides contenus qui les affectent, alors les différens mouvemens et changemens qui en résultent, soit dans les fluides, soit dans les organes, produisent les phénomènes de l'organisation qui sont étrangers au sentiment et à l'intelligence; mais lorsque les parties contenantes sont d'une nature et d'une mollesse qui les rend passives et incapables de réagir, alors le fluide subtil qui se meut dans ces parties, et qui en reçoit des modifications dans ses mouvemens, donne lieu au phénomène du sentiment et à ceux de l'intelligence; ce que j'essayerai d'établir dans cette partie.

Il ne s'agit donc dans tout ceci que de relations qui existent entre les parties concrètes, souples et contenantes d'un animal, et les fluides en mouvement (contenables ou incontenables) qui agissent sur ces parties.

Ce fait, qui est assez connu, fut, pour moi, un trait de lumière lorsque je le considérai; il me servit de guide dans la recherche que je me proposois; et bientôt je sentis que les actes d'intelligence des animaux étant, ainsi que les autres actes qu'on leur voit produire, des phénomènes de l'organisation animale, ils prenoient aussi leur source dans les relations qui existent entre certains fluides en mouvement, et les organes propres à la production de ces actes admirables.

Qu'importe que ces fluides, que leur extrême ténuité ne nous permet, ni de voir, ni de retenir dans aucun vase, pour les soumettre à nos expériences, ne manifestent leur existence que par leurs effets; ces effets n'en sont pas moins de nature à prouver qu'eux seuls peuvent les produire. D ailleurs, il est aisé de reconnoître que les *fluides visibles* qui pénètrent dans la substance médullaire du cerveau et des nerfs, ne sont que nourriciers, et propres à fournir à des sécrétions; mais que ces fluides ont trop de lenteur dans leurs mouvemens pour pouvoir donner lieu aux phénomènes, soit du mouvement musculaire, soit du sentiment, soit de la pensée.

Éclairé par ces considérations, qui retiennent l'*imagination* dans des limites qu'elle ne doit pas franchir, je vais d'abord montrer comment il paroît que la nature est parvenue à créer l'organe du sentiment, et, par son moyen, la force productrice des actions : je développerai ensuite comment, à l'aide d'un organe particulier pour l'intelligence, des idées, des pensées, des jugemens, de la mémoire, etc. , peuvent avoir lieu dans les animaux qui possèdent cet organe.

CHAPITRE PREMIER.

Du Système nerveux, de sa formation, et des différentes sortes de fonctions qu'il peut exécuter.

LE *système nerveux*, considéré dans l'homme et dans les animaux les plus parfaits, se compose de différens organes particuliers très-distincts, et même, suivant son perfectionnement, de divers systèmes d'organes qui ont entre eux une connexion intime, et qui forment un ensemble très-compliqué. On a supposé que ce système étoit partout le même dans sa composition, sauf plus ou moins de développement dans ses parties, et les différences que les diverses organisations des animaux ont exigé dans la grandeur, la forme et la situation de ces parties. De là, les diverses sortes de fonctions qu'on lui voit produire dans les animaux les plus parfaits, furent toutes regardées comme étant le propre de son existence dans l'organisation animale.

Cette manière de considérer le *système nerveux* ne peut nous éclairer sur la nature du système d'organes dont il s'agit; sur ce qu'il est nécessairement dans son origine; sur la composition croissante de ses parties à mesure que l'or-

ganisation animale s'est compliquée et perfectionnée ; enfin, sur les facultés nouvelles qu'il
donne aux animaux qui en sont munis, selon que
sa composition est devenue plus grande. Au contraire, au lieu de fournir des lumières aux physiologistes sur ces différens objets, elle les porte à
attribuer partout au système nerveux, dans différens degrés d'éminence, les mêmes facultés
qu'il donne aux animaux les plus parfaits; ce
qui ne sauroit avoir le moindre fondement.

Je vais donc essayer de prouver : 1°. que tous
les animaux ne peuvent posséder généralement
ce système d'organes; 2°. que, dans son origine,
et conséquemment dans sa plus grande simplicité, il ne donne aux animaux qui le possèdent
que la seule faculté du *mouvement musculaire ;*
3°. qu'ensuite, plus composé dans ses parties, il
communique alors aux animaux la jouissance du
mouvement musculaire, plus celle du *sentiment ;*
4°. qu'enfin, complet dans toutes ses parties, il
donne aux animaux qui en sont possesseurs, la
faculté du mouvement musculaire, celle d'éprouver des sensations, et celle de se former des
idées, de comparer ces idées entre elles, de
produire des jugemens; en un mot, d'avoir de
l'*intelligence*, quoique plus ou moins développée,
selon le degré de perfectionnement de leur organisation.

Avant d'exposer les preuves du fondement de ces diverses considérations, voyons d'abord quelle peut être l'idée générale que nous devons nous former de la nature et de la disposition des différentes parties du système nerveux.

Ce système, dans toute organisation animale où il se montre, offre une *masse médullaire* principale, soit divisée en parties séparées, soit rassemblée en une seule, sous quelque forme que ce soit, et des *filets nerveux* qui vont se rendre à cette masse.

Tous ces organes présentent, dans leur composition, trois sortes de substances de nature très-différente ; savoir :

1°. Une pulpe médullaire très-molle et d'une nature particulière ;

2°. Une enveloppe aponévrotique qui entoure la pulpe médullaire, fournit des gaines a ses prolongemens et à ses filets, même les plus grêles, et dont la nature et les propriétés ne sont pas les mêmes que celles de la pulpe qu'elle renferme ;

3°. Un fluide invisible et très-subtil, se mouvant dans la pulpe sans avoir besoin de cavité apparente, et qui y est retenu latéralement par la gaîne qu'il ne sauroit traverser.

Telles sont les trois sortes de substances qui

composent le système nerveux, et qui, par leurs dispositions, leurs relations, et les mouvemens du fluide subtil que renferment les parties de ce système, produisent les phénomènes organiques les plus étonnans.

On sait que la pulpe des organes dont il s'agit, est une substance médullaire très-molle, blanche intérieurement, grisâtre dans sa croûte extérieure, insensible, et qui paroît d'une nature *albumino-gélatineuse*. Elle forme, au moyen de ses gaînes aponévrotiques, des filets et des cordons qui vont se rendre à des masses plus considérables de la même substance médullaire, lesquelles contiennent le foyer (simple ou divisé) ou le *centre de rapport* du système.

Soit pour l'exécution du mouvement musculaire, soit pour celle des sensations, il faut nécessairement que le système d'organes destiné à opérer de pareilles fonctions, ait un *foyer* ou un *centre de rapport* pour les nerfs. Effectivement, dans le premier cas, le fluide subtil qui doit porter son influence sur les muscles, part d'un foyer commun pour se diriger vers les parties qu'il doit mettre en action; et dans le second cas, le même fluide, mu par la cause affectante, part de l'extrémité du nerf affecté pour se diriger vers le centre de rapport, et y produire l'ébranlement qui donne lieu à la sensation.

Il faut donc absolument un *foyer* ou *centre de rapport*, auquel les nerfs se rendent, pour que le système dont il s'agit puisse opérer ses fonctions, quelles qu'elles soient; et nous verrons même que, sans lui, les actes de l'organe de l'intelligence ne pourroient devenir sensibles à l'individu. Or, ce centre de rapport se trouve placé dans une partie quelconque de la masse médullaire principale qui fait toujours la base du *système nerveux*.

Les filets et les cordons dont je viens de parler tout à l'heure, sont les nerfs : et la masse médullaire principale qui contient le centre de rapport du système, constitue, dans certains animaux sans vertèbres, soit des ganglions séparés, soit la moelle longitudinale noueuse dont ils sont munis; enfin, dans les animaux à vertèbres, elle forme la moelle épinière et la moelle allongée qui se joint au cerveau.

Partout où le *système nerveux* existe, quelque simple ou imparfait qu'il soit, la masse médullaire principale, dont il vient d'être question, se trouve toujours sous une forme quelconque, parce qu'elle fait la base de ce système, et qu'elle lui est essentielle.

En vain, pour nier cette vérité de fait, dira-t-on :

1°. Que l'on peut enlever entièrement le cerveau

d'une tortue, d'une grenouille, sans que ces animaux cessent de montrer, par leurs mouvemens,
qu'ils ont encore des sensations et une volonté :
je répondrai qu'on ne détruit, dans cette opération, qu'une portion de la masse médullaire
principale, et que ce n'est pas celle qui contient
le centre de rapport ou le *sensorium commune* ;
car les deux hemisphères qui forment la masse
principale de ce qu'on nomme le *cerveau*, ne
le renferment pas ;

2º. « Qu'il y a des insectes et des vers qui,
étant coupés en deux ou plusieurs morceaux,
forment, à l'instant même, deux ou plusieurs individus qui ont chacun leur système de sensation et leur volonté propre. » Je répondrai encore, qu'à l'égard des insectes, le fait allégué
est sans fondement ; qu'aucune expérience connue ne constate, qu'en coupant un insecte en
deux morceaux, on puisse obtenir deux individus capables de vivre chacun de leur côté ;
et quand même cela seroit, chaque moitié de l'insecte coupé auroit encore dans sa portion de
moelle longitudinale noueuse, une masse médullaire principale ;

3º. « Que plus la masse de matière nerveuse
est également distribuee, moins le rôle des parties centrales est essentiel. (1) » Je répondrai,

_____

(1) Voyez *l'Anatomie comparée de* M. CUVIER, tom. II,

enfin, que cette assertion est une erreur ; qu'elle ne s'appuie sur aucun fait ; et qu'on ne l'a faite que faute d'avoir conçu la nature des fonctions du *système nerveux.* La sensibilité n'est nullement le propre de la matière nerveuse, ni d'aucune autre, et le *système nerveux* ne peut avoir d'existence et exercer la moindre de ses fonctions que lorsqu'il se compose d'une masse médullaire principale de laquelle partent des filets nerveux.

Non-seulement le *système nerveux* ne peut exister, ni exécuter la moindre de ses fonctions, sans être composé d'une masse médullaire principale, qui contienne un ou plusieurs foyers pour fournir à l'excitation des muscles, et de laquelle partent différens nerfs qui se rendent aux parties ; mais nous verrons, en outre, dans le troisième chapitre, que la faculté de *sentir* ne peut avoir lieu, dans aucun animal, que lorsque la masse médullaire dont je viens de parler contient un foyer unique ; en un mot, un centre de rapport où les nerfs du système sensitif se dirigent de toutes parts.

A la vérité, comme il est extrêmement difficile de suivre ces nerfs jusqu'à leur centre de

_____

p. 94, et les *Recherches sur le Système nerveux de* MM. Gall et Spurzheim, p. 22.

rapport, plusieurs anatomistes nient l'existence
de ce foyer commun, essentiel à la production
du *sentiment;* ils considèrent ce dernier comme
un attribut de tous les nerfs, et celui même de
leurs moindres parties; enfin, pour étayer leur
opinion particulière sur la nullité du centre de
rapport dans le système sensitif, ils supposent
que le besoin de placer l'*âme* en un point isolé,
a fait imaginer ce foyer commun, ce lieu cir-
conscrit où toutes les sensations se rendent.

Il suffit de penser que l'homme est doué d'une
âme immortelle , sans que l'on doive jamais s'occuper du siége et des limites de cette âme dans
son corps individuel, ni de sa connexion avec
les phénomènes de son organisation : tout ce que
l'on pourra dire à cet égard sera toujours sans
base et purement imaginaire.

Si nous nous occupons de la nature, elle seule
doit être uniquement l'objet de nos études, et
ce sont uniquement aussi les faits qu'elle nous
présente que nous devons examiner, pour tâcher
de découvrir les lois physiques qui régissent la
production de ces faits; enfin, jamais nous ne
devons faire intervenir, dans nos raisonnemens,
la considération d'objets hors de la nature, et sur
lesquels il nous sera toujours impossible de savoir
quelque chose de positif.

Pour moi, qui ne considère l'organisation que

pour connoître les causes des diverses facultés des animaux, étant convaincu que beaucoup de ces animaux jouissent du *sentiment*, et que, parmi ces derniers, il s'en trouve qui ont des idées, et qui exécutent des actes d'*intelligence*, je crois ne devoir rechercher les causes de ces phénomènes que dans celles qui sont physiques. A cette conséquence, dont je me fais une loi dans mes recherches, j'ajouterai que, persuadé qu'aucune sorte de matière ne peut avoir en propre la faculté de sentir, je le suis en même temps que cette faculté, dans les corps vivans qui en jouissent, ne consiste que dans un effet général qui se produit dans un système d'organes approprié, et que cet effet ne peut avoir lieu que lorsque le système dont il s'agit possède un *foyer unique*; en un mot, un centre de rapport où tous les nerfs sensitifs viennent aboutir.

Relativement aux animaux à vertèbres, c'est à l'extrémité antérieure de la moelle épinière, dans la moelle allongée même, ou peut-être dans sa protubérance annulaire, que paroît être le *sensorium commune*, c'est-à-dire, le centre de rapport des nerfs qui exécutent le phénomène de la sensibilité; car c'est vers quelque point de la base du cerveau, ou de ce que l'on nomme ainsi, que ces nerfs paroissent se terminer. Si ce centre de rapport se trouvoit bien avancé dans l'intérieur du cerveau, les acéphales, ou ceux en qui le cerveau se trouve détruit, manqueroient alors de sentiment, et même ne pourroient vivre.

Mais il n'en est pas ainsi : dans les animaux qui jouissent de quelque faculté d'intelligence, le foyer essentiel au sentiment n'existe que dans un lieu quelconque de la base de ce qu'on nomme leur cerveau ; car on donne ce nom à toute la masse médullaire contenue dans la cavité du crâne. Cependant, les deux hémisphères, que l'on confond avec le cerveau, en doivent être distingués; parce qu'ils forment ensemble un organe particulier qui a été ajouté à ce cerveau , qu'ils ont des fonctions qui leur sont propres, et qu'ils ne contiennent pas le centre de rapport du système sensitif.

Qu'importe que le véritable cerveau, c'est-à-dire, que la partie médullaire qui contient le foyer des sensations et à laquelle vont se rendre les nerfs des sens particuliers, soit difficile à reconnoître et à déterminer dans l'homme et dans les animaux qui ont de l'intelligence, à cause de la contiguité ou de l'union qui se trouve entre ce cerveau et les deux hémisphères qui le recouvrent; il n'en est pas moins vrai que ces hémisphères constituent un organe très-particulier relativement aux fonctions qu'il exécute.

En effet, ce n'est point dans le cerveau pro-

prement dit que se forment les idées , les jugemens , les pensées , etc. ; mais c'est dans l'organe
qui lui est ajouté , et que les deux hémisphères
constituent , que ces actes organiques peuvent
uniquement s'opérer.

Ce n'est point non plus dans les hémisphères
dont il s'agit que les sensations se produisent ;
ils n'y ont aucune part , et le système sensitif
existe effectivement dans des animaux dont le cerveau n'est point muni de ces hémisphères plissés :
aussi ces organes peuvent-ils subir de grandes
altérations sans que le sentiment et la vie en
souffrent.

Cela posé , je reviens aux considérations générales qui concernent la composition des différentes
parties du *système nerveux*.

Ainsi , soit les filets et les cordons nerveux ,
soit la moelle longitudinale noueuse , la moelle
épinière , la moelle allongée , le cervelet , le cerveau et ses hémispheres , toutes ces parties ont ,
comme je l'ai dit , une enveloppe membraneuse
et aponévrotique qui leur sert de gaîne et qui ,
par le propre de sa nature , retient dans la
substance médullaire , le fluide particulier qui s'y
meut diversement ; mais aux extrémités où les
nerfs se terminent dans les parties du corps , ces
gaînes sont ouvertes , et permettent la communication du fluide nerveux avec ces parties.

Tout ce qui concerne le nombre, la forme et la situation des parties que je viens de citer, appartient à l'*anatomie*; on en trouve une exposition exacte dans les ouvrages qui traitent de cette partie de nos connoissances. Or, comme mon objet, ici, se réduit à considérer le *système nerveux* dans ses généralités et ses facultés, et à rechercher comment la nature est parvenue à le faire exister dans les animaux qui le possèdent, je ne dois entrer dans aucun des détails connus à l'égard des parties de ce système.

Formation du Système nerveux.

On ne peut assurément déterminer, d'une manière positive, le mode de formation qu'a employé la nature pour faire exister le *système nerveux* dans les animaux qui le possèdent; mais il est très-possible de reconnoître les conditions, c'est-à-dire, les circonstances qui furent nécessaires pour que ce mode de formation pût s'exécuter. Ainsi, les circonstances dont il s'agit étant reconnues et prises en considération, on peut concevoir comment les parties de ce système purent être formées, et comment elles purent être munies du fluide subtil qui se meut dans leur intérieur, et les met dans le cas d'opérer les fonctions qui leur sont propres.

On doit penser que, lorsque la nature eut fait

faire assez de progrès à l'organisation animale
pour que le fluide essentiel des animaux fût très-
animalisé, et pour que la substance *albumino-*
gélatineuse pût se former, alors cette substance
sécrétée du fluide principal de l'animal (du sang
ou de ce qui en tient lieu) fut déposée dans un
lieu quelconque du corps : or, l'observation constate qu'elle l'a été d'abord sous la forme de plusieurs petites masses séparées, et ensuite sous
celle d'une masse plus considérable, allongée en
cordon noueux, et qui a occupé à peu près toute
la longueur du corps de l'individu.

Le tissu cellulaire, modifié par la présence de
cette masse de substance albumino-gélatineuse,
lui fournit alors la gaîne qui l'enveloppe, ainsi
que celles de ses divers prolongemens ou filets.

Maintenant, si je considère les fluides visibles
qui se meuvent ou circulent dans le corps des
animaux, je remarque que, dans les animaux les
plus simples en organisation, ces fluides sont bien
moins composés, bien moins surchargés de principes, qu'ils ne le sont dans les animaux les plus
parfaits. Le sang d'un mammifère est un fluide plus
composé, plus animalisé, que la sanie blanchâtre
du corps des insectes ; et cette sanie est un fluide
plus composé que celui presque aqueux qui
se meut dans le corps des polypes et dans celui
des infusoires.

Cela

Cela étant ainsi, je suis autorisé à penser que ceux des fluides invisibles et incontenables qui entretiennent l'irritabilité et les mouvemens de la vie dans les animaux les plus imparfaits, se trouvant dans des animaux dont l'organisation est déjà fort composée et perfectionnée, y acquièrent une modification assez grande pour pouvoir être changés en fluides contenables, quoique toujours invisibles.

Il paroît effectivement qu'un fluide particulier, invisible et très-subtil, mais modifié par son séjour dans le sang des animaux, s'en sépare continuellement pour se répandre dans les masses médullaires nerveuses, et y répare sans cesse celui qui se consomme dans les différens actes du système d'organes qui le contient.

La pulpe médullaire des parties du système nerveux, et le fluide subtil qui peut se mouvoir dans cette pulpe, n'auront donc été formés, dans l'organisation animale, que lorsque sa composition aura pu donner lieu à la formation de ces matières.

En effet, de même que les fluides intérieurs des animaux se sont progressivement modifiés, animalisés et composés, à mesure que la composition et le perfectionnement de l'organisation ont fait des progrès ; de même aussi, les organes et les parties solides ou contenantes du corps ani-

mal se sont composés et diversifiés peu à peu de la
même manière et par la même cause. Or , le fluide
nerveux , devenu contenable après sa sécrétion
du sang, s'est répandu dans la substance *albumino-*
gélatineuse de la moelle nerveuse , parce que la
nature de cette substance s'en est trouvée conductrice , c'est-à-dire , propre à le recevoir et à lui
permettre de se mouvoir avec facilité dans sa
masse ; et ce fluide y a été retenu par les gaînes
aponévrotiques qui enveloppent cette moelle nerveuse , parce que la nature de ces gaînes ne laisse
pas au fluide dont il s'agit la faculté de les traverser.

Dès lors , le fluide nerveux étant répandu dans
cette substance médullaire qui , dans son origine,
fut disposée en ganglions séparés , et ensuite en
cordon , en a probablement étendu , par ses mouvemens, des portions qui se sont allongées en filets,
et ce sont ces filets qui constituent les nerfs. On
sait qu'ils naissent de leur centre de rapport, sor-
tant , par paires, soit d'une moelle longitudinale
noueuse , soit d'une moelle épinière , soit de la
base du cerveau , et qu'ils vont se terminer dans
les différentes parties du corps.

Voilà, sans doute , le mode qu'a employé la
nature pour la formation du système nerveux :
elle a commencé par produire plusieurs petites
masses de substance médullaire , lorsque la

composition de l'organisation animale lui en a
fourni les moyens ; ensuite elle les a rassemblées
en une principale ; et, dans cette masse, le fluide
nerveux, devenu contenable, s'est aussitôt répandu et s'est trouvé retenu par les gaînes nerveuses : ce fut alors que, par ses mouvemens, il
fit naître de la masse médullaire dont il est question, les filets et les cordons nerveux qui en
partent pour se rendre aux différentes parties du
corps.

On sent, d'après cela, que des nerfs ne peuvent
exister dans aucun animal, à moins qu'il n'y ait
une masse médullaire qui contienne leur foyer
ou centre de rapport ; et conséquemment que
quelques filets blanchâtres isolés, n'aboutissant
point à une masse médullaire plus considérable,
ne peuvent être regardés comme des nerfs.

J'ajouterai à ces considérations sur la formation
du *système nerveux* que, si la matière médullaire
a été sécrétée, et l'est sans cesse par le fluide
principal de l'animal, on doit sentir que, dans
les animaux à sang rouge, ce sont les extrémités capillaires de certains vaisseaux artériels
qui sécrètent, réparent, enfin, nourrissent cette
matière médullaire ; et comme les extrémités de
ces vaisseaux artériels doivent être accompagnées
des extrémités de certains vaisseaux veineux,
toutes ces extrémités vasculaires, qui contiennent

un sang coloré, se trouvant un peu enfoncées
dans la substance médullaire que ces vaisseaux
ont produite , il en doit résulter que cette
substance médullaire paroîtra grisâtre dans une
partie externe de son épaisseur : quelquefois,
même, par suite de certaines évolutions de parties, qui se sont opérées dans l'encéphale à mesure qu'il s'est composé, les organes nutritifs ont
pénétré profondément ; en sorte que la matière
médullaire grisâtre s'est trouvée centrale en
certains lieux , et enveloppée en grande partie
par celle qui est blanche.

J'ajouterai encore que, si les extrémités de certains vaisseaux artériels ont sécrété et nourrissent
ensuite la matière médullaire du *système nerveux*,
ces mêmes extrémités vasculaires y ont pu déposer pareillement le fluide nerveux qui se sépare
du sang , et le verser continuellement dans cette
substance médullaire qui est si propre à le recevoir.

Enfin, je terminerai ces considérations par
quelques unes de celles qui concernent le développement de la masse médullaire principale,
ainsi que les renflemens et les épanouissemens
de certaines portions de cette masse, à mesure
que les systèmes particuliers qui composent le
système nerveux commun et perfectionné se sont
formés et ont reçu leurs développemens.

Dans la masse médullaire principale de tout

système nerveux, la portion particulière, qui fut, en quelque sorte, productrice du reste de cette masse, ne doit pas nécessairement offrir, dans cette partie médullaire, un volume plus considérable que celui des autres portions de la même masse qui y ont pris leur source ; car l'épaisseur et le volume des autres portions de la masse médullaire dont il s'agit, sont toujours en raison de l'emploi que fait l'animal des nerfs qui en partent. J'ai assez prouvé que tous les autres organes sont dans le même cas : plus ils sont exercés, plus alors ils se développent, se renforcent et s'agrandissent. C'est parce qu'on n'a point reconnu cette loi de l'organisation animale, ou qu'on n'y a donné aucune attention, qu'on s'est persuadé que la portion de la masse médullaire qui fut productrice des autres portions de cette masse, ne pouvoit être moins volumineuse que celles qui en sont originaires.

Dans les animaux vertébrés, la masse médullaire principale se compose du cerveau et de ses accessoires, de la moelle allongée, et de la moelle épinière. Or, il paroît que la portion de cette masse qui fut productrice des autres est réellement la *moelle allongée;* car c'est de cette portion que partent les appendices médullaires (les jambes et les pyramides) du cervelet et du cerveau, la moelle épinière, enfin, les nerfs des sens particuliers.

Cependant la moelle allongée est, en général, moins grosse ou moins épaisse que le cerveau qu'elle a produit, ou que la moelle épinière qui en dérive.

D'une part, le cerveau et ses hémisphères étant employés aux actes du sentiment et à ceux de l'intelligence, tandis que la moelle épinière ne sert qu'à l'excitation des mouvemens musculaires (1) et à l'exécution des fonctions organiques ; et de l'autre part, l'emploi ou l'exercice des organes, fortement soutenu, les développant d'une manière éminente; il doit résulter que, dans l'homme qui exerce continuellement ses sens et son intelligence, le cerveau et ses hémisphères sont dans le cas de s'agrandir considérablement, tandis que la moelle épinière, en général, foiblement exercée, ne peut acquérir qu'une grosseur médiocre. Enfin, comme dans les principaux mouvemens musculaires de l'homme, ce sont les jambes et les bras qui agissent le plus, on a dû trouver un renflement remarquable à sa moelle épinière dans les lieux d'où partent les nerfs cruraux et les nerfs

---

(1) Relativement à la moelle épinière, considérée comme fournissant l'influence nerveuse aux organes du mouvement, on sait, par des expériences récentes, que ceux des poisons qui agissent sur cette moelle, causent effectivement des convulsions, des attaques de tétanos, avant de produire la mort.

brachiaux; ce qu'effectivement l'observation confirme.

Au contraire, dans les animaux vertébrés qui ne font qu'un usage médiocre de leurs sens, et surtout de leur intelligence, et qui se livrent principalement au mouvement musculaire, leur cerveau et particulièrement ses hémisphères, ont dû prendre peu de développement, tandis que leur moelle épinière s'est trouvée dans le cas d'acquérir une grosseur assez considérable. Aussi les poissons, qui ne s'exercent guère qu'au mouvement musculaire, ont-ils proportionnellement une moelle épinière fort grosse et un très-petit cerveau.

Parmi les animaux sans vertèbres, ceux qui ont, au lieu d'une moelle épinière, une *moelle longitudinale,* comme les *insectes,* les *arachnides,* les *crustacés,* etc., ont cette moelle noueuse dans toute sa longueur ; parce que ces animaux s'exerçant beaucoup au mouvement, elle a obtenu des renforcemens et, en conséquence, des renflemens aux lieux d'où part chaque paire de nerfs.

Enfin, les *mollusques,* qui ont de mauvais points d'appui pour leurs muscles, et qui, en général, n'exécutent que des mouvemens lents, n'ont ni moelle épinière, ni moelle longitudinale, et n'offrent que des ganglions assez rares d'où partent des filets nerveux.

D'après ce que je viens d'exposer, on peut con

clure que , dans les animaux à vertèbres , les nerfs
et la masse médullaire principale ne peuvent dériver de haut en bas , c'est-à-dire , de la partie
supérieure et terminale du cerveau , comme le
cerveau lui-même ne peut être une production
de la moelle épinière , c'est-à-dire, de la partie
inférieure ou postérieure du *système nerveux* ;
mais que ces diverses parties proviennent originairement d'une qui en fut productrice , et qu'il
est probable que ce doit être dans la *moelle allongée* , près de sa protubérance annulaire , que se
trouve l'origine, soit des hémisphères du cerveau,
soit des jambes du cervelet , soit de la moelle épinière , soit des sens particuliers.

Qu'importe que les bases médullaires des hémisphères soient rétrécies et beaucoup moins
volumineuses que les hémisphères eux-mêmes ,
et qu'il en soit de même des jambes du cervelet , etc. ; qui ne voit que le développement graduel de ces organes a pu donner lieu , selon leur
plus grand emploi, à un épanouissement qui les
aura rendus d'un volume beaucoup plus considérable que celui de leur racine !

Ces considérations sur la formation du *système
nerveux* ne sont sans doute que très-générales ;
mais elles suffisent à mon objet , et doivent inté-
resser , selon moi , parce qu'elles sont exactes et
qu'elles s'accordent avec les faits observés.

Fonctions du Système nerveux.

Le *système nerveux*, considéré dans les animaux les plus parfaits, est, comme on sait, très-compliqué dans ses parties et peut, en conséquence, exécuter différentes sortes de fonctions qui donnent aux animaux qui en jouissent, autant de facultés particulières. Or, avant de prouver que ce système est particulier à certains animaux, et non commun à tous ; et avant d'indiquer quelles sont celles des facultés qu'il peut procurer ; selon la composition de l'organisation des animaux en qui on le considère ; il importe de dire un mot de ses fonctions ainsi que des facultés qui en résultent, et qui sont de quatre sortes différentes ; savoir :

1°. Celle de provoquer l'action des muscles ;

2°. Celle de donner lieu au *sentiment*, c'est-à-dire, aux sensations qui le constituent ;

3°. Celle de produire les *émotions* du sentiment intérieur ;

4°. Celle, enfin, d'effectuer la formation des idées, des jugemens, des pensées, de l'imagination, de la mémoire, etc.

Essayons de montrer que les fonctions du *système nerveux* qui donnent lieu à chacune de ces quatre sortes de facultés, sont de nature très-différente, et que tous les animaux qui possèdent ce *système*, ne les exécutent pas généralement.

Les actes du *système nerveux* qui donnent lieu au mouvement musculaire, sont tout-à-fait distincts et même indépendans de ceux qui produisent les sensations : ainsi, on peut éprouver une ou plusieurs sensations, sans qu'il s'ensuive aucun mouvement musculaire ; et on peut faire entrer différens muscles en action, sans qu'il en résulte aucune sensation pour l'individu. Ces faits méritent d'être remarqués, et leur fondement ne peut être contesté.

Comme le mouvement musculaire ne peut s'exécuter sans l'influence nerveuse, quoiqu'on ne connoisse pas ce qui se passe à l'égard de cette influence, quantité de faits autorisent à penser que c'est par l'émission du fluide nerveux qui, d'un centre ou d'un réservoir, se dirige, par le moyen des nerfs, vers les muscles qui doivent agir, que s'opère l'influence dont il est question. Dans cette fonction du *systeme nerveux*, les mouvemens du fluide subtil qui fait agir les muscles, se font donc d'un centre ou d'un foyer quelconque vers les parties qui doivent exécuter quelqu'action.

Ce n'est pas seulement pour mettre les muscles en action que le fluide nerveux se meut de son foyer ou réservoir vers les parties qui doivent exécuter des mouvemens; mais il paroît que c'est aussi pour contribuer à l'exécution des fonctions de différens organes dans lesquels le mouvement musculaire n'a point lieu d'une manière distincte.

Ces faits étant assez connus, je ne m'y arrêterai pas davantage; mais j'en conclurai que l'influence nerveuse qui donne lieu à l'action musculaire , et que celle qui concourt à l'exécution des fonctions de différens organes, s'opèrent par une émission du fluide nerveux qui , d'un centre ou réservoir quelconque, se dirige vers les parties qui doivent agir.

A ce sujet, je rappellerai un fait bien connu , mais dont la considération intéresse l'objet que nous avons maintenant en vue; le voici :

Relativement au fluide nerveux qui part de son réservoir pour se rendre aux parties du corps , une portion de ce fluide est à la disposition de l'individu, qui la met en mouvement à l'aide des émotions de son sentiment intérieur , lorsqu'un besoin quelconque les excite ; tandis que l'autre portion se distribue régulièrement, sans la participation de la volonté de cet individu, aux parties qui, pour la conservation de la vie, doivent être mises sans cesse en action.

Il résulteroit de grands inconvéniens , s'il pouvoit dépendre de nous d'arrêter, à notre gré, soit les mouvemens de notre cœur ou de nos artères , soit les fonctions de nos viscères ou de nos organes sécrétoires et excrétoires ; mais aussi il importe, pour que nous puissions satisfaire à tous nos besoins, que nous ayons à notre disposition une portion de notre fluide nerveux pour l'envoyer aux parties que nous voulons faire agir.

Il y a apparence que les nerfs qui portent continuellement l'influence nerveuse aux muscles indépendans de l'individu et aux organes vitaux, ont leur substance médullaire plus ferme et plus dense que celle des autres nerfs, ou munie de quelque particularité qui l'en distingue; en sorte que non-seulement le fluide nerveux s'y meut avec moins de célérité et s'y trouve moins libre, mais il y est aussi, en grande partie, à l'abri de ces ébranlemens généraux que causent les émotions du sentiment intérieur. S'il en étoit autrement, chaque émotion troubleroit l'influence nerveuse nécessaire aux organes essentiels et aux mouvemens vitaux, et exposeroit l'individu à périr.

Au contraire, les nerfs qui portent l'influence nerveuse aux muscles dépendans de l'individu, permettent au fluide subtil qu'ils contiennent, la liberté et toute la célérité de ses mouvemens, de manière que les émotions du sentiment intérieur mettent facilement ces muscles en action.

L'observation nous autorise à penser que les nerfs qui servent à l'excitation du mouvement musculaire, partent de la moelle épinière dans

les animaux vertébrés, de la moelle longitudinale
noueuse dans les animaux sans vertèbres qui en
sont munis, et de ganglions séparés dans ceux
qui, n'ayant ni moelle épinière, ni moelle longitudinale noueuse, en possèdent dans cet état. Or,
dans les animaux qui jouissent du sentiment, ces
nerfs, destinés au mouvement musculaire, n'ont
qu'une simple connexion avec le système sensitif,
et lorsqu'ils sont lésés, ils produisent des contractions spasmodiques, sans troubler le système des
sensations.

On a donc lieu de croire que, parmi les différens
systèmes particuliers qui composent le *système
nerveux* dans son perfectionnement, celui qui
est employé à l'excitation des muscles est distinct
de celui qui sert à la production du sentiment.

Aussi la fonction du *système nerveux* qui consiste à opérer l'action musculaire et l'exécution des
différentes fonctions vitales, n'y peut-elle parvenir qu'en envoyant le fluide subtil des nerfs,
de son réservoir aux différentes parties.

Mais la fonction du même système qui opère
le *sentiment*, est très-différente, par sa nature et
par les opérations qu'elle exécute, de celle dont je
viens de parler ; car dans la production d'une *sensation* quelconque, laquelle ne peut avoir lieu sans
l'influence nerveuse, le fluide subtil des nerfs
commence toujours à se mouvoir du point du

corps qui est affecté, propage son mouvement jusqu'au foyer ou centre de rapport du système; y excite une commotion qui se communique dans tous les nerfs qui servent au sentiment, et met leur fluide dans le cas de réagir, ce qui produit la sensation.

Non-seulement ces deux sortes de fonctions du *système nerveux* diffèrent l'une de l'autre, en ce que, dans tout mouvement musculaire, il n'y a point de sensation produite, et que dans la production d'une sensation quelconque, il n'y a pas nécessairement de mouvement musculaire exécuté; mais ces fonctions diffèrent, en outre, comme on vient de le voir, en ce que, dans l'une d'elles, le fluide nerveux est envoyé de son réservoir aux parties; tandis que, dans l'autre, il est envoyé des parties mêmes au foyer ou centre de rapport du systeme des sensations. Ces faits sont évidens, quoiqu'on ne puisse apercevoir les mouvemens qui y donnent lieu.

La fonction du *système nerveux*, qui consiste à effectuer les émotions du sentiment intérieur, et qui s'exécute par un ébranlement général de la masse libre du fluide des nerfs, ébranlement qui s'opère sans réaction, et par suite sans produire aucune sensation distincte, est encore très-particulière et fort différente des deux que je viens de citer; dans l'exposition que j'en ferai (chap. IV),

on verra que c'est une des plus remarquables et
des plus intéressantes à étudier.

Si la fonction, sans laquelle le *système nerveux*
ne pourroit mettre les muscles en action, ni con-
courir à l'exécution des fonctions organiques,
est différente de celle sans laquelle le même système ne pourroit produire le sentiment, ainsi que
de celle qui constitue les émotions du sentiment
intérieur ; je dois faire remarquer que, lorsque le
perfectionnement du système dont il s'agit est
assez avancé pour lui faire obtenir l'organe accessoire et spécial que constituent les hémisphères
plissés du cerveau, alors il a la faculté d'exercer
une quatrième sorte de fonction, qui est encore
très-différente des trois premières.

En effet, à l'aide de l'organe accessoire dont
je viens de parler, le *système nerveux* donne lieu
à la formation des idées, des jugemens, des pensées, de la volonté, etc. ; phénomènes qu'assurément les trois premières sortes de fonctions citées ne sauroient produire. Or, l'organe accessoire en qui s'exécutent des fonctions capables de
donner lieu à de pareils phénomènes, n'est qu'un
organe passif, à cause de son extrême mollesse,
et ne reçoit aucune excitation, parce qu'aucune
de ses parties ne sauroit réagir ; mais il conserve
les impressions qu'il reçoit, et ces impressions

modifient les mouvemens du fluide subtil qui se meut entre ses nombreuses parties.

C'est une idée ingénieuse, mais dénuée de preuves et de motifs suffisans, que celle qu'a exprimée *Cabanis*, lorsqu'il a dit que le cerveau agissoit sur les impressions que les nerfs lui transmettent, comme l'estomac sur les alimens que l'œsophage y verse; qu'il les digéroit à sa maniere; et qu'ébranlé par le mouvement qui lui étoit communiqué, il réagissoit, et que de cette réaction naissoit la perception, qui devenoit ensuite une idée.

Ceci ne me paroît nullement reposer sur la considération des facultés que peut avoir la pulpe cérébrale; et je ne saurois me persuader qu'une substance aussi molle que celle dont il s'agit, soit réellement active, et qu'on puisse dire à son égard, qu'ébranlée par le mouvement qui lui est communiqué, cette substance réagisse et donne lieu à la perception.

L'erreur, à ce sujet, provient donc; d'une part, de ce que le savant dont je parle, ne considérant point le fluide nerveux, s'est trouvé obligé de transporter dans sa pensée les fonctions de ce fluide, à la pulpe médullaire dans laquelle il se meut; et de l'autre part, de ce qu'il confondoit les actes qui constituent les sensations avec ceux de l'intelligence, ces deux sortes de phénomènes organiques différant essentiellement entre elles,

elles, par leur nature, et exigeant chacune un système d'organes très - particulier pour les produire.

Ainsi, voilà quatre sortes de fonctions très-différentes qu'exécute le *système nerveux* perfectionné, c'est-à-dire, complétement développé et muni de son organe accessoire; mais comme les organes qui donnent lieu à chacune de ces fonctions ne sont pas les mêmes; et comme les différens organes spéciaux n'ont reçu l'existence que successivement; la nature a formé ceux qui sont propres au mouvement musculaire, avant ceux qui donnent lieu aux sensations, et ceux-ci avant d'établir les moyens qui permettent les émotions du sentiment intérieur; enfin, elle a terminé le perfectionnement du *système nerveux* en le rendant capable de produire les phénomènes de l'intelligence.

Nous allons voir maintenant que tous les animaux n'ont pas et ne peuvent avoir un *système nerveux;* et qu'en outre, tous ceux qui possèdent ce systeme d'organes n'en obtiennent pas nécessairement les quatre sortes de facultés dont il vient d'être question.

Le système nerveux est particulier à certains animaux.

Sans doute, ce n'est que dans les animaux que le *système nerveux* peut exister; mais de là s'ensuit il que tous le possèdent? Il est certainement quantité d'animaux dont l'état de leur organisation est tel, qu'il leur est impossible d'avoir le système d'organes dont il s'agit; car ce système, nécessairement composé de deux sortes de parties, savoir; d'une masse médullaire principale, et de différens filets nerveux qui vont s'y réunir, ne peut exister dans l'organisation très-simple d'un grand nombre d'animaux connus. Il est d'ailleurs évident que le *système nerveux* n'est point essentiel à l'existence de la vie, puisque tous les corps vivans ne le possèdent point, et que ce seroit en vain qu'on le rechercheroit dans les végétaux. On sent donc que ce système n'est devenu nécessaire qu'à ceux des animaux en qui la nature a pu le produire.

Dans le chap. IX de la seconde partie, p. 147, j'ai déjà fait voir que le *système nerveux* étoit particulier à certains animaux : ici je vais en donner de nouvelles preuves, en montrant qu'il est impossible que tous les animaux possèdent un pareil système d'organes; d'où il résulte que ceux qui en sont dépourvus, ne peuvent jouir d'aucune des facultés qu'on lui voit produire.

Lorsqu'on a dit que, dans les animaux qui n'offrent point de filets nerveux (tels que les *polypes* et les *infusoires*), la substance médullaire, qui donne les sensations, étoit répandue et fondue dans tous les points du corps, et non rassemblée en filets; et qu'il en résultoit que chacun des fragmens de ces animaux devenoit un individu doué de son *moi* particulier; on ne s'étoit probablement pas rendu compte de la nature de toute fonction organique, qui provient toujours de relations entre des parties contenantes et des fluides contenus, et de mouvemens quelconques résultant de ces relations. On n'étoit point surtout pénétré de la connoissance de ce qu'il y a d'essentiel dans les fonctions du *système nerveux ;* on ignoroit que ces fonctions ne s'opéroient qu'en effectuant le mouvement ou le transport d'un fluide subtil, soit d'un foyer vers les parties, soit des parties vers le foyer lui-même.

Le *système nerveux* ne peut donc avoir d'existence, ni exercer la moindre de ses fonctions, que lorsqu'il offre une masse médullaire dans laquelle se trouve un royer pour les nerfs, et, en outre, des filets nerveux qui se rendent à ce foyer. D'ailleurs, la matière médullaire, ni aucune autre substance animale, ne peuvent avoir en pro-

pre la faculté de produire des *sensations*, ce que
je compte prouver dans le troisième chapitre de
cette partie ; ainsi, cette substance médullaire,
supposée fondue dans tous les points du corps d'un
animal, n'y donneroit point lieu au *sentiment*.

Si, dans sa plus grande simplicité, le *système
nerveux* est nécessairement composé de deux
sortes de parties, savoir ; d'une masse médullaire
principale, et de filets nerveux qui vont s'y rendre ; on sent que l'organisation animale, qui
commence dans la *monade*, qu'on sait être le plus
simple et le plus imparfait des animaux connus,
a dû faire bien des progrès dans sa composition,
avant que la nature ait pu parvenir à y former
un pareil système d'organes, même dans sa plus
grande imperfection. Cependant, là où ce système
commence, il est encore bien loin d'avoir obtenu , dans sa composition et son perfectionnement , tout ce qu'il offre dans les animaux les
plus parfaits ; et là ou il a pu commencer, l'organisation animale avoit déjà fait bien des progrès
dans ses développemens et dans sa composition.

Pour nous convaincre de cette vérité, examinons les produits du système nerveux dans chacun de ses principaux développemens.

*Le système nerveux, dans sa plus grande sim-
plicité, ne produit que le mouvement musculaire.*

Je ne puis, à la vérité, présenter sur le sujet
dont il s'agit, qu'une simple opinion ; mais elle se
fonde sur des considérations si importantes, si
propres à être décisives, qu'on peut la regarder
au moins comme une vérité morale.

Si l'on considère attentivement la marche qu'a
suivie la nature, on verra partout que, pour créer
ou faire exister ses productions, elle n'a rien fait
subitement ou d'un seul jet; mais qu'elle a tout
fait progressivement, c'est-à-dire, par des com-
positions et des développemens graduels et insen-
sibles : conséquemment, tous les produits, tous
les changemens qu'elle opère, sont évidemment
assujettis de toutes parts à cette loi de progression qui régit ses actes.

En suivant bien les opérations de la nature,
on verra, en effet, qu'elle a créé peu à peu et successivement toutes les parties, tous les organes
des animaux, et qu'elle les a complétés et perfectionnés progressivement ; que peu à peu de
même, elle a modifié, animalisé, et de plus en
plus composé tous les fluides intérieurs des animaux qu'elle a fait exister ; en sorte qu'avec lo

temps, tout ce que nous observons à leur égard
fut complétement terminé.

Le *système nerveux*, dans son origine, c'est-
à-dire, là où il commence à exister, est assurément dans sa plus grande simplicité et dans sa
moindre perfection. Cette sorte d'origine lui est
commune avec celle de tous les autres organes
spéciaux qui ont commencé de même par être
dans leur plus grand état d'imperfection. Or, on
ne sauroit douter que, dans sa plus grande simplicité, le *système nerveux* ne donne aux animaux qui le possèdent dans cet état, des facultés
moins nombreuses et moins éminentes que celles
que le même système procure aux animaux les
plus parfaits, en qui il se trouve dans sa plus grande
composition et muni de ses accessoires. Il suffit
de bien observer ce qui a lieu à cet égard, pour
reconnoître le fondement de cette considération.

J'ai déjà prouvé que, lorsque le *système nerveux* est dans sa plus grande simplicité, il offroit
nécessairement deux sortes de parties, savoir;
une masse médullaire principale, et des filets
nerveux qui viennent se réunir à cette masse;
mais cette même masse médullaire peut d'abord
exister sans donner lieu à aucun sens particulier,
et elle peut être divisée en parties séparées, à
chacune desquelles des filets nerveux viendront
se rendre.

Il paroît que c'est ce qui a lieu dans les animaux de la classe des *radiaires*, ou au moins dans ceux de la division des *échinodermes*, dans lesquels on prétend avoir découvert le *système nerveux*, et où ce système seroit réduit à des ganglions séparés qui communiquent entre eux par des filets, et qui en envoient d'autres aux parties.

Si les observations qui établissent cet état du *système nerveux* sont fondées, ce sera celui de la plus grande simplicité de ce système, et alors il présentera plusieurs centres de rapport pour les nerfs, c'est-à-dire, autant de foyers qu'il y a de ganglions séparés; enfin, il ne donnera lieu à aucun des sens particuliers, pas même à celui de la vue, qu'on sait être le premier qui se montre sans équivoque.

Je nomme *sens particulier* chacun de ceux qui résultent d'organes spéciaux qui les font exister, tels que la *vue*, l'*ouïe*, l'*odorat* et le *goût* : quant au *toucher*, c'est un sens général, *type*, à la vérité, de tous les autres, mais qui n'exige aucun organe spécial, et auquel les nerfs ne peuvent donner lieu que lorsqu'ils sont capables de produire des sensations.

Or, en exposant, dans le chap. III, le mécanisme des sensations, nous verrons qu'aucune d'elles ne sauroit se produire que lorsque, par suite de

l'état de composition du *système nerveux* et de
l'unité de foyer commun pour les nerfs, tout l'a-
nimal participe à un effet général qui donne lieu
à cette sensation. Si cela est ainsi, dans les animaux qui ne possèdent le *systeme nerveux* que
dans sa plus grande simplicité, et où ce système
offre différens foyers pour les nerfs, aucun effet,
aucun ébranlement ne peuvent être généraux
pour l'individu, aucune sensation ne sauroit se
produire, et effectivement, les masses médullaires séparées ne donnent lieu à aucun sens particulier. Si ces masses médullaires séparées communiquent entre elles par des filets, c'est afin que
la libre répartition du fluide nerveux qu'elles
doivent contenir puisse sans cesse s'effectuer.

Cependant, dès que le *système nerveux* existe,
quelque simple qu'il soit, il est déjà capable d'exécuter quelque fonction; aussi peut-on penser qu'il
en opère effectivement, lors même qu'il ne pourroit encore donner lieu au sentiment.

Si l'on considère que, pour l'excitation du mouvement musculaire, la moindre des facultés du
système nerveux, il faut à ce système une composition moins grande, une moindre extension de
ses parties, que pour la production du sentiment;
que différens centres de rapport séparés n'empêchent pas que de chacun de ces foyers particuliers le fluide nerveux ne puisse être envoyé

aux muscles pour y porter son influence ; l'on sentira qu'il est très-probable que les animaux qui possèdent un *système nerveux* dans sa plus grande simplicité, en obtiennent la faculté du mouvement musculaire, et néanmoins ne jouissent pas réellement du sentiment.

Ainsi, en établissant le *système nerveux*, la nature paroît n'avoir formé d'abord que des ganglions séparés qui communiquent entre eux par des filets, et qui n'envoient d'autres filets qu'aux organes musculaires. Ces ganglions sont les masses médullaires principales ; et quoiqu'ils communiquent entre eux par des filets, la séparation de ces foyers ne permet pas l'exécution de l'effet général nécessaire pour constituer la sensation, mais elle ne s'oppose pas à l'excitation du mouvement musculaire : aussi les animaux qui possèdent un pareil *système nerveux*, ne jouissent-ils d'aucun sens particulier.

Nous venons de voir que le *système nerveux*, dans sa plus grande simplicité, ne pouvoit produire que le mouvement musculaire ; maintenant nous allons montrer qu'en développant, composant et perfectionnant davantage ce système, la nature est parvenue à lui donner non-seulement la faculté d'exciter l'action des muscles, mais en outre celle de produire le sentiment.

Le système nerveux, plus avancé dans sa compo-
sition, produit le mouvement musculaire et le
sentiment.

Le *système nerveux* est, sans doute, parmi tous
les systèmes d'organes, celui qui donne aux animaux qui en sont doués, les facultés les plus éminentes et à la fois les plus admirables ; mais il n'y
parvient, sans contredit, qu'après avoir acquis la
grande complication et tous les développemens
dont il est susceptible. Avant ce terme, il offre,
dans tous les animaux qui ont des nerfs et une
masse médullaire principale, différens degrés,
soit dans le nombre, soit dans le perfectionnement
des facultés qu'il leur procure.

J'ai dit plus haut que, dans sa plus grande
simplicité, le *système nerveux* paroissoit avoir sa
masse médullaire principale divisée en plusieurs
parties séparées qui chacune contiennent un foyer
particulier pour les nerfs qui vont s y rendre ; que,
dans cet état, ce système ne pouvoit être propre
à produire les sensations, mais qu'il avoit la faculté
de mettre les muscles en action : or, ce *système*
nerveux très-imparfait, qu'on prétend avoir reconnu dans les *radiaires*, existe-t-il le même dans
les *vers*? C'est ce que j'ignore, et néanmoins ce
que j'ai lieu de supposer, à moins que les vers

ne soient un rameau de l'échelle animale, nouvellement commencé par des *générations directes*. Je
sais seulement que, dans les animaux de la classe
qui suit celle des *vers*, le *système nerveux*, beaucoup plus avancé dans sa composition et ses développemens, se montre sans difficulté et sous
une forme bien prononcée.

En effet, en suivant l'échelle animale, depuis
les animaux les plus imparfaits, jusqu'aux animaux
les plus parfaits, ce ne fut, jusqu'à présent, que
dans les *insectes*, que le *système nerveux* com-
mença à être bien reconnu ; parce qu'il se présente, dans tous les animaux de cette classe, éminemment exprimé, et qu'il offre une *moelle longitudinale noueuse* qui, en général, s'étend dans
toute la longueur de l'animal, et se trouve très-
diversifiée dans sa forme, selon les insectes en
qui on la considère, et selon leur état de larve ou
d'*insecte parfait*. Cette moelle longitudinale, qui
se termine antérieurement par un ganglion subbilobé, constitue la masse médullaire principale
du système, et de chacun de ses nœuds, qui varient en grosseur et en rapprochement, partent
des filets nerveux qui vont se rendre aux parties
du corps.

Le nœud ou ganglion subbilobé qui termine
antérieurement la moelle longitudinale noueuse
des insectes, doit être distingué des autres nœuds

de cette moelle, parce qu'il donne naissance immédiatement à un sens particulier, celui de la vue. Ce nœud terminal est donc reellement un petit *cerveau*, quoique fort imparfait; et il contient sans doute le centre de rapport des nerfs sensitifs, puisque le nerf optique va s'y rendre. Peut-être que les autres nœuds de la moelle longitudinale en question, sont autant de foyers particuliers qui servent à fournir à l'action des muscles de l'animal: dans le cas où ces foyers existeroient, comme ils communiqueroient ensemble par le cordon médullaire qui les réunit, ils n'empêeheroient nullement l'effet général qui, seul, ainsi que je le prouverai, peut produire le sentiment.

Ainsi, dans les *insectes*, le *système nerveux* commence à offrir un cerveau et un centre de rapport unique pour l'exécution du sentiment. Ces animaux, par la composition de leur *système nerveux*, possèdent donc deux facultés distinctes; savoir : celle du mouvement musculaire, et en outre, celle de pouvoir éprouver des sensations. Ces sensations ne sont encore probablement que des perceptions simples et fugitives des objets qui les affectent; mais enfin elles suffisent pour constituer le sentiment, quoiqu'elles soient incapables de produire des idées.

Cet état du *système nerveux* qui, dans les insectes, ne donne lieu qu'à ces deux facultés, se

trouve à peu près le même dans les animaux
des cinq classes suivantes , c'est-à-dire , dans les
arachnides , les *crustacés* , les *annelides* , les *cir-*
rhipèdes et les *mollusques;* il n'y présente vraisemblablement d'autres différences que celles qui
constituent quelque perfectionnement dans les
deux facultés déjà citées.

Je n'ai pas assez d'observations particulières
pour qu'il me soit possible d'indiquer, parmi les
animaux qui ont un *système nerveux* capable de
leur faire éprouver des sensations , quels sont ceux
en qui les *émotions* du sentiment intérieur sont
dans le cas de pouvoir être produites. Peut-être
que , dès que la faculté de sentir existe , celle qui
produit ces émotions a lieu aussi ; mais cette dernière est si imparfaite et si obscure , dans son
origine , que je ne la crois reconnoissable que
dans les animaux à vertèbres. Ainsi, passons à la
détermination du point de l'échelle animale dans
lequel commence la quatrième sorte de faculté
du *système nerveux*:

Lorsque la nature fut parvenue à munir le
système nerveux d'un véritable *cerveau*, c'est-
à-dire , d'un renflement médullaire antérieur,
capable de donner immédiatement l'existence au
moins à un sens particulier, tel que celui de la
vue , et de contenir , en un seul foyer, le centre
de rapport des nerfs; elle n'eut pas encore par là

terminé le complément des parties que peut offrir
ce système. Effectivement, elle s'occupa long-
temps encore du développement graduel du cerveau, et parvint à y ébaucher le sens de l'ouïe,
dont les premières traces se montrent dans les
crustacés et dans les *mollusques*. Mais ce n'est
toujours là qu'un cerveau très-simple, lequel
paroît être la base de l'organe du sentiment,
puisque les nerfs sensitifs et ceux des sens particuliers existans viennent tous s'y réunir.

En effet, le ganglion terminal qui constitue le
cerveau des *insectes*, et des animaux des classes
suivantes jusqu'aux *mollusques* inclusivement,
quoiqu'en général partagé par un sillon et en
quelque sorte bilobé, n'offre cependant aucune
trace de ces deux hémisphères plissés et *dévelop-*
pables, qui recouvrent et enveloppent, par leur
base, le véritable cerveau des animaux les plus
parfaits, c'est-à-dire, cette partie de l'ence-
phale qui contient le foyer du système sensitif:
conséquemment les fonctions qui sont propres aux
organes nouveaux et accessoires que je viens de
citer, ne sauroient s'exécuter dans aucun des
animaux sans vertèbres.

Le système nerveux, complet dans toutes ses parties, donne lieu au mouvement musculaire, au sentiment, aux émotions intérieures et à l'intelligence.

Ce n'est que dans les animaux à vertèbres que la nature a pu compléter, dans toutes ses parties, le *système nerveux*; et c'est probablement dans les plus imparfaits de ces animaux (dans les *poissons*) qu'elle a commencé à esquisser l'organe accessoire du cerveau, qui se compose de deux hémisphères plicatiles, opposés l'un à l'autre, mais réunis par leur base, dans laquelle le cerveau proprement dit, qui doit être constitué par la présence du centre sensitif, est en quelque sorte confondu.

Cet organe accessoire qui, lorsqu'il est bien développé, donne aux animaux qui le possèdent des facultés admirables, reposant sur le cerveau, l'enveloppant même dans sa base, et paroissant se confondre avec lui, n'en a pas été distingué; car on donne généralement le nom de *cerveau* à toute la masse médullaire qui se trouve renfermée dans la cavité du crâne, quelque soient les parties distinctes qu'elle nous présente. Il est cependant nécessaire de distinguer du cerveau proprement dit, quelque difficile que soit cette distinction, l'organe accessoire dont il s'agit; parce que cet organe exécute des fonctions qui lui sont

tout-à-fait particulières, et qu'il n'est pas essentiel à l'existence du cerveau, ni même à la conservation de la vie. Il mérite donc un nom particulier, et je crois pouvoir lui assigner celui d'*hypocéphale*.

Or, cet *hypocéphale* est l'organe spécial dans
lequel se forment les idées et tous les actes de
l'intelligence ; et le *cerveau* proprement dit, cette
partie de la masse médullaire principale qui
contient le centre de rapport des nerfs, et à laquelle les nerfs des sens particuliers viennent se
réunir, ne sauroit lui seul donner lieu à de semblables phénomènes.

Si l'on considère comme *cerveau* la masse médullaire qui sert de point de réunion aux différens nerfs, qui contient leur centre de rapport,
en un mot, qui embrasse le foyer d'où le fluide
nerveux est envoyé aux différentes parties du
corps, et celui où il est rapporté lorsqu'il effectue
quelque sensation; alors il sera vrai de dire que
le cerveau, même dans les animaux les plus parfaits, est toujours fort petit. Mais lorsque ce cerveau est muni de deux hémisphères, comme il
se trouve dans leur base, qu'il y est en quelque
sorte confondu, et que ces hémisphères plicatiles peuvent devenir fort grands, l'usage est de
donner le nom de cerveau a toute la masse médullaire renfermée dans la cavité du crâne. Il en
résulte

résulte que l'on regarde, en général, toute cette masse médullaire comme ne constituant qu'un seul et même organe ; tandis qu'au contraire, elle en comprend deux qui sont essentiellement distincts par la nature de leurs fonctions.

Il est si vrai que les hémisphères sont des organes particuliers, ajoutés comme accessoires au cerveau, qu'ils ne sont nullement essentiels à son existence, ce dont quantité de faits connus, relatifs à la possibilité de leur lésion, et même de leur destruction, ne nous permettent plus de douter. En effet, à l'égard des fonctions qu'exécutent ces hémisphères, l'on sent qu'une émission du fluide nerveux qui, de son réservoir ou foyer commun, se dirige dans ses mouvemens vers ces organes, les met à portée d'opérer chacun ces fonctions auxquelles ils sont propres. Aussi peut-on assurer que ce ne sont nullement les hémisphères qui envoient eux-mêmes au *système nerveux* le fluide particulier qui le met dans le cas d'agir ; car alors le système entier en seroit dépendant, ce qui n'est pas.

Il résulte de ces considérations : que tout animal qui possède un *système nerveux*, n'est pas nécessairement muni d'un cerveau, puisque c'est la faculté de donner immédiatement naissance à quelque sens, au moins à celui de la vue, qui caractérise ce dernier ; que tout animal qui pos-

sède un cerveau, ne l'a pas essentiellement accompagné de deux hémisphères plicatiles ; car
la petitesse de sa masse dans les animaux des six
dernières classes des invertébrés, indique qu'il
ne peut servir qu'à la production du mouvement
musculaire et du sentiment, et non à celle des
actes de l'intelligence; enfin, que tout animal
dont le cerveau est surmonté de deux hémisphères plicatiles, jouit du mouvement musculaire,
du sentiment, de la faculté d'éprouver des émotions intérieures, et en outre, de celle de se
former des idées, d'exécuter des comparaisons,
des jugemens, en un mot, d'opérer différens
actes d'intelligence, selon le degré de développement de son *hypocéphale.*

En y donnant beaucoup d'attention, on sentira,
lorsqu'on pense ou qu'on réfléchit, que les opérations qui donnent lieu aux pensées, aux méditations, etc., s'exécutent dans la partie supérieure et antérieure du cerveau, c'est-à-dire,
dans les masses médullaires réunies qui forment
ses deux hémisphères plicatiles; enfin, on dis-
tinguera qu'à cet égard, les opérations dont
il s'agit, ne se font point dans la base de l'organe en question, non plus que dans sa partie
postérieure et inférieure. Les deux hémisphères
du cerveau, constituant ce que je nomme l'*hypocéphale,* sont donc réellement les organes parti-

culiers dans lesquels se produisent les actes de
l'intelligence. Aussi, lorsqu'on exécute des pensées, et qu'on fixe son attention trop long-temps
de suite, ressent-on de la douleur à la tête, particulièrement dans celles de ses parties que je
viens de citer.

On voit, d'après ces différentes considérations
que, parmi les animaux qui ont un système
nerveux :

1°. Ceux qui manquent de cerveau, et conséquemment de sens particuliers et d'un centre de
rapport unique pour les nerfs, ne jouissent pas
du *sentiment*, mais seulement de la faculté de
mouvoir leurs parties par de véritables muscles ;

2°. Ceux qui ont un cerveau et quelques sens
particuliers, mais dont le cerveau manque de
ces hémisphères plicatiles qui constituent l'*hypocéphale*, ne reçoivent de leur *système nerveux*
que deux ou trois facultés ; savoir : celle d'exécuter des mouvemens musculaires, celle de pouvoir éprouver des sensations, c'est-à-dire, des
perceptions simples et fugitives, lorsque quelque
objet les affecte, et peut-être aussi celle d'éprouver des émotions intérieures ;

3°. Enfin, ceux qui ont un cerveau muni de
l'*hypocéphale*, qui n'en est que l'accessoire, jouissent du mouvement musculaire et du sentiment,
de la faculté de s'émouvoir, et peuvent, en outre,

à l'aide d'une condition essentielle (l'*attention*),
se former des idées imprimées sur l'organe,
comparer entre elles plusieurs de ces idées, et
produire des jugemens; et si les hémisphères
accessoires de leur cerveau sont développés et
perfectionnés, ils peuvent penser, raisonner,
inventer, et exécuter différens actes d'intelligence.

Il est, sans doute, très-difficile de concevoir
comment se forment les impressions qui gravent
les idées; et il est surtout impossible de rien
apercevoir dans l'organe qui indique leur
existence. Mais que peut-on en conclure, sinon
que l'extrême délicatesse de ces traits, et que
les bornes de nos facultés en sont la cause? Dira-
t-on que tout ce que l'homme ne peut apercevoir n'existe pas! Il nous suffit ici que la *mémoire*
soit un sûr garant de l'existence de ces impressions dans l'organe où elle exécute ses actes.

S'il est vrai que la nature ne fait rien subitement ou d'un seul jet, on sent que pour produire
toutes les facultés qu'on observe dans les animaux les plus parfaits, il lui a fallu créer successivement tous les organes qui peuvent donner
lieu à ces facultés; et c'est, en effet, ce qu'elle a
exécuté avec beaucoup de temps, et à l'aide de
circonstances qui y ont été favorables.

Certes, cette marche est celle qu'elle a suivie;

et on ne peut lui en substituer aucune autre sans
sortir des idées positives que la nature nous fournit à mesure que nous l'observons.

Ainsi, dans l'organisation animale, le *système
nerveux* fut créé à son tour comme les autres systèmes particuliers ; et il ne put l'être que dans
la seule circonstance où l'organisation se trouvoit
assez avancée dans sa composition, pour que les
trois sortes de substances qui composent ce système aient pu être formées et déposées dans
les lieux qui offrent les organes qui le constituent.

Il est donc très-inconvenable de vouloir trouver le système dont il s'agit, ainsi que les facultés qu'il procure, dans des animaux aussi simples
en organisation, et aussi imparfaits que les *infusoires* et les *polypes* ; car il est impossible que des
organes aussi composés que ceux de ce système,
puissent exister dans l'organisation des animaux
que je viens de citer.

Je le répète : de même que les organes spéciaux que possèdent les animaux, dans leur organisation, furent formés successivement, de
même aussi chacun de ces organes fut composé,
complété et perfectionné progressivement, à mesure que l'organisation animale parvint à se compliquer ; en sorte que le *système nerveux*, considéré dans les différens animaux qui on sont mu-

nis, se présente dans les trois principaux états
suivans.

A sa naissance, où il est dans sa plus grande
imperfection , ce système paroît ne consister
qu'en divers ganglions séparés, qui communiquent
entre eux par des filets, et qui en envoient d'autres à certaines parties du corps : alors il n'offre
point de cerveau , et ne peut donner lieu, ni à la
vue , ni à l'ouïe , ni peut-être à aucune sensation
véritable ; mais il possède déjà la faculté d'exciter le mouvement musculaire. Tel est apparemment le *système nerveux* des *radiaires*, si les
observations citées dans la première partie de
cet ouvrage (chap. VIII , pag. 291), ont quelque
fondement.

Plus perfectionné , le *système nerveux* présente
une moelle longitudinale noueuse et des filets nerveux qui aboutissent aux nœuds de cette moelle :
dès lors le ganglion qui termine antérieurement
ce cordon noueux, peut être regardé comme un
petit cerveau déjà ébauché , puisqu'il donne naissance à l'organe de la vue , et ensuite à celui de
l'ouïe ; mais ce petit cerveau est encore simple et
privé de l'*hypocéphale*, c'est-à-dire , de ces hémisphères plicatiles qui ont des fonctions particulières à exécuter. Tel est le *système nerveux* des
insectes, des *arachnides* et des *crustacés* ; animaux qui ont des yeux , et dont les derniers cités

offrent déjà quelques vestiges de l'ouïe : tel est encore celui des *annelides* et des *cirrhipèdes*, dont les uns possèdent des yeux, tandis que les autres en sont privés par des causes déjà exposées dans le chap. VII de la première partie.

Les *mollusques*, quoique plus avancés dans la composition de leur organisation que les animaux dont je viens de parler, se trouvant dans le passage d'un changement de plan de la part de la nature, n'ont ni moelle longitudinale noueuse, ni moelle épinière ; mais ils offrent un cerveau, et plusieurs d'entre eux paroissent posséder le plus perfectionné des cerveaux simples, c'est-à-dire, des cerveaux qui sont dépourvus d'hypocéphale, puisqu'au leur aboutissent les nerfs de plusieurs sens particuliers. S'il en est ainsi, dans tous les animaux, depuis les *insectes* jusqu'aux *mollusques* inclusivement, le *système nerveux* produit le mouvement musculaire et donne lieu au sentiment ; mais il ne sauroit permettre la formation des idées.

Enfin, beaucoup plus perfectionné encore, le *système nerveux* des animaux vertébrés offre une moelle épinière, des nerfs et un cerveau dont la partie supérieure et antérieure est munie accessoirement de deux hémisphères plicatiles, plus ou moins développés, selon l'état d'avancement du nouveau plan. Alors ce système donne lieu non-

seulement au mouvement musculaire, au sentiment et à la faculté d'éprouver des émotions intérieures, mais, en outre, à la formation des
idées, qui sont d'autant plus nettes et peuvent être
d'autant plus nombreuses, que ces hémisphères
ont reçu de plus grands développemens.

Ainsi, comment supposer que la nature qui,
dans toutes ses productions, procède toujours
par degrés progressifs, ait pu, en commençant
l'établissement du *système nerveux*, lui donner
toutes les facultés qu'il possède lorsqu'il a acquis son complément et atteint sa plus grande
perfection !

D'ailleurs, comme la faculté de sentir n'est nullement le propre d'aucune substance du corps
animal, nous verrons que le mécanisme nécessaire à la production du *sentiment* est trop
compliqué pour permettre au *système nerveux*,
lorsqu'il est dans sa plus grande simplicité, d'a-
voir d'autre faculté que celle d'exciter le mouvement musculaire.

J'essayerai de faire connoître, dans le chap. IV,
quelle est la puissance qui a les moyens de produire et de diriger les émissions du fluide nerveux, soit aux hémisphères du cerveau, soit aux
autres parties du corps : ici, je dirai seulement
que l'envoi du fluide dont il s'agit aux hémisphères du cerveau, y opère des fonctions très-

différentes de celles que le même fluide envoyé
aux muscles et aux organes vitaux y exécute.

Telle est l'exposition, succincte et générale,
du *système nerveux*, de la nature de ses parties, des conditions qui furent nécessaires pour
sa formation, et des quatre sortes de fonctions
qu'il exécute lorsqu'il a acquis son complément
et son perfectionnement.

Sans entreprendre de rechercher comment
l'influence nerveuse peut mettre les muscles
en action et fournir à l'exécution des fonctions
de différens organes, je dirai que c'est probablement en provoquant l'*irritabilité* des parties, que cette fonction du *système nerveux* se
trouve exécutée.

Mais relativement à celle des fonctions de ce
système, par laquelle il produit le sentiment, et
qu'avec raison l'on regarde comme la plus étonnante et la plus difficile à concevoir, j'essayerai
d'en exposer le mécanisme dans le chap. III. Je
ferai ensuite la même chose à l'égard de la quatrième fonction du même système, c'est-à dire,
de celle par laquelle il produit des idées, des
pensées, etc., fonction plus étonnante encore que
celle qui donne lieu au sentiment.

Cependant, ne voulant rien présenter dans cet
ouvrage qui ne soit appuyé sur des faits ou sur
des observations qui m'y autorisent, je vais aupa-

ravant considérer le *fluide nerveux*, et montrer
que loin de n'être qu'un produit de l'imagination,
ce fluide se manifeste par des effets que lui seul
peut produire, et qui ne peuvent permettre le
moindre doute sur son existence.

CHAPITRE II.

Du Fluide nerveux.

Une matière subtile, remarquable par la célérité de ses mouvemens, et qu'on néglige de
considérer, parce qu'il n'est pas en notre pouvoir de l'observer directement nous-mêmes, de
nous la procurer, et de la soumettre à nos expériences ; cette matière, dis-je, est l'agent le
plus singulier, et en même temps l'instrument
le plus admirable que puisse employer la nature
pour produire le mouvement musculaire, le sentiment, les émotions intérieures, les idées, et les
actes d'intelligence dont quantité d'animaux sont
susceptibles.

Or, comme il nous est possible de connoître
cette matière par les effets qu'elle produit, il
importe que nous la prenions en considération,
dès le commencement de la troisième partie de
cet ouvrage ; car le fluide qu'elle constitue étant
le seul qui soit capable d'opérer les phénomènes
qui excitent tant notre admiration, si nous refu-
sons de reconnoître son existence et ses facultés,
il nous faudra donc abandonner toute recherche
sur les causes physiques de ces phénomènes,

et recourir de nouveau à des idées vagues et
sans base, pour satisfaire notre curiosité à leur
égard.

Relativement à la nécessité où l'on se trouve
de rechercher dans les effets qu'il produit, la
connoissance du fluide dont il est question, n'est-
ce pas maintenant une chose reconnue, qu'il
existe dans la nature différentes sortes de matières qui échappent à nos sens, dont nous ne
pouvons nous emparer, et qu'il nous est impossible de retenir et d'examiner à notre gré ; des
matières d'une ténuité et d'une subtilité si considérables, qu'elles ne peuvent manifester leur
existence que dans certaines circonstances, et
qu'au moyen de quelques-uns de leurs résultats
qu'avec beaucoup d'attention nous parvenons à
saisir ; des matières, en un mot, dont nous ne
pouvons, jusqu'à un certain point, reconnoître
la nature, que par des inductions et des déterminations d'analogie, que la réunion d'un grand
nombre d'observations peut seule nous faire
obtenir ? Cependant l'existence de ces matières
nous est prouvée par les résultats qu'elles seules
peuvent produire ; résultats qu'il nous importe
tant de considérer dans différens phénomènes
dont nous recherchons les causes.

Dira-t-on que, puisque nous possédons si peu
de moyens pour déterminer, avec la précision

et l'évidence que toute démonstration exige , la
nature et les qualités de ces matières, tout homme
sage , et qui fait cas seulement des connoissances
exactes , doit négliger leur considération ?

Peut-être me trompé-je ; mais j'avouerai que
je ne suis point du tout de cet avis ; au contraire ,
je suis fermement persuadé que ces mêmes matières jouant un rôle important dans la plupart
des faits physiques que nous observons, et surtout dans le plus grand nombre des phénomènes
organiques que les corps vivans nous présentent ,
leur considération est du plus grand intérêt pour
l'avancement de nos connoissances à l'égard de
ces faits et de ces phénomènes.

Ainsi , quoiqu'il soit impossible de connoître
directement toutes les matières subtiles qui existent dans la nature , renoncer à des recherches
relatives à certaines d'entre elles , ce seroit, à ce
qu'il me semble, refuser de saisir le seul fil que
nous offre la nature pour nous conduire à la connoissance de ses lois ; ce seroit renoncer aux
progrès réels de celle que nous possédons sur les
corps vivans , ainsi que sur les causes des phénomènes que nous observons dans les fonctions
de leurs organes ; et ce seroit , en même temps ,
renoncer à la seule voie qui puisse nous procurer les moyens de perfectionner les théories physiques et chimiques que nous pouvons former.

On verra bientôt que ces considérations ne sont point étrangères à mon objet, qu'il est nécessaire d'y avoir égard, et qu'elles s'appliquent parfaitement à ce que j'ai à dire sur le *fluide nerveux* qu'il nous est si intéressant de connoître.

Nos observations étant maintenant trop avancées pour nous permettre de contester solidement ou de révoquer en doute l'existence d'un fluide subtil qui circule et se meut dans la substance pulpeuse des nerfs, voyons, sur ce sujet délicat et difficile, ce qu'il est possible de proposer de vraisemblable d'après l'état actuel des connoissances.

Mais avant de parler du *fluide nerveux*, il est très-important de présenter la proposition suivante :

Tous les fluides *visibles*, contenus dans le corps d'un animal, tels que le sang ou ce qui en tient lieu, la lymphe, les fluides sécrétés, etc., se meuvent avec trop de lenteur dans les canaux ou les parties qui les contiennent, pour pouvoir être capables de porter, avec la célérité nécessaire, le mouvement ou la cause du mouvement qui produit les actions des animaux ; ces actions, dans quantité d'animaux où on les observe, s'exécutant avec une promptitude et une vivacité surprenantes, et ces animaux les interrompant, les reprenant et les variant avec toutes les nuances d'irrégularité possibles. La moindre réflexion doit suffire pour nous faire comprendre qu'il est absolument impossible que des fluides aussi grossiers que ceux que je viens de citer, et dont les mouvemens sont, en général, assez réguliers, puissent être la cause des actions diverses des animaux. Cependant, tout ce qu'on observe en eux, résulte de relations entre leurs fluides contenus, ou ceux de ces fluides qui les pénètrent, et leurs parties contenantes, ou les organes affectés par ces fluides contenus.

Assurément, ce ne peut être qu'un fluide presqu'aussi prompt que l'éclair, dans ses mouvemens et ses déplacemens, qui puisse opérer des effets semblables à ceux que je viens d'indiquer ; or, nous connoissons maintenant des fluides qui ont cette faculté.

Comme toute action est toujours le produit d'un mouvement quelconque, et qu'assurément c'est par un mouvement, quel qu'il soit, que les nerfs agissent ; M. *Richerand* a discuté et réfuté solidement dans sa Physiologie (vol. II, pag. 144 et suiv.), l'opinion de ceux qui ont regardé les nerfs comme des cordes vibrantes. « Cette hypothèse, dit ce savant, est tellement absurde, qu'on a lieu d'être étonné de la longue faveur dont elle a joui. »

On seroit autorisé à dire la même chose de

l'hypothèse du mouvement de vibration, communiqué entre des molécules aussi molles et aussi
peu élastiques que celles de la pulpe médullaire
des nerfs, si quelqu'un la proposoit.

« Il est bien plus raisonnable, dit ensuite M. *Ri-*
cherand, de croire que les nerfs agissent au moyen
d'un fluide subtil, invisible, impalpable, auquel les anciens donnèrent le nom d'*esprits*
animaux. »

Enfin, plus loin, en considérant les qualités particulières du *fluide nerveux*, ce physiologiste
ajoute : « Ces conjectures n'ont-elles pas acquis
un certain degré de probabilité, depuis que l'analogie du galvanisme avec l'électricité, d'abord
présumée par l'auteur de cette découverte, a
été confirmée par les expériences si curieuses de
VOLTA, répétées, commentées, expliquées dans
ce moment par tous les physiciens de l'Europe? »

Quelqu'évidente que soit l'existence du fluide
subtil au moyen duquel les nerfs agissent, il y aura
long-temps, et peut-être toujours, des hommes
qui la contesteront; parce qu'on ne peut la prouver autrement que par les phénomènes que ce
fluide seul peut produire.

Cependant il me semble que lorsque tous les
effets de ce fluide dont il s'agit démontrent son
existence, il n'est nullement raisonnable de la
nier, par la seule raison qu'il nous est impossible
de

de voir ce fluide. Il est surtout très-inconvenable de le faire, lorsqu'on sait que tous les phénomènes organiques résultent uniquement de relations entre des fluides en mouvement et les organes qui donnent lieu à ces phénomènes. Enfin, cette inconvenance est bien plus grande encore, lorsqu'on est convaincu que les *fluides visibles* (le sang, la lymphe, etc.) qui arrivent et pénètrent dans la substance des nerfs et du cerveau, sont trop grossiers et ont trop de lenteur dans leurs mouvemens, pour pouvoir donner lieu à des actes aussi rapides que ceux qui constituent le mouvement musculaire, le sentiment, les idées, la pensée, etc.

D'après ces considérations, je reconnois que, dans tout animal qui possède un système nerveux, il existe dans les nerfs et dans les foyers médullaires auxquels ces nerfs aboutissent, un fluide invisible, très-subtil, contenable, et à peu près inconnu dans sa nature, parce qu'on manque de moyens pour l'examiner directement. Ce fluide, que je nomme *fluide nerveux*, se meut dans la substance pulpeuse des nerfs et du cerveau, avec une célérité extraordinaire, et cependant n'y forme, pour l'exécution de ses mouvemens, aucuns conduits perceptibles.

C'est par le moyen de ce fluide subtil que les nerfs agissent ; que le mouvement musculaire se

met en action; que le sentiment se produit; et
que les hémisphères du cerveau exécutent tóus
les actes d'intelligence auxquels, selon leurs développemens, ils ont la faculté de donner lieu.

Quoique la nature propre du *fluide nerveux* ne
nous soit pas bien connue, puisque nous ne pouvons l'apprécier que par ses effets; depuis la découverte du *galvanisme*, il devient de plus en
plus probable qu'elle est très-analogue au fluide
électrique. Je suis même persuadé que c'est ce
fluide électrique qui a été modifié dans l'économie animale, s'y étant en quelque sorte animalisé par son séjour dans le sang, et s'y étant assez
changé pour devenir contenable et se maintenir
uniquement dans la substance médullaire des
nerfs et du cerveau, à laquelle le sang en fournit
sans cesse.

Pour pouvoir dire que le *fluide nerveux* n'est
que de l'électricité modifiée par son séjour dans
l'économie animale, je me fonde sur ce que ce *fluide
nerveux*, quoique fort ressemblant par ses effets à
plusieurs de ceux que produit le fluide électrique,
s'en distingue néanmoins par quelques qualités
particulières, parmi lesquelles celle de pouvoir
être retenu dans un organe, et de s'y mouvoir,
soit dans un sens, soit dans un autre, paroît lui
être propre.

Le *fluide nerveux* est donc réellement distinct

du fluide électrique ordinaire, puisque celui-ci traverse sans s'arrêter, et avec sa célérité connue, toutes les parties de notre corps, lorsqu'on forme la chaîne dans la décharge, soit d'une bouteille de Leyde, soit d'un conducteur électrique.

Il est même différent du fluide galvanique obtenu et mis en action par la pile de *Volta* : en effet, ce dernier, qui n'est encore que le fluide électrique lui-même, mais agissant avec moins de masse, de densité et d'activité que le fluide électrique que l'on dégage de la bouteille de Leyde, ou d'un conducteur chargé, reçoit de la circonstance dans laquelle il se trouve, quelques qualités ou facultés qui le distinguent du fluide électrique rassemblé et condensé par nos moyens ordinaires. Aussi ce fluide galvanique exerce-t-il plus d'action sur nos nerfs et sur nos muscles que le fluide électrique ordinaire : cependant le fluide galvanique dont il est question, n'étant point animalisé, c'est-à-dire, n'ayant point reçu l'influence que son séjour dans le sang (surtout dans le sang des animaux à sang chaud) lui fait acquérir, ne possède pas toutes les qualités du *fluide nerveux*.

Le *fluide nerveux* des animaux à sang froid étant moins animalisé, se trouve plus voisin du fluide électrique ordinaire, et surtout du fluide galvanique. C'est ce qui est cause que nos expé-

riences galvaniques produisent sur les parties des
animaux à sang froid, comme les grenouilles,
des effets très-énergiques; et que dans certains
poissons, comme la *torpille*, la *gymnote* et le
silure trembleur, un organe électrique bien prononcé, y montre l'électricité tout-à-fait appro-
priée à l'animal pour ses besoins. Voyez dans les
Annales du Muséum d'Histoire naturelle, vol. I,
pag. 392, l'intéressant Mémoire de M. Geoffroi
sur ces poissons.

Malgré les modifications que le fluide électrique a reçues dans l'économie animale, et qui
l'ont amené à l'état de *fluide nerveux*, il a conservé néanmoins, en très-grande partie, son extrême subtilité, et son aptitude aux prompts déplacemens; qualités qui le rendent propre à l'exécution des fonctions qu'il doit exercer pour satisfaire aux besoins de l'animal.

Ce fluide électrique pénétrant sans cesse dans
le sang, soit par la voie de la respiration, soit
par toute autre, s'y modifie graduellement, s'y
animalise, et acquiert, enfin, les qualités de
fluide nerveux. Or, il paroît qu'on peut regarder les ganglions, la moelle épinière, et surtout
le cerveau avec ses accessoires, comme constituant les organes sécrétoires de ce fluide animal.

En effet, il y a lieu de penser que la substance
propre des nerfs qui, par suite de sa nature *albu-*

mino-gélatineuse, est meilleure conductrice du *fluide nerveux,* que toute autre substance du corps, et surtout que les membranes *aponévrotiques* qui enveloppent les filets et les cordons nerveux, soutire continuellement des dernières artérioles sanguines, le fluide subtil dont il est question et que le sang a préparé. Ce sont, sans doute, ces dernières artérioles et les veinules qui les accompagnent, qui donnent lieu à la couleur grise de la partie externe et comme corticale de la substance médullaire.

Ainsi se produit sans cesse dans les animaux qui ont un système nerveux, le fluide invisible et subtil qui se meut dans la substance de leurs nerfs et dans les foyers médullaires où ces nerfs aboutissent.

Ce *fluide nerveux* agit dans les nerfs par deux sortes de mouvemens très-opposés; et, en outre, il exécute, dans les hémisphères du cerveau, une multitude de mouvemens divers que les actes de ces organes rendent probables, mais que nous ne saurions déterminer.

Dans les nerfs destinés à opérer des sensations, on sait que ce fluide se meut de la circonférence, c'est-à-dire, des parties extérieures du corps, vers le centre, ou plutôt vers le foyer qui produit les sensations; et comme les individus qui ont un système nerveux peuvent aussi éprouver des impressions intérieures , le fluide dont il s'agit se meut alors dans les nerfs des parties intérieures, en se dirigeant pareillement vers le foyer des sensations.

Au contraire , dans les nerfs destinés à la production du *mouvement musculaire* , soit de celui qui se fait sans la volonté de l'animal , soit de celui que cette volonté seule fait exécuter , le *fluide nerveux* se meut du centre ou de son foyer commun, vers les parties qui doivent agir.

Dans les deux cas que je viens de citer , relativement au mouvement du *fluide nerveux* dans les nerfs, et, en outre , aux divers mouvemens qu'il peut exécuter dans le cerveau , l'emploi de ce même fluide , mis en action , en fait consommer une partie qui se dissipe et se trouve perdue pour l'animal. Cette perte exigeoit donc la réparation que le sang , en bon état , en fait continuellement.

Une remarque importante à faire pour l'intelligence des phénomènes de l'organisation , est la suivante :

Les individus qui ne consomment du *fluide nerveux* que pour la production du mouvement musculaire , réparent leurs pertes a cet egard avec abondance, et même avec profit pour l accroissement de leurs forces ; parce que ce mouvement musculaire hâte la circulation et les autres mouvemens organiques, et qu'alors les sécrétions, réparatrices du fluide consommé, sont promptes et abondantes aux époques des repos.

Au contraire, les individus qui ne consomment du *fluide nerveux* que pour la production des actes qui dépendent de l'hypocéphale, tels que les pensées soutenues, les méditations profondes, les agitations d'esprit que les passions produisent, etc., ne réparent leurs pertes à cet égard qu'avec lenteur et souvent qu'incomplétement; parce que le mouvement musculaire restant alors presque sans action, tous les mouvemens organiques s'affoiblissent, les facultés des organes perdent de leur énergie, et les sécrétions, réparatrices du *fluide nerveux* consommé, deviennent moins abondantes, et les repos d'esprit très-difficiles.

Le *fluide nerveux*, dans le cerveau, ne se borne pas à y apporter du foyer des sensations les sensations mêmes, et à y subir des mouvemens divers; mais il y produit aussi des impressions qui se gravent sur l'organe, et qui y subsistent plus ou moins long-temps, selon leur profondeur.

Cette assertion n'est pas un de ces produits monstrueux qu'enfante l'imagination : en examinant rapidement les principaux actes de l'intelligence, j'essayerai de prouver qu'elle est très-fondée, et qu'on sera forcé de la reconnoître pour une de ces vérités auxquelles cependant on ne peut arriver que par des *inductions* incontestables.

Je terminerai ce que j'avois à dire sur le fluide singulier dont il est question, par quelques considérations qui peuvent répandre beaucoup de lumières sur diverses fonctions organiques qui s'exécutent à l'aide de ce fluide.

Toutes les parties du *fluide nerveux* communiquent ensemble dans le système d'organes qui les contient; en sorte que, selon les causes qui l'excitent, ce fluide ne se meut, tantôt que dans certaines portions comme isolées de sa masse, et tantôt presque toute sa masse, ou du moins toute celle qui est libre, se trouve en mouvement.

Ainsi donc, le fluide dont il s'agit se meut dans certaines portions et même dans de petites portions de sa masse :

1°. Lorsqu'il fournit à l'excitation musculaire, soit celle qui est indépendante de l'individu, soit celle qui en est dépendante;

2°. Lorsqu'il exécute quelqu'acte d'intelligence.

Le même fluide, au contraire, se meut dans toutes les parties de sa masse libre :

1°. Lorsque, subissant un mouvement général de réaction, il produit une *sensation* quelconque ;

2°. Toutes les fois qu'éprouvant un ébranlement général sans former de réaction, il cause les émotions du *sentiment intérieur.*

Ces distinctions relatives aux mouvemens que peut éprouver le *fluide nerveux* dans le système d'organes qui le contient, ne sauroient être prouvées par des expériences particulières ; au moins je n'en aperçois pas les moyens ; mais l'on trouvera probablement qu'elles sont fondées, si l'on prend fortement en considération les observations que j'expose dans cette troisième partie de ma Philosophie Zoologique, sur les différentes fonctions du système nerveux.

On pourra surtout se convaincre du fondement de ces distinctions, si l'on considère :

1°. Que l'influence nerveuse qui met les muscles en action, n'exige qu'une simple émission d'une portion du *fluide nerveux* sur les muscles qui doivent agir, et qu'ici le fluide subtil en question n'agit que comme excitateur ;

2°. Que, dans les actes de l'intelligence, les parties de l'organe de l'entendement ne sont que passives ; ne sauroient réagir à cause de leur extrême mollesse ; ne reçoivent point d'excitation de la part du *fluide nerveux*, mais seulement des impressions dont elles conservent les traces, la portion de ce fluide, qui s'agite dans les diverses parties de cet organe, y modifiant ses mouvemens par l'influence des traits qui s'y trouvent gravés, et y en traçant d'autres; en sorte que l'organe de l'entendement, qui n'a qu'une communication étroite avec le reste du système nerveux, n'emploie, dans ses actes, qu'une portion du fluide de tout le système; enfin, qu'il résulte de l'étroite communication citée, que cette portion du *fluide nerveux*, contenue dans l'organe de l'intelligence, n'est exposée à partager l'ébranlement général qui s'exécute dans les émotions du sentiment intérieur, et dans la formation des sensations, que lorsque cet ébranlement est d'une intensité extrême; ce qui trouble alors presque toutes les fonctions et les facultés du système.

Il est donc vraisemblable, d'après tout ce que je viens d'exposer, que la totalité du *fluide nerveux* sécrété et contenu dans le système, n'est pas à la disposition du sentiment intérieur de l'individu, et qu'une partie de ce fluide est, en quelque sorte, en réserve pour fournir continuellement à l'exécution des fonctions vitales. Ainsi, de même qu'il y a des muscles indépendans de la volonté, tandis que d'autres n'entrent en action que lorsque le sentiment intérieur ému par la volonté ou par quelqu'autre cause, les y excite ; de même, sans doute, une partie du *fluide nerveux* se trouve moins à la disposition de l'individu que l'autre, afin de n'être point exposée à l'épuisement, et de pouvoir fournir sans cesse aux fonctions vitales.

Effectivement, le *fluide nerveux* n'étant jamais employé sans qu'il s'en consomme proportionnellement à son emploi, il étoit nécessaire que l'individu n'en pût consommer à son gré que la portion dont il peut disposer : il y a même, pour lui, de grands inconvéniens lorsqu'il épuise trop cette portion ; car alors une partie de celle en réserve devenant disponible, ses fonctions vitales en souffrent d'autant plus.

J'aurai plus loin différentes occasions de développer et d'éclaircir ces diverses considérations relatives au *fluide nerveux*; mais auparavant examinons quel peut être le mécanisme des sensations, et voyons comment se produit l'admirable faculté de *sentir*.

CHAPITRE III.

De la Sensibilité physique et du Mécanisme des Sensations.

Comment concevoir qu'aucune partie quelconque d'un corps vivant puisse avoir en elle-même la faculté de sentir, lorsque toute matière, quelle qu'elle soit, ne jouit nullement et ne sauroit jouir d'une pareille faculté !

Certes, c'étoit commettre une grande erreur que de supposer que les animaux, et même les plus parfaits d'entre eux, avoient certaines de leurs parties douées du sentiment. Assurément, les humeurs ou les fluides quelconques des corps vivans, non plus que leurs parties solides, quelles qu'elles puissent être, ne possèdent pas la faculté de sentir.

Ce n'est que par un véritable prestige que chaque partie de notre corps, considérée isolément, nous paroît sensible ; car c'est notre *être* en entier qui sent, ou plutôt, qui subit un effet général, à la provocation de toute cause *affectante* qui y donne lieu ; et comme cet effet se rapporte toujours à la partie qui fut affectée, nous en recevons dans l'instant la perception, à laquelle nous donnons le nom de *sensation*, et nous supposons, par illusion, que c'est cette partie affectée de notre corps qui ressent l'impression qu'elle a reçue, tandis que c'est l'émotion du système entier de sensibilité qui y rapporte l'effet général que ce système a éprouvé.

Ces considérations pourront paroître étranges, et même paradoxales, tant elles sont éloignées de tout ce que l'on a pensé à cet égard. Cependant, si l'on suspendoit le jugement que l'on porte en général sur ces objets, pour donner quelque attention aux motifs sur lesquels je fonde l'opinion que je vais développer, on reviendroit, sans doute, sur l'idée d'attribuer la faculté de sentir à aucune partie quelconque d'un corps vivant. Mais avant de présenter l'opinion dont il s'agit, il est nécessaire de déterminer quels sont les animaux qui jouissent de la faculté de sentir, et quels sont ceux en qui une pareille faculté ne peut se rencontrer.

D'abord, j'établirai ce principe : toute faculté que possèdent les animaux, est nécessairement le produit d'un acte organique et par conséquent d'un mouvement qui y donne lieu ; et si cette faculté est particulière, elle résulte de la fonction d'un organe ou d'un système d'organes qui alors est particulier : mais aucune partie du corps animal, restant dans l'inaction, ne sauroit occasionner le moindre phénomène organique, ni donner lieu à la moindre faculté. Aussi, le *sentiment*, qui est une faculté, n'est-il le propre d'aucune partie quelconque, mais le résultat de la fonction organique qui le produit.

Je conclus du principe que je viens d'émettre, que toute faculté, provenant des fonctions d'un organe particulier qui seul peut y donner lieu, n'existe que dans les animaux qui possèdent cet organe. Ainsi, de même que tout animal qui n'a point d'yeux ne sauroit voir; de même aussi, tout animal qui manque de système nerveux ne sauroit sentir.

En vain objecteroit-on que la lumière fait des impressions remarquables sur certains corps vivans qui n'ont point d'yeux et qu'elle affecte néanmoins : il sera toujours vrai que les végétaux, et que quantité d'animaux, tels que les *polypes* et bien d'autres, ne voient point, quoiqu'ils se dirigent vers le côté d'où vient la lumière ; et que les animaux ne sont pas tous doués du sentiment, quoiqu'ils exécutent des mouvemens lorsque quelque cause les irrite ou irrite certaines de leurs parties.

On ne sauroit donc, avec fondement, attribuer aucune sorte de *sensibilité* (percevante ou latente) aux animaux qui manquent de système nerveux, en apportant pour raison que ces animaux ont des parties *irritables ;* et j'ai déjà prouvé, dans le chapitre IV de la seconde partie, que le *sentiment* et l'*irritabilité* étoient des phénomènes organiques d'une nature très-différente , et qui prenoient leur source dans des causes qui ne se ressemblent nullement. Effectivement, les conditions qu'exige la production du *sentiment* sont de toute autre nature que celles qui sont nécessaires à l'existence de l'*irritabilité*. Les premières nécessitent la présence d'un organe particulier , toujours distinct, compliqué et étendu dans tout le corps de l'animal , tandis que les secondes n'exigent aucun organe spécial , et ne donnent lieu qu'à un phénomène toujours isolé et local.

Mais les animaux qui possèdent un système nerveux, suffisamment développé , jouissent à la fois de l'*irritabilité* qui est le propre de leur nature , et de la faculté de *sentir ;* ils ont, sans pouvoir le remarquer , le sentiment intime de leur existence; et quoiqu'ils soient encore assujettis aux excitations de l'extérieur , ils agissent par une puissance interne que nous ferons bientôt connoître.

Dans les uns , cette puissance interne est dirigée, dans ses différens actes, par l'*instinct ,* c'est-à-dire , par les émotions intérieures que produisent les besoins , et par les penchans que font naître les habitudes; et dans les autres , elle l'est par une volonté plus ou moins libre.

Ainsi , la faculté de sentir est uniquement le

propre des animaux qui ont un système nerveux
sensitif; et comme elle donne lieu au sentiment
intime d'existence, nous verrons que ce dernier
sentiment procure à ces animaux la faculté d'agir
par des émotions qui leur causent des excitations
intérieures, et les mettent dans le cas de produire
eux-mêmes les mouvemens et les actions nécessaires à leurs besoins.

Mais qu'est-ce que la *sensibilité physique* ou la
faculté de sentir; qu'est-ce ensuite que le sentiment intérieur d'existence; quelles sont les causes
de ces phénomènes admirables; enfin, comment
le sentiment d'existence ou le sentiment intérieur
général peut-il donner lieu à une force qui fait
agir?

Après avoir mûrement considéré l'état des
choses à cet égard, et les prodiges auxquels il
donne lieu, voici mon opinion sur le premier de
ces sujets intéressans.

La faculté de recevoir des *sensations*, constitue ce que je nomme la *sensibilité physique*, ou
le sentiment proprement dit. Cette sensibilité doit
être distinguée de la *sensibilité morale*, qui est
tout autre chose, comme je le ferai voir, et qui
n'est excitée que par des émotions que produisent
nos pensées.

Les *sensations* proviennent; d'une part, des
impressions que des objets extérieurs ou hors de
nous

nous font sur nos sens; et de l'autre part, de celles
que des mouvemens intérieurs et désordonnés font
sur nos organes en y opérant des actions nuisi-
bles ; de là les douleurs internes. Or , ces sensations exercent notre *sensibilité physique* ou notre
faculté de sentir , nous font communiquer avec
ce qui est hors de nous , et nous avertissent, au
moins obscurément, de ce qui se passe dans notre
être.

Développons , maintenant , le *mécanisme des
sensations* en montrant , d'abord , l'harmonie qui
existe dans toutes les parties du système nerveux
qui le concernent, et ensuite le produit sur le système entier de toute impression formée sur quelqu'une de ces parties.

Mécanisme des Sensations.

Les *sensations ,* que nous rapportons, par illusion , aux lieux mêmes où se produisent les impressions qui les causent, s'exécutent dans un
système d'organes particulier qui fait toujours
partie du système nerveux, et que je nomme
système des sensations ou de sensibilité.

Le système des sensations se compose de deux
parties distinctes et essentielles , savoir :

1°. D'un foyer particulier que je nomme *foyer
des sensations ,* qu'il faut considérer comme un
centre de rapport , et où se rapportent effec-

tivement toutes les impressions qui agissent sur nous ;

2°. D'une multitude de nerfs simples , qui partent de toutes les parties sensibles du corps, et qui tous viennent se rendre et se terminer au foyer des sensations.

C'est avec un pareil système d'organes , dont l'harmonie est telle que toutes les parties du corps, ou à peu près, participent également à chaque impression faite sur certaines d'entre elles , que la nature est parvenue à donner à tout animal qui a un système nerveux , la faculté de sentir , soit ce qui l'affecte intérieurement , soit les impressions que les objets hors de lui font sur les sens dont il est doué.

Le foyer des sensations est peut-être divisé et multiple dans les animaux qui ont une *moelle longitudinale noueuse ;* cependant on peut soupçonner que le ganglion qui termine antérieurement cette moelle est un petit *cerveau* ébauché , puisqu'il donne immédiatement naissance au sens de la vue. Mais quant aux animaux qui ont une *moelle épinière ,* on ne sauroit douter que le foyer des sensations ne soit chez eux simple et unique ; et vraisemblablement ce foyer est situé à l'extrémité antérieure de cette moelle épinière , dans la base même de ce qu'on nomme le cerveau, et conséquemment sous les hémisphères.

Les nerfs sensitifs, qui arrivent de toutes les parties, aboutissant tous à un centre de rapport, ou à plusieurs de ces foyers qui communiquent les uns avec les autres, constituent l'*harmonie* du système des sensations, en ce qu'ils font participer toutes les parties de ce système aux impressions, soit isolées, soit communes, que l'individu peut éprouver.

Mais, pour bien concevoir le mécanisme admirable de ce système sensitif, il est nécessaire de se rappeler ce que j'ai déjà dit, savoir : qu'un fluide extrêmement subtil, dont les mouvemens, soit de translation, soit d'oscillation, qui se communiquent, sont presqu'aussi rapides que ceux de l'éclair, se trouve contenu dans les nerfs et leur foyer, et que c'est uniquement dans ces parties que ce fluide se meut librement.

Ensuite, que l'on considère que de cette *harmonie* du système des sensations, qui fait que toutes les parties de ce système correspondent entre elles, et font correspondre toutes celles de l'individu, il résulte que toute impression, tant intérieure qu'extérieure, que reçoit cet individu, produit aussitôt un ébranlement dans tout le système, c'est-à-dire, dans le fluide subtil qui y est contenu, et par conséquent dans tout son être, quoiqu'il ne puisse s'en apercevoir. Or, cet ébranlement subit donne lieu à l'instant à une *réaction* qui, rapportée de toutes parts au foyer commun, y occasionne un effet singulier, en un mot, une agitation dont le produit se propage ensuite, par le moyen du seul nerf non réagissant, sur le point même du corps qui fut d'abord affecté.

L'homme qui possède la faculté de se former des idées de ce qu'il éprouve, s'en étant fait une de cet effet singulier, qui se produit au foyer des sensations et se propage jusqu'au point affecté, lui a donné le nom de *sensation*, et a supposé que toute partie, qui recevoit une impression, avoit en elle-même la faculté de sentir. Mais le sentiment n'est nulle part ailleurs que dans l'idée réelle, ou la perception, qui le constitue, puisque ce n'est pas une faculté d'aucune des parties de notre corps, que ce n'est pas celle d'aucun de nos nerfs, que ce n'est pas même celle du foyer des sensations, et que c'est uniquement le résultat d'une émotion de tout le système de sensibilité, laquelle se rend perceptible dans un point quelconque de notre corps. Examinons avec plus de détail le mécanisme de cet effet singulier du *système de sensibilité*.

A l'égard des animaux qui ont une moelle épinière, il part de toutes les parties de leur corps, tant de celles qui sont les plus intérieures, que de celles qui avoisinent le plus sa surface, des filets nerveux d'une finesse extrême, qui, sans se diviser, ni s'anastomoser, vont se rendre au foyer des sensations. Or, dans leur route, malgré les réunions qu'ils forment avec d'autres, ces filets se propagent, sans discontinuité, jusqu'au foyer dont il s'agit, en conservant toujours leur gaîne particulière. Cela n'empêche pas que les cordons nerveux qui proviennent de la réunion de plusieurs de ces filets, n'aient aussi leur gaîne propre, de même que ceux de ces cordons qui se composent de la réunion de plusieurs d'entre eux.

Chaque filet nerveux pourroit donc porter le nom de la partie d'où il part ; car il ne transmet que les impressions faites sur cette partie.

Il ne s'agit ici que des nerfs qui servent aux *sensations :* ceux qui sont destinés au mouvement musculaire partent, vraisemblablement, d'un autre foyer, quel qu'il soit, et constituent, dans le système nerveux, un système particulier, distinct de celui des *sensations*, comme ce dernier l'est du système qui sert à la formation des idées et des actes de l'entendement.

A la vérité, par suite de la grande connexion qui existe entre le système des *sensations* et celui du mouvement musculaire, le sentiment et le mouvement, dans les paralysies, s'éteignent ordinairement dans les parties affectées ; néanmoins, on a vu la sensibilité tout-à-fait éteinte dans certaines parties du corps, qui jouissoient

encore, malgré cela, de la liberté des mouvemens (1) ; ce qui prouve que le système des
sensations et celui du mouvement sont réellement distincts.

Le mécanisme particulier qui constitue l'acte
organique d'où naît le *sentiment*, consiste donc :
En ce que l'extrémité d'un nerf recevant une
impression, le mouvement qu'en acquiert aussi-

---

(1) M. Hébréard rapporte, dans le Journal de Médecine,
de Chirurgie et de Pharmacie, qu'un homme, âgé de 5o ans,
a, depuis près de 14 ans, le bras droit affecté d'une insensi-
bilité absolue. Ce membre conserve néanmoins son agilité,
son volume et ses forces ordinaires. Il y est survenu un
phlegmon, avec chaleur, tumeur et rougeur, mais sans
douleur, même quand on le comprimoit.....

En travaillant, cet homme se fractura les os de l'avant-
bras, à leur tiers inférieur. Comme il ne sentit d'abord
qu'un craquement, il crut avoir cassé la pelle qu'il tenoit
à la main ; mais elle étoit intacte, et il ne s'aperçut de son
accident, que parce qu'il ne put continuer son travail. Le
lendemain le lieu de la fracture étoit gonflé ; la chaleur étoit
augmentée à l'avant-bras et à la main : néanmoins le malade
n'éprouva aucune douleur, même pendant les extensions
nécessaires pour réduire la fracture, etc.

L'auteur conclut de ce fait et des expériences semblables
faites par d'autres médecins, que la sensibilité est absolument distincte et indépendante de la contractilité,
etc., etc. *Journal de Médecine Pratique*, 15 juin 1808,
pag. 54o.

tôt le fluide subtil de ce nerf, est transmis au foyer des sensations, et de là dans tous les nerfs du système sensitif. Mais, dans l'instant même, le fluide nerveux réagissant de tous les nerfs à la fois, rapporte ce mouvement général au foyer commun, où le seul nerf qui n'apportoit aucune réaction, reçoit le produit entier de celle de tous les autres, et le transmet au point du corps qui fut affecté.

Appliquons les détails de ce *mécanisme* à un exemple particulier, afin qu'on en puisse mieux saisir l'ensemble.

Si je suis piqué au petit doigt de l'une de mes mains, le nerf de cette partie affectée qui, muni de sa gaîne particulière, se continue, sans communication avec d'autres, jusqu'au foyer commun, porte dans ce foyer l'ébranlement qu'il a reçu, et cet ébranlement est aussitôt communiqué de là au fluide de tous les autres nerfs du système sensitif : alors, par une véritable réaction ou répercussion, ce même ébranlement refluant de tous les points vers le foyer commun, il se produit dans le foyer dont il est question, une secousse, une compression du fluide ébranlé de toutes les colonnes, moins une, dont l'effet total produit une *perception*, et en reporte le résultat sur le seul nerf qui ne réagit point.

Effectivement, le nerf qui a apporté l'impres-

sion reçue, et par suite la cause de l'ébranlement du fluide de tous les autres, se trouve le
seul qui ne rapporte aucune réaction ; car il est
seul actif, tandis que tous les autres sont alors
passifs. Tout l'effet de la secousse produite dans
le foyer commun et dans les nerfs passifs, ainsi
que la perception qui en résulte, doivent donc se
reporter sur ce nerf actif.

Un pareil effet résultant d'un mouvement général exécuté dans tout l'individu, l'avertit nécessairement d'un événement qui se passe en
lui, et cet individu, quoiqu'il n'en puisse distinguer aucun des détails, en éprouve une perception à laquelle on a donné le nom de *sensation*.

On sent que cette *sensation* doit être foible ou
forte, selon l'intensité de l'impression ; qu'elle
doit avoir tel ou tel caractère, selon la nature
même de l'impression reçue ; et qu'enfin, elle ne
paroît se produire dans la partie même qui a été
affectée, que parce que le nerf de cette partie
est le seul qui supporte l'effet général occasionné
par une impression quelconque.

Ainsi, toute secousse qui se produit dans le
foyer ou centre de rapport des nerfs, et qui provient d'une impression reçue, se fait généralement ressentir dans tout notre être, et nous paroît toujours s'effectuer dans la partie même qui
a reçu l'impression.

A l'égard de cette impression, il y a nécessairement un intervalle entre l'instant où elle s'effectue et celui où la *sensation* se produit ; mais cet
intervalle est si court, à cause de la promptitude
des mouvemens, qu'il nous est impossible de
l'apercevoir.

Telle est, selon moi, la mécanique admirable
et la source de la *sensibilité physique*. Je le répète, ce n'est point ici la matière qui sent ; elle
n'en a pas la faculté ; ce n'est point même telle
partie du corps de l'individu, car la *sensation*
qu'il éprouve dans cette partie, n'est qu'une illusion dont certains faits, bien constatés, ont fourni
des preuves ; mais c'est un effet général produit
dans tout son être, qui se reporte en entier sur
le nerf même qui en fut la première cause, et
que l'individu doit nécessairement ressentir à
l'extrémité de ce nerf où une impression s'étoit
effectuée.

Nous n'apercevons rien qu'en nous mêmes :
c'est une vérité qui est maintenant reconnue. Pour
qu'une *sensation* puisse avoir lieu, il faut absolument que l'impression reçue par la partie affectée, soit transmise au foyer du système des sensations ; mais si toute l'action se terminoit là,
il n'y auroit point d'effet géneral, et aucune réaction ne seroit rapportée au point qui a reçu l'impression. Quant à la transmission du premier mou-

vement imprimé, on sent qu'elle ne s'opère que par le nerf qui fut affecté, et qu'au moyen du fluide nerveux qui se meut alors dans sa substance. On sait qu'en interceptant, par une ligature ou une forte compression du nerf, la communication entre la portion qui aboutit à la partie affectée, et celle qui se rend au foyer des sensations, aucune ne sauroit alors s'effectuer.

La ligature, ou la forte compression, interrompant dans ce point la continuité de la pulpe molle du nerf, par le rapprochement des parois de sa gaîne, suffit pour intercepter le passage du fluide nerveux en mouvement ; mais, dès que l'on enlève la ligature, la mollesse de la moelle nerveuse permet le rétablissement de sa continuité dans le nerf, et aussitôt la *sensation* peut de nouveau se produire.

Ainsi, quoiqu'il soit vrai que nous ne sentions qu'en nous mêmes, la perception des objets qui nous affectent ne s'exécutant point, comme on l'a pensé, dans le foyer des sensations, mais à l'extrémité même du nerf qui a reçu l'impression, toute *sensation* n'est donc réellement ressentie que dans la partie affectée, parce que c'est là que se termine le nerf de cette partie.

Mais si cette partie n'existe plus, le nerf qui y aboutissoit existe encore, quoique raccourci; et alors si ce nerf reçoit une impression, on éprouve

une sensation qui, par illusion, paroît se manifester dans la partie que l'on ne possède plus.

On a observé que des personnes à qui l'on
avoit coupé la jambe, et dont le moignon étoit
bien cicatrisé, ressentoient aux époques des changemens de temps, des douleurs au pied ou à la
jambe qu'elles n'avoient plus. Il est évident qu'il
s'opéroit dans ces individus, une erreur de jugement à l'égard du lieu où s'exécutoit réellement
la *sensation* qu'ils éprouvoient; mais cette erreur
provenoit de ce que les nerfs affectés étoient préci-
sément ceux qui, originairement, se distribuoient
au pied ou à la jambe de ces individus; or, cette
sensation se produisoit réellement à l'extrémité
de ces nerfs raccourcis.

Le foyer des sensations ne sert que pour la production de la commotion générale excitée par le
nerf qui a reçu l'impression, et que pour rapporter dans ce nerf la réaction de tous les autres;
d'où résulte, à l'extrémité du nerf affecté, un
effet auquel participent toutes les parties du
corps.

Il semble que *Cabanis* ait entrevu le mécanisme
des sensations; car, quoiqu'il n'en développe pas
clairement les principes, et qu'il donne un mécanisme analogue à la manière dont les nerfs
excitent l'action musculaire, ce qui n'est pas; on
voit qu'il a eu le sentiment général de ce qui se

passe réellement dans la production des *sensa-tions* ; voici comment il s'exprime sur ce sujet.

« L'on peut donc considérer les opérations de la sensibilité comme se faisant en deux temps. D'abord, les extrémités des nerfs reçoivent et transmettent le premier avertissement à tout l'organe sensitif ou seulement, comme on le verra ci-après, à l'un de ses systèmes isolés ; ensuite l'organe sensitif réagit sur elles, pour les mettre en état de recevoir toute l'impression ; de sorte que la sensibilité qui, dans le premier temps, semble avoir reflué de la circonférence au centre, revient, dans le second, du centre à la circonférence ; et que, pour tout dire en un mot, les nerfs exercent sur eux-mêmes une véritable *réaction* pour le sentiment, comme ils en exercent une autre sur les parties musculaires pour le mouvement. » *Rapp. du phys. et du moral*, vol. I, p. 143.

Il ne manque à cet exposé du savant que je cite, que de faire sentir que le nerf qui, à son extrémité, reçoit et transmet le premier avertissement à tout le système sensitif, est le seul qui ensuite ne réagisse point ; et qu'il en résulte que la réaction générale des autres nerfs du système étant parvenue au foyer commun, se transmet nécessairement dans le seul nerf qui se trouve alors dans un état passif, et y porte jusqu'au point qui fut d'abord affecté, l'effet général du système, c'est-à-dire, la *sensation*.

Quant à ce que dit *Cabanis* d'une réaction semblable que les nerfs exerceroient sur les parties musculaires pour les mettre en mouvement, je crois que cette comparaison de deux actes si différens du système nerveux n'a rien de fondé, et qu'une simple émission du fluide des nerfs qui, de son réservoir, est envoyé aux muscles qui doivent agir, est suffisante : il n'y a là aucune nécessité de réaction nerveuse.

Je terminerai mes observations sur les causes physiques du sentiment par les réflexions suivantes, dont le but est de montrer que l'on commet une erreur, soit en confondant la perception d'un objet avec l'idée que peut faire naître la *sensation* du même objet, soit en se persuadant que toute *sensation* donne toujours une idée.

Éprouver une *sensation* ou la distinguer, sont deux choses très-différentes : la première, sans la seconde, ne constitue qu'une simple perception ; au contraire, la seconde, qui est toujours jointe à la première, en donne uniquement l'idée.

Lorsque nous éprouvons une *sensation* de la part d'un objet qui nous est étranger, et que nous distinguons cette sensation, quoique ce ne soit qu'en nous-mêmes que nous sentions, et qu'il nous faille faire une ou plusieurs comparaisons pour

séparer l'objet dont il s'agit de notre propre existence et en avoir une idée, nous exécutons presque simultanément, par le moyen de nos organes, deux sortes d'actes essentiellement différens; l'un qui nous fait sentir, l'autre qui nous
fait penser. Jamais nous ne parviendrons à démê-
ler les causes de ces phénomènes organiques, tant
que nous confondrons ensemble les faits si distincts qui les constituent, et que nous ne recon-
noîtrons pas que la source de l'un ne peut être la
même que celle de l'autre.

Assurément, il faut un système d'organes particulier pour exécuter le phénomène du sentiment; car *sentir* est une faculté particulière à certains animaux, et non générale pour tous. Il faut,
de même, un système d'organes particulier pour
opérer des actes d'entendement; car penser,
comparer, juger, raisonner, sont des actes organiques d'une nature très-différente de ceux qui
produisent le sentiment. Aussi, quand on pense,
n'en éprouve-t-on aucune *sensation*, quoique les
pensées se rendent sensibles au sentiment intérieur, à ce *moi* dont on a la conscience. Or, toute
sensation provenant d'un sens particulier affecté,
la conscience qu'on a de sa pensée n'en est point
une, en diffère effectivement, et conséquemment
doit en être distinguée. De même, lorsqu'on
éprouve la sensation simple qui constitue la *per-*

ception, c'est-à-dire, celle que l'on ne remarque point, on ne s'en forme aucune idée, on n'en produit aucune pensée, et à cet égard le système sensitif est seul en action. On peut donc penser sans sentir, et on peut sentir sans penser. Aussi a-t-on pour chacune de ces deux facultés un système d'organes qui peut y donner lieu, comme on a un système d'organes particulier pour les mouvemens, qui est indépendant des deux que je viens de citer, quoique l'un ou l'autre soit la cause non immédiate qui mette ce dernier en action.

Ainsi, c'est à tort que l'on a confondu le système des sensations avec le système qui produit les actes de l'entendement, et que l'on a supposé que les deux sortes de phénomènes organiques qui en proviennent, étoient le résultat d'un seul système d'organes capable de les produire. Cela est cause que des hommes du plus grand mérite, et à la fois très-instruits, se sont trompés dans leurs raisonnemens sur les objets de cette nature qu'ils ont considérés.

« Un être (dit M. *Richerand*) absolument privé d'organes sensitifs, n'auroit qu'une existence purement végétative ; s'il acquéroit un sens, il ne jouiroit point encore de l'entendement ; puisque, comme le prouve *Condillac*, les impressions produites sur ce sens unique ne pourroient être comparées ; tout se borneroit à un sentiment intérieur qui l'avertiroit de son existence , et il croiroit que toutes les choses qui l'affectent font partie de son être. » *Physiol.* , vol. II , p. 154.

On voit, d'après cette citation , que les sens sont ici considérés , non-seulement comme des organes sensitifs , mais aussi comme ceux qui produisent les actes de l'entendement; puisque , si , au lieu d'un seul sens , l'être cité en avoit plusieurs, alors, selon l'opinion admise , la seule existence de ces sens feroit jouir l'individu de facultés intellectuelles.

Il y a même une contradiction dans le passage que je viens de citer; car il y est dit qu'un être qui n'auroit qu'un seul sens ne jouiroit pas encore de l'entendement; et plus loin on dit , qu'à l'égard des impressions qu'il éprouveroit , tout se borneroit à un sentiment intérieur qui l'avertiroit de son existence , et qu'il croiroit que toutes les choses qui l'affectent font partie de son être. Comment cet être , qui ne jouiroit pas encore de l'entendement , pourroit-il penser et juger ; car c'est former un jugement que de *croire* que telle chose est de telle manière.

Tant que l'on négligera de distinguer les faits qui tiennent au *sentiment* de ceux qui sont le produit de l'*intelligence,* on sera souvent exposé à faire de semblables méprises.

C'est

C'est une chose reconnue, qu'il n'y a point d'*idées innées*, et que toute idée simple provient uniquement d'une *sensation*. Mais j'espère faire voir que toute sensation ne produit pas une idée, qu'elle ne cause nécessairement qu'une *perception*, et que, pour la production d'une idée imprimée et durable, il faut un organe particulier, ainsi que l'existence d'une condition que l'organe des sensations ne sauroit seul offrir.

Il y a loin d'une simple *perception* à une idée imprimée et durable. En effet, toute sensation qui ne cause qu'une simple perception, n'imprime rien dans l'organe, n'exige point la condition essentielle de l'*attention*, et ne sauroit qu'exciter le sentiment intérieur de l'individu, et lui donner l'aperçu fugitif des objets, sans produire aucune pensée chez cet individu. D'ailleurs, la mémoire, qui ne peut avoir son siége que dans l'organe où se tracent les idées, n'est jamais dans le cas de rappeler une perception qui n'est point parvenue dans cet organe, et qui conséquemment n'y a rien imprimé.

Je regarde les *perceptions* comme des idées imparfaites, toujours simples, non gravées dans l'organe, et qui peuvent s'exécuter sans condition, ce qui est très-différent à l'égard des idées véritables et subsistantes. Or, ces perceptions, au moyen de répétitions habituelles qui frayent certains passages particuliers au fluide nerveux , peuvent donner lieu à des actions qui ressemblent à des actes de mémoire. L'observation des mœurs et des habitudes des *insectes* nous en offre des exemples.

J'aurai occasion de revenir sur ces objets; mais il importoit que je fasse remarquer ici la nécessité de distinguer la *perception* qui résulte de toute sensation non remarquée , de l'*idée* qui, pour sa formation , exige un organe spécial, ce dont j'espère donner des preuves.

D'après ce qui est exposé dans ce chapitre , je crois pouvoir conclure :

1°. Que le phénomène du sentiment n'offre d'autre merveille que l'une de celles qui sont dans la nature , c'est-à-dire , que des causes physiques peuvent faire exister ;

2°. Qu'il n'est pas vrai qu'aucune des parties d'un corps vivant, et qu'aucune des matières qui composent ces parties , aient en propre la faculté de sentir ;

3°. Que le sentiment est le produit d'une action et d'une *réaction* qui s'opèrent et deviennent générales dans le système sensitif, et qui s'exécutent avec rapidité par un mécanisme simple , très-facile à concevoir ;

4°. Que l'effet général de cette action et de cette réaction est nécessairement ressenti par le *moi* indivisible de l'individu , et non par aucune partie de son corps prise séparément ; en sorte que ce n'est que par illusion qu'il croit que l'effet entier s'est passé dans le point qui a reçu l'impression qui l'a affecté ;

5°. Que tout individu qui remarque une sensation , qui la juge , qui distingue le point de son corps où elle est rapportée , en a une idée , y a pensé , a exécuté à son égard un acte d'intelligence , et conséquemment possède l'organe particulier qui peut en produire ;

6°. Qu'enfin , le système des sensations pouvant exister sans celui de l'entendement , l'individu qui est dans ce cas , n'exécute aucun acte d'intelligence , n'a point d'idées , et ne peut recevoir , de la part de ses sens affectés , que de simples *perceptions* qu'il ne remarque point , mais qui peuvent émouvoir son sentiment intérieur , et le faire agir.

Essayons maintenant de nous former une idée claire , s'il est possible , des émotions du sentiment intérieur de tout individu qui jouit de la sensibilité physique , et de reconnoître la puissance que cet individu en obtient pour l'exécution de ses actions.

CHAPITRE IV.

Du Sentiment intérieur , des Emotions qu'il est
susceptible d'éprouver, et de la Puissance qu'il
en acquiert pour la production des actions.

Mon objet , dans ce chapitre , est de traiter
d'une des facultés les plus remarquables que le
système nerveux , dans ses principaux développemens , donne aux animaux qui le possèdent
dans cet état; je veux parler de cette faculté
singulière dont certains animaux et l'homme même sont doués, et qui consiste à pouvoir éprouver des *émotions intérieures* que provoquent les
besoins et différentes causes externes ou internes,
et desquelles naît la puissance qui fait exécuter diverses actions.

Personne , à ce que je crois, n'a encore pris
en considération l'objet intéressant dont je vais
m'occuper ; et cependant , si l'on ne fixe ses
idées à son égard , il sera toujours impossible de rendre raison des nombreux phénomènes que nous présente l'organisation animale ,
et qui ont ieur source dans la faculté que je
viens de mentionner.

On a vu que le système nerveux se composoit

de différens organes qui, tous, communiquent ensemble ; conséquemment, toutes les portions du fluide subtil, contenu dans les différentes parties de ce système, communiquent aussi entre elles, et par suite sont susceptibles d'éprouver un *ébranlement général,* lorsque certaines causes capables d'exciter cet ébranlement viennent à agir. C'est là une considération essentielle qu'il nous importe de ne pas perdre de vue dans les recherches qui nous occupent, et dont le fondement ne sauroit être douteux, puisque les faits observés nous en fournissent des preuves.

Cependant, la totalité du fluide nerveux n'est pas toujours assez libre pour pouvoir éprouver l'ébranlement dont il est question ; car, dans les cas ordinaires, il n'y a qu'une portion de ce fluide, à la vérité considérable, qui soit susceptible de ressentir cet ébranlement, lorsque certaines émotions l'y excitent.

Il est certain que, dans diverses circonstances, le fluide nerveux éprouve des mouvemens dans des portions, en quelque sorte isolées de sa masse : ainsi, des portions de ce fluide sont envoyées aux différentes parties pour l'action musculaire, et pour la vivification des organes, sans que sa masse entière se mette en mouvement ; de même, des portions du fluide

dont il s'agit, peuvent être agitées dans les hémisphères du cerveau, sans que la totalité de ce
fluide éprouve cette agitation : ce sont là des
vérités dont on ne sauroit disconvenir. Mais
s'il est évident que le fluide nerveux soit susceptible de recevoir des mouvemens dans certaines portions de sa masse, il doit l'être aussi
que, par des causes particulières, la masse
presque entière de ce fluide peut être ébranlée
et mise en mouvement, puisque toutes ses portions communiquent ensemble. Je dis la masse
presque entière, parce que, dans les émotions
intérieures ordinaires, la portion du fluide nerveux qui sert à l'excitation des muscles indépendans de l'individu, et souvent celle qui se
trouve dans les hémisphères du cerveau, sont
à l'abri des ébranlemens qui constituent ces
émotions.

Le fluide nerveux peut donc éprouver des
mouvemens dans certaines parties de sa masse,
et il peut aussi en subir dans toutes à la fois;
or, ce sont ces derniers mouvemens qui constituent les *ébranlemens généraux* de ce fluide, et
que nous allons considérer.

Les ébranlemens généraux du fluide nerveux
sont de deux sortes; savoir :

1°. Les ébranlemens partiels, lesquels deviennent ensuite généraux et se terminent par une

réaction : ce sont les ébranlemens de cette sorte
qui produisent le *sentiment*. Nous en avons traité
dans le troisième chapitre ;

2°. Les ébranlemens qui sont généraux dès
qu'ils commencent, et qui ne forment aucune
réaction : ce sont ceux-ci qui constituent les *émotions intérieures* ; et c'est d'eux uniquement dont
nous allons nous occuper.

Mais auparavant, il est nécessaire de dire un
mot du *sentiment d'existence*, parce que ce
sentiment est la source dans laquelle les émotions intérieures prennent naissance.

Du Sentiment d'Existence.

Le sentiment d'existence, que je nommerai
sentiment intérieur, afin de le séparer de l'idée
d'une généralité qu'il ne peut avoir, puisqu'il
n'est point commun à tous les corps vivans, et
qu'il ne l'est pas même à tous les animaux, est
un sentiment fort obscur, dont sont doués les
animaux qui ont un système nerveux assez développé pour leur donner la faculté de sentir.

Ce sentiment, tout obscur qu'il est, est néanmoins très-puissant ; car il est la source des
émotions intérieures qu'éprouvent les individus
qui le possèdent, et par suite de cette force singulière qui met ces individus dans le cas de produire eux-mêmes les mouvemens et les actions

que leurs besoins exigent. Or , ce sentiment, considéré comme un *moteur* très-actif, n'agit ainsi qu'en envoyant aux muscles , qui doivent opérer ces mouvemens et ces actions , le fluide nerveux qui en est l'excitateur.

Le sentiment dont il est question , et qui est maintenant bien reconnu , résulte de l'ensemble confus de *sensations intérieures* qui ont lieu constamment pendant la durée de l'existence de l'animal , au moyen des impressions conti-nuelles que les mouvemens de la vie exécutent sur ses parties internes et sensibles.

En effet , par suite des mouvemens organi-ques ou vitaux qui s'opèrent dans tout animal, celui qui possède un système nerveux suffisam-ment développé , jouit dès lors de la sensibilité physique , et reçoit sans cesse , dans toutes ses parties intérieures et sensibles , des impressions qui l'affectent continuellement , et qu'il ressent toutes à la fois sans pouvoir en distinguer au-cune.

A la vérité , toutes ces impressions sont très-foibles ; et , quoiqu'elles varient en intensité , selon l'état de santé ou de maladie de l'indi-vidu , elles ne sont , en général , très-difficiles à distinguer que parce qu'elles n'offrent point d'interruption ni de reprise subites. Néanmoins l'ensemble de ces impressions et des sensations confuses qui en résultent , constitue dans tout animal qui s'y trouve assujetti , un *sentiment intérieur* fort obscur , mais réel , qu'on a nommé *sentiment d'existence.*

Ce sentiment intime et continuel , dont on ne se rend pas compte, parce qu'on l'éprouve sans le remarquer , est général , puisque toutes les parties sensibles du corps y participent. Il constitue ce *moi* dont tous les animaux , qui ne sont que sensibles , sont pénétrés sans s'en apercevoir , mais que ceux qui possèdent l'organe de l'intelligence peuvent remarquer , ayant la faculté de penser et d'y donner de l'attention. Enfin , il est , chez les uns et les autres , la source d'une puissance que les besoins savent émouvoir , qui n'agit effectivement que par émotion , et dans laquelle les mouvemens et les actions puisent la force qui les produit.

Le *sentiment intérieur* peut être considéré sous deux rapports très-distincts; savoir :

1°. En ce qu'il est le résultat des sensations obscures qui s'executent , sans discontinuité , dans toutes les parties sensibles du corps : sous cette considération , je le nomme simplement *sentiment intérieur ;*

2°. Dans ses facultés : car ; au moyen de l'ébranlement général dont est susceptible le fluide subtil qui l'occasionne , il a celle de constituer une puissance qui donne aux animaux qui la possèdent , le pouvoir de produire eux-mêmes des mouvemens et des actions.

En effet , ce sentiment , formant un tout très-simple , par sa généralité , est susceptible d'être ému par différentes causes. Or , dans ses émotions, pouvant exciter des mouvemens dans les portions libres du fluide nerveux , diriger ces mouvemens , et envoyer ce fluide excitateur à tel ou tel muscle , ou dans telle partie des hémisphères du cerveau, il devient alors une puissance qui fait agir ou qui excite des pensées. Ainsi , sous ce second rapport , on peut considérer le *sentiment intérieur* comme la source où la force productrice des actions puise ses moyens.

Il étoit nécessaire , pour l'intelligence des phénomènes qu'il produit , de considérer ce sentiment sous les deux rapports que je viens de citer ; car , par sa nature , c'est-à-dire, comme sentiment d'existence , il est , pendant la veille , toujours en action ; et par ses facultés , il donne naissance passagèrement à une force qui fait agir.

Enfin , le *sentiment intérieur* ne manifeste sa puissance , et ne parvient à produire des actions, que lorsqu'il existe un système pour le *mouvement musculaire,* lequel est toujours dépendant

du système nerveux, et ne sauroit avoir lieu
sans lui. Aussi, seroit-ce une inconséquence que
de s'efforcer de trouver des muscles dans des
animaux en qui le système nerveux manqueroit
évidemment.

Essayons maintenant de développer les principales considérations relatives aux émotions du
sentiment intérieur.

Des Emotions du Sentiment intérieur.

Il s'agit ici de l'examen de l'un des plus importans phénomènes de l'organisation animale ;
de ces *émotions* du sentiment intérieur, qui font
agir les animaux et l'homme même, tantôt sans
aucune participation de leur volonté , et tantôt
par une volonté qui y donne lieu; émotions depuis long-temps aperçues, mais sur lesquelles il
ne paroît pas qu'on ait fixé son attention pour en
rechercher l'origine ou les causes.

D'après ce qu'on observe à cet égard, on ne
sauroit douter que le *sentiment intérieur* et général qu'éprouvent les animaux qui possèdent un système nerveux propre au sentiment, ne soit susceptible de s'émouvoir par des causes qui l'affectent ; or , ces causes sont toujours le besoin,
soit d'assouvir la faim, soit de fuir des dangers ,
d'éviter la douleur, de rechercher le plaisir, ou
ce qui est agréable à l'individu , etc.

Les *émotions* du sentiment intérieur ne peuvent être connues que de l'homme, lui seul pouvant les remarquer et y donner de l'attention; mais il n'aperçoit que celles qui sont fortes, qui ébranlent, en quelque sorte, tout son être, et il a besoin de beaucoup d'attention et de réflexions, pour reconnoître qu'il en éprouve de tous les degrés d'intensité, et que c'est uniquement le sentiment intérieur qui, dans diverses circonstances, fait naître en lui ces émotions internes qui le font agir ou qui le portent à exécuter quelqu'action.

J'ai déjà dit, au commencement de ce chapitre, que les *émotions intérieures* d'un animal sensible, consistoient en certains ébranlemens généraux de toutes les portions libres de son fluide nerveux, et que ces ébranlemens n'étoient suivis d'aucune réaction, ce qui est cause qu'ils ne produisent aucune sensation distincte. Or, il est aisé de concevoir que lorsque ces émotions sont foibles ou médiocres, l'individu peut les dominer et en diriger les mouvemens; mais que lorsqu'elles sont subites et très-grandes, alors il en est maîtrisé lui-même : cette considération est très-importante.

Le fait positif, que constituent les émotions dont il s'agit, ne peut être une supposition. Qui n'a pas remarqué qu'un grand bruit inattendu, nous fait tressaillir, sauter en quelque sorte, et exécuter, selon sa nature, des mouvemens que notre volonté n'avoit pas déterminés?

Il y a quelque temps que, marchant dans la rue, et me couvrant l'œil gauche de mon mouchoir, parce qu'il me faisoit souffrir, et que la lumière du soleil m'incommodoit, la chute précipitée d'un cheval monté, que je ne voyois pas, se fit très-près de moi et à ma gauche : or, dans l'instant même, par un mouvement et un élan, auxquels ma volonté ne put avoir la moindre part, je me trouvai transporté à deux pas sur ma droite, avant d'avoir eu l'idée de ce qui se passoit près de moi.

Tout le monde connoît ces sortes de mouvemens involontaires, pour en avoir éprouvé d'analogues; et ils ne sont remarqués que parce qu'ils sont extrêmes et subits. Mais on ne fait pas attention que tout ce qui nous affecte, nous émeut proportionnellement, c'est-à-dire, émeut plus ou moins notre *sentiment intérieur*.

On est ému à la vue d'un précipice, d'une scène tragique, soit réelle, soit représentée sur un théâtre, soit même sur un tableau, etc., etc. : et quel peut être le pouvoir d'un beau morceau de musique bien exécuté, si ce n'est celui de produire des émotions dans notre sentiment intérieur! La joie ou la tristesse que nous ressentons subitement, en apprenant une bonne ou une

mauvaise nouvelle à l'égard de ce qui nous intéresse, est-elle autre chose que l'*émotion* de ce sentiment intérieur, qu'il nous est fort difficile de
maîtriser dans le premier moment!

J'ai vu exécuter plusieurs morceaux de musique sur le *piano*, par une jeune demoiselle qui
étoit sourde et muette : son jeu étoit peu brillant
et néanmoins passable ; mais elle avoit beaucoup
de mesure, et je m'aperçus que toute sa personne étoit mue par des mouvemens mesurés de
son *sentiment intérieur*.

Ce fait me fit sentir que le *sentiment intérieur* suppléoit, dans cette jeune personne,
à l'organe de l'ouïe qui ne pouvoit la guider.
Aussi, son maître de musique m'ayant appris
qu'il l'avoit exercée à la mesure par des signes
mesurés, je fus bientôt convaincu que ces signes
avoient ému en elle le sentiment dont il est question ; et de là je présumai que ce que l'on attribue
entièrement à l'oreille très-exercée et très-déli-
cate des bons musiciens, appartenoit plutôt à leur
sentiment intérieur qui, dès la première mesure,
se trouve ému par le genre de mouvement nécessaire pour l'exécution d'une pièce.

Nos habitudes, notre tempérament, l'éducation même, modifient cette faculté de s'émouvoir que possède notre sentiment intérieur ; en
sorte qu'elle se trouve très-affoiblie dans certains

individus, et qu'elle est extrême dans d'autres.

On doit distinguer les émotions que nous fait éprouver la sensation des objets extérieurs, de celles qui nous viennent des idées, des pensées, en un mot, des actes de notre intelligence; les premières constituent la sensibilité *physique*, tandis que les secondes, par leur susceptibilité plus ou moins grande, caractérisent la sensibilité *morale* que nous allons considérer.

Sensibilité morale.

La *sensibilité morale*, à laquelle on donne ordinairement le nom général de sensibilité, est fort différente de la sensibilité physique dont j'ai déjà fait mention ; la première n'étant excitée que par des idées et des pensées qui émeuvent notre sentiment intérieur ; et la seconde ne se manifestant que par des impressions qui se produisent sur nos sens, et qui peuvent pareillement émouvoir le sentiment intérieur dont nous sommes doués.

Ainsi, la *sensibilité morale*, dont on a, mal à propos, supposé le siége dans le cœur, parce que les différens actes de cette sensibilité affectent plus ou moins les fonctions de ce viscère, n'est autre chose que l'exquise susceptibilité de s'émouvoir, que possède le *sentiment intérieur*

de certains individus, à la manifestation subite
d'idées et de pensées qui y donnent lieu. On dit
alors que ces individus sont *très-sensibles*.

Cette *sensibilité*, considérée dans les développemens qu'une intelligence perfectionnée peut
lui faire acquérir, et lorsqu'elle n'a point éprouvé
les altérations qu'on est parvenu à lui faire subir, me paroît un produit et même un bienfait de
la nature. Elle forme alors une des plus belles
qualités de l'homme ; car elle est la source de
l'humanité, de la bonté, de l'amitié, de l'honneur, etc. Quelquefois, cependant, certaines circonstances nous rendent cette qualité presqu'aussi
funeste, qu'elle peut nous être avantageuse dans
d'autres : or, pour en retirer les avantages qu'on
en peut obtenir, et obvier aux inconvéniens qui
en proviennent, il ne s'agit que d'en modérer
les élans par des moyens que les principes d'une
bonne éducation peuvent seuls diriger.

En effet, ces principes nous montrent la nécessité, dans mille circonstances, de comprimer
notre sensibilité, jusqu'à un certain point, afin
de ne pas manquer aux égards que l'homme en
société doit à ses semblables, ainsi qu'à l'âge,
au sexe et au rang des personnes avec qui il se
trouve : de là résultent cette convenance, cette
aménité dans les discours et dans les expressions
employées, en un mot, cette juste retenue dans les

idées

idées émises, qui font plaire sans jamais blesser,
et qui forment une qualité qui distingue éminemment ceux qui la possèdent.

Jusques-là, nos conquêtes, à cet égard, ne
peuvent tourner qu'à l'avantage général. Mais on
passe quelquefois les bornes ; on abuse du pouvoir que la nature nous donna, d'étouffer, en
quelque sorte, la plus belle des facultés que nous
tenions d'elle.

Effectivement, certains penchans auxquels se
livrent bien des hommes, leur ayant fait sentir
le besoin d'employer constamment la *dissimula-
tion*, il leur est devenu nécessaire de contraindre
habituellement les émotions du *sentiment intérieur*, et de cacher soigneusement leurs pensées,
ainsi que celles de leurs actions qui peuvent les
conduire au but qu'ils se proposent. Or, comme
toute faculté, non exercée, s'altère peu à peu, et
finit par s'anéantir presque entièrement, la *sensibilité morale* que nous considérons ici, est à peu
près nulle pour eux, et ils ne l'estiment même pas
dans les personnes qui la possèdent encore d'une
manière un peu éminente.

De même que la *sensibilité physique* ne s'exerce
que par des sensations qui, lorsqu'elles font naître
quelque besoin, produisent aussitôt une émotion
dans le sentiment intérieur, lequel envoie, dans
l'instant, le fluide nerveux aux muscles qui doivent

agir ; de même , aussi , la *sensibilité morale* ne
s'exerce que par des émotions que produit la pensée dans ce sentiment intérieur ; et lorsque la
volonté, qui est un acte d'intelligence, détermine
une action , ce sentiment , ému par cet acte ,
dirige le fluide nerveux vers les muscles qui
doivent agir.

Ainsi , le sentiment intérieur reçoit , par l'une
ou l'autre de deux voies très-différentes, toutes
les émotions qui peuvent l'agiter ; savoir : par
celle de la pensée , et par celle du sentiment
physique ou des sensations. On pourroit donc
distinguer les émotions du sentiment intérieur :

1°. En *émotions morales*, telles que celles que
certaines pensées peuvent produire ;

2°. En *émotions physiques*, telles que celles
qui proviennent de certaines sensations.

Cependant, comme les résultats de la première
sorte d'émotion appartiennent à la sensibilité morale , tandis que ceux de la seconde sorte dépendent de la sensibilité physique , il suffit de s'en
tenir à la première distinction déjà faite.

Je ferai, néanmoins , à cette occasion, les remarques suivantes , qui ne me paroissent pas sans
intérêt.

Une *émotion morale*, quand elle est très-forte,
peut anéantir momentanément , ou temporaire-
ment , le sentiment physique, occasionner des

désordres dans les idées, les pensées, et altérer plus ou moins les fonctions de plusieurs des organes essentiels à la vie.

On sait qu'une nouvelle affligeante et inattendue, que celle même qui cause une joie extrême, produisent des émotions dont les suites peuvent être de la nature de celles que je viens de citer.

On sait aussi que les moindres effets de ces émotions sont de troubler la digestion, ou de la rendre pénible ; et qu'à l'égard des personnes âgées, lorsqu'elles sont un peu fortes, elles sont dangereuses, et quelquefois funestes.

Enfin, la puissance des *émotions morales* est si grande, que souvent elle réussit à dominer le sentiment physique. En effet, on a vu des fanatiques, c'est-à-dire, des individus dont le sentiment moral étoit tellement exalté, qu'ils parvenoient à surmonter les impressions des tortures qu'on leur faisoit éprouver.

Quoiqu'en général, les émotions morales l'emportent en puissance sur les émotions physiques, celles-ci, néanmoins, lorsqu'elles sont très-fortes, troublent aussi les facultés intellectuelles, peuvent causer le délire, et déranger les fonctions organiques.

Je terminerai ces remarques par une réflexion que je crois fondée ; savoir : que le sentiment moral exerce, avec le temps, sur l'état de l'organisation, une influence encore plus grande que celle que le sentiment physique est capable d'y opérer.

Effectivement, quel désordre une tristesse profonde et très - prolongée ne produit-elle pas dans les fonctions organiques, et surtout dans l'état des viscères abdominaux ?

CABANIS, considérant, à cet égard, que des individus continuellement tristes, mélancoliques, et souvent même sans sujet réel, offroient dans l'état des viscères dont je viens de parler, un genre d'altération toujours à peu près le même, en a conclu que c'étoit à ce genre d'altération qu'il falloit attribuer la mélancolie de ces individus, et que ces viscères concouroient à la formation de la pensée.

Il me semble que ce savant a étendu trop loin la conséquence qu'il a tirée des observations faites à ce sujet.

Sans doute, l'état d'altération des organes, et spécialement des viscères abdominaux, correspond fréquemment avec les altérations des facultés morales, et même y contribue réellement. Mais cet état, selon moi, ne concourt point pour cela à la formation de la pensée ; il influe seulement à donner à l'individu un penchant qui le porte à se complaire dans tel ordre de pensées, plutôt que dans tel autre.

Or, le sentiment moral agissant fortement sur l'état des organes, lorsque ses affections se prolongent dans tel ou tel sens, ce dont on ne sauroit douter, il me paroît que, dans tel individu, des chagrins continuels et fondés auront, dans l'origine, causé les altérations de ses viscères abdominaux; et que ces altérations, une fois formées, auront, à leur tour, perpétué, dans cet individu, un penchant à la mélancolie, même sans qu'il en ait alors aucun sujet.

A la vérité, la génération peut transmettre une disposition des organes, en un mot, un état des viscères propre à donner lieu à tel tempérament, telle inclination, enfin, tel caractère; mais il faut ensuite que les circonstances favorisent, dans le nouvel individu, le développement de cette disposition, sans quoi, cet individu pourroit acquérir un autre tempérament, d'autres inclinations, enfin, un autre caractère. Ce n'est que dans les animaux, surtout dans ceux qui ont peu d'intelligence, que la génération transmet, presque sans variation, l'organisation, les penchans, les habitudes, enfin, tout ce qui est le propre de chaque race.

Je m'éloignerois trop de ce que j'ai en vue, si je m'étendois davantage sur ces considérations; en conséquence, je reviens à mon sujet.

Ainsi, je résume mes observations sur le
sentiment intérieur, en disant que ce sentiment,
dans les êtres qui en sont doués, est la source
des mouvemens et des actions ; soit lorsque des
sensations qui font naître des besoins lui causent des émotions quelconques ; soit lorsque la
pensée donnant aussi naissance à un besoin ou
montrant un danger, etc., l'émeut plus ou moins
fortement. Ces émotions, de quelque part qu'elles
viennent, ébranlent aussitôt le fluide nerveux
disponible, et comme tout besoin ressenti dirige le résultat de l'émotion qu'il excite vers
les parties qui doivent agir, les mouvemens
s'exécutent invariablement par cette voie, et
sont toujours en rapport avec ce que les besoins exigent.

Enfin, comme ces émotions intérieures sont
très-obscures, l'individu, en qui elles s'exécutent, ne s'en aperçoit pas ; elles sont cependant réelles ; et si l'homme, dont l'intelligence
est très-perfectionnée, y donnoit quelqu'attention, il reconnoîtroit bientôt qu'il n'agit que
par des émotions de son sentiment intérieur,
dont les unes étant provoquées par des idées,
des pensées et des jugemens qui lui font ressentir des besoins, excitent sa volonté d'agir ;
tandis que les autres résultant immédiatement
de besoins pressans et subits, lui font exécuter

des actions auxquelles sa volonté n'a point de part.

J'ajoute que, puisque le *sentiment intérieur* peut occasionner les ébranlemens dont il vient d'être question, on sent que si l'individu domine les émotions que son sentiment intime reçoit, il peut alors les comprimer, les modérer, et même en arrêter les effets. Voilà comment le sentiment intérieur de tout individu qui en jouit, constitue une puissance qui le fait agir selon ses besoins et ses penchans habituels.

Mais lorsque les émotions dont il s'agit sont très-grandes, et qu'elles le sont au point de causer dans le fluide nerveux un ébranlement assez considérable pour interrompre et troubler dans ses opérations celui des hémisphères du cerveau, et celui même qui porte son influence aux muscles indépendans de l'individu, dès lors cet individu perd connoissance, éprouve la *syncope*, et ses organes vitaux sont plus ou moins dérangés dans leurs fonctions.

Ce sont là, vraisemblablement, ces grandes vérités que ne purent découvrir les philosophes, parce qu'ils n'avoient pas suffisamment observé la nature, et que les zoologistes n'ont pas aperçues, parce qu'ils se sont trop occupés de distinctions et d'objets de détail. Au moins peut-on dire que les causes physiques

qui viennent d'être indiquées, sont capables d'o-
pérer les phénomènes d'organisation qui font
ici le sujet de nos recherches.

L'ordre qui est partout nécessaire dans l'exposition des idées, exige que j'établisse ici une
distinction très-fondée et de première importance ; la voici : j'ai déjà dit que le *sentiment
intérieur* recevoit des émotions par deux sortes de causes très-différentes ; savoir :

1°. Par suite de quelque opération de l'intelligence qui se termine par un acte de volonté
d'agir ;

2°. Par quelque sensation ou impression qui
fait ressentir un besoin ou provoque l'exercice d'un penchant sans la participation de la
volonté.

Ces deux sortes de causes, qui émeuvent le
sentiment intérieur de l'individu, montrent qu'il
y a réellement une distinction à faire entre
celles qui dirigent les mouvemens du fluide
nerveux dans la production des actions.

Dans le premier cas, en effet, l'émotion du
sentiment intérieur provenant d'un acte de l'intelligence, c'est-à-dire, d'un jugement qui détermine la volonté d'agir, alors cette émotion
dirige les mouvemens du fluide nerveux disponible, dans le sens que la volonté lui imprime.

Dans le second cas, au contraire, l'intelligence n'ayant aucune part à l'émotion du sentiment intérieur, cette émotion dirige les mouvemens du fluide nerveux dans le sens qu'exigent les besoins qu'ont fait naître les sensations, et dans celui des penchans acquis.

Une autre considération n'est pas moins importante à faire remarquer que celles dont il vient d'être question : elle consiste en ce que le *sentiment intérieur* est susceptible d'être entièrement suspendu, et de ne l'être quelquefois qu'imparfaitement.

Pendant le *sommeil*, par exemple, le sentiment dont il s'agit, est suspendu, ou à peu près nul ; la portion libre du fluide nerveux est dans une sorte de repos, n'éprouve plus d'ébranlement général, et l'individu ne jouit plus de son sentiment d'existence. Aussi, le système des sensations n'est point alors exercé, et aucune des actions, dépendantes de l'individu, ne s'exécute, les muscles nécessaires pour la produire n'étant plus excités et se trouvant dans une sorte de relâchement.

Si le sommeil est imparfait, et s'il existe quelque cause d'irritation qui agite la portion libre du fluide nerveux, surtout celle qui se trouve dans les hémisphères du cerveau, le *sentiment intérieur* se trouvant suspendu dans ses fonctions,

ne dirige plus les mouvemens du fluide des nerfs,
et alors l'individu est livré à des songes, c'est-
à-dire, à des retours involontaires de ses idées,
qu'il ressent et qui se présentent en désordre
et dans des suites caractérisées par leur confusion.

Dans l'état de veille, le *sentiment intérieur*
peut être fortement troublé dans ses fonctions,
tantôt par une trop grande émotion, qui inter-
rompt l'émission du fluide nerveux dans les
muscles indépendans de la volonté, et tantôt
par quelque irritation considérable qui agite
principalement celui du cerveau. Des lors, il
cesse de diriger le fluide nerveux dans ses mouvemens ; on éprouve , soit la *syncope ,* si ce
trouble est le produit d'une grande émotion,
soit le *délire ,* si c'est une grande irritation
qui l'occasionne, soit quelque acte de *folie ,*
etc., etc.

D'après ce qui vient d'être exposé , il me paroît évident que le *sentiment intérieur* de l'homme et des animaux qui le possèdent, est la seule
cause productrice des actions ; que ce sentiment
n'agit que lorsque les émotions, dont il est susceptible, l'ont mis dans le cas de le faire ; qu'il
est ému, tantôt par des actes de l'intelligence,
et tantôt par quelque besoin ou quelque sensation , qui agit immédiatement et subitement sur

lui ; qu'il peut être dominé, dans ses foibles émotions, par les hommes, dont l'intelligence est très-
développée, tandis qu'il ne l'est que très - difficilement dans certains animaux, et qu'il ne l'est
jamais dans ceux qui manquent d'intelligence ;
qu'il est suspendu, dans ses fonctions, pendant
le sommeil, et qu'alors il ne dirige plus les
mouvemens que la portion libre du fluide nerveux peut éprouver ; qu'il peut être, aussi, interrompu et troublé, dans ses fonctions, pendant l'état de veille ; enfin, qu'il est le produit ; d'une part, du sentiment d'existence de
l'individu ; et de l'autre part, de l'harmonie
qui existe dans les parties du système nerveux,
laquelle est cause que les portions libres du
fluide subtil des nerfs, communiquent ensemble, et sont susceptibles d'éprouver un ébranlement général.

Il me paroît aussi très - évident, d'après le
même exposé, que la *sensibilité morale* ne diffère de la *sensibilité physique*, qu'en ce que la
première résulte uniquement des émotions provoquées par des actes de l'intelligence ; tandis
que la deuxième n'est produite que par les émotions qu'excitent les sensations et les besoins
qui en procurent.

Ces considérations, si elles sont fondées, me
paroissent établir des vérités qu'il nous seroit

alors du plus grand intérêt de reconnoître ; car,
outre qu'elles seroient propres à redresser nos
erreurs, relativement aux phénomènes de la vie
et de l'organisation, ainsi qu'aux facultés auxquelles ces phénomènes donnent lieu, elles met-
troient un terme au merveilleux créé par notre
imagination, et elles nous donneroient une idée
plus juste et plus grande du *suprême Auteur* de
tout ce qui existe, en nous montrant la voie
simple qu'il a prise pour opérer tous les prodiges dont nous sommes témoins.

Ainsi, le sentiment intime d'existence qu'é-
prouvent les animaux qui jouissent de la faculté de sentir, mais qui ne sont doués d'aucune
intelligence, leur procure en même temps une
puissance intérieure qui n'agit que par des émotions que l'harmonie du système nerveux la
met dans le cas de pouvoir éprouver, et qui
leur fait exécuter des actions, sans le concours
d'aucune volonté de leur part. Mais ceux des
animaux qui joignent à la faculté de sentir,
celle de pouvoir exécuter des actes d'intelligence, ont cet avantage sur les premiers, que
leur puissance intérieure, source de leurs actions,
est susceptible de recevoir les émotions qui la
font agir, tantôt par les sensations que produisent des impressions intérieures et des besoins ressentis, et tantôt par une *volonté* qui,

quoique plus ou moins dépendante, est toujours la suite de quelque acte d'intelligence.

Nous allons maintenant considérer plus particulièrement encore cette puissance intérieure
et singulière qui donne aux animaux qui la possèdent, la faculté d'agir : le chapitre suivant, qui
y est destiné, peut être considéré comme un
complément de celui-ci.

CHAPITRE V.

De la Force productrice des actions des Animaux, et de quelques faits particuliers qui résultent de l'emploi de cette force.

Les animaux, indépendamment de leurs mouvemens organiques , et des fonctions essentielles à la vie que leurs organes exécutent , font encore des mouvemens et des actions dont il importe extrêmement de déterminer la cause.

On sait que les végétaux peuvent satisfaire à leurs besoins sans se déplacer , et sans exécuter aucun mouvement subit : la raison en est , que tout végétal, convenablement situé , trouve dans les milieux environnans , les matières dont il a besoin pour se nourrir; de sorte qu'il n'a qu'à les absorber et recevoir les influences de certaines d'entre elles.

Il n'en est pas de même des animaux : car , à l'exception des plus imparfaits , qui commencent la chaîne animale , les alimens , qui servent à leur subsistance , ne se trouvent pas toujours à leur portée , et ils sont obligés , pour se les procurer , d'exécuter des mouvemens et des actions. D'ailleurs , la plupart d'entre eux ont, en outre, d'autres besoins à satisfaire, qui exigent aussi, de leur part, d'autres mouvemens et d'autres actions.

Or, il s'agissoit de reconnoître la source où les animaux puisent cette faculté de mouvoir plus ou moins subitement leurs parties, en un mot, d'exécuter les actions diverses au moyen desquelles ils satisfont à leurs besoins.

Je remarquai, d'abord, que toute action étoit un mouvement, et que tout mouvement qui commence, provenoit nécessairement d'une cause qui avoit le pouvoir de le produire : l'objet recherché se réduisoit donc à déterminer la nature et l'origine de cette cause.

Alors, considérant que les mouvemens des animaux qui exécutent quelque action, ne sont nullement communiqués ou transmis, mais qu'ils sont simplement excités ; leur cause me parut se dévoiler de la manière la plus claire et la plus évidente ; et je fus convaincu qu'ils étoient réellement, dans tous les cas, le produit d'une puissance quelconque qui les excitoit.

En effet, dans certains animaux, l'action musculaire est une force très-suffisante pour produire de pareils mouvemens, et l'influence nerveuse suffit aussi complétement pour exciter cette action. Or, ayant reconnu que, dans les animaux qui jouissent de la sensibilité physique, les émotions du sentiment intérieur constituoient la puissance qui envoie le fluide excitateur aux muscles, le problème, à l'égard de ces animaux, me parut résolu ; et quant aux animaux tellement imparfaits, qu'ils ne peuvent jouir de la sensibilité physique, comme ils sont irritables dans leurs parties, autant et même plus que les autres, des excitations qui leur parviennent de l'extérieur, suffisent évidemment pour l'exécution des mouvemens qu'on leur voit produire.

Voilà, selon moi, l'éclaircissement d'un mystère qui sembloit devoir être si difficile à pénétrer ; et cet éclaircissement ne me paroît point reposer sur de simples hypothèses : car, relativement aux animaux sensibles, la puissance musculaire et la nécessité de l'influence nerveuse pour exciter cette puissance, ne sont point des objets hypothétiques; et les émotions du sentiment intérieur, que j'ai considérées comme des causes capables d'envoyer aux muscles, qui dépendent de l'individu, le fluide propre à exciter leur action, me paroissent trop évidentes pour qu'il soit possible de les regarder comme conjecturales.

Maintenant, si l'on considère attentivement tous les animaux qui existent, ainsi que l'état de leur organisation, la consistance de leurs parties, et les différentes circonstances dans

lesquelles

lesquelles ils se trouvent, il sera difficile de ne
p s reconnoître que, relativement aux plus imparfaits d'entre eux, qui ne peuvent avoir de système nerveux, et, conséquemment, ne peuvent
s'aider de l'action musculaire pour leurs mouvemens et leurs actions, ceux de ces mouvemens
qu'on leur voit produire, naissent d'une force qui
est hors d'eux, c'est-à-dire, que ne possèdent
point ces animaux, et qui n'est nullement à leur
disposition.

A la vérité, c'est dans l'intérieur de ces corps
délicats que les fluides subtils, qui y arrivent du
dehors, produisent les agitations que leurs parties en reçoivent ; mais il n'en est pas moins impossible à ces êtres frêles, par suite de leur foible
consistance et de l'extrême mollesse de leurs parties, de posséder en eux-mêmes aucune puissance
capable de produire les mouvemens qu'ils exécutent. Ce n'est que par un effet de leur organisation que ces animaux imparfaits régularisent les
agitations qu'ils reçoivent, et auxquelles ils ne sauroient donner lieu.

La nature ayant opéré peu à peu et graduellement ses diverses productions, et créé successivement les différens organes des animaux; variant
la conformation et la situation de ces organes,
selon les circonstances, et perfectionnant progressivement leurs facultés; on sent qu'elle a dû

commencer par emprunter du dehors, c'est-à-dire,
des milieux environnans, la *force productrice,*
soit des mouvemens organiques, soit de ceux
des parties extérieures ; qu'ensuite elle a transporté cette force dans l'animal même ; et qu'enfin,
dans les animaux les plus parfaits, elle est parvenue à mettre une grande partie de cette force
intérieure à leur disposition ; ce que je montrerai
bientôt.

Si l'on n'a point égard à la considération de cet
ordre graduel qu'a suivi la nature, dans la création des différentes facultés animales, je crois
qu'il sera difficile d'expliquer comment elle a pu
donner l'existence au sentiment , et que l'on concevra plus difficilement encore comment de simples relations entre différentes matières peuvent
donner lieu à la pensée.

Nous venons de voir que les animaux qui ne
possèdent pas encore de système nerveux, ne
pouvoient avoir en eux-mêmes la force productrice de leurs mouvemens, et que cette force leur
étoit étrangère. Or , le *sentiment intime* d'existence étant absolument nul chez ces animaux ;
et ce sentiment étant la source de cette puissance
intérieure , sans laquelle les mouvemens et les actions de ceux qui la possèdent ne sauroient se
produire ; sa privation , et par conséquent celle
de la puissance qui en résulte, nécessitent, pour

les animaux dont il s'agit , l'existence d'une force excitatrice de tout mouvement quelconque , provenant uniquement de causes extérieures.

Ainsi , dans les animaux imparfaits , la force qui produit , soit les mouvemens vitaux , soit les mouvemens du corps ou de ses différentes parties , est entièrement hors de ces animaux : ils ne la régissent même pas ; mais ils régularisent plus ou moins , comme je l'ai dit plus haut, les mouvemens qu'elle leur imprime, et cela , par le moyen de la disposition intérieure de leurs parti es.

Cette force est le résultat de fluides subtils (tels que le *calorique , l'électricité ,* et peut-être d'autres encore) qui , des milieux environnans, pénètrent sans cesse ces animaux , mettent en mouvement les fluides visibles et contenus de ces corps , et excitant l'irritabilité de leurs parties contenantes, donnent lieu alors aux divers mouvemens de contraction qu'on leur voit produire.

Or, ces fluides subtils, pénétrant et se mouvant sans cesse dans l'intérieur de ces corps , se frayent bientôt des voies particulières , qu'ils suivent toujours jusqu'à ce que de nouvelles leur soient ouvertes. De là , l'origine des mêmes sortes de mouvemens qui se remarquent dans ces animaux, dont ces fluides constituent le moteur; et de là , encore , l'apparence d'un penchant irrésistible qui les contraint d'exécuter ces mouvemens qui , par leur continuité ou leurs répétitions, donnent lieu à des habitudes.

Comme de simples expositions de principes ne suffisent pas, essayons d'éclaircir les considérations qui les établissent.

Les animaux les plus imparfaits, tels que les *infusoires*, et surtout les *monades*, ne se nourrissent qu'au moyen d'absorptions, qui s'exécutent par les pores de leur peau, et par une imbibition intérieure des matières absorbées. Ils n'ont point la faculté de pouvoir chercher leur nourriture ; ils n'ont pas même celle de s'en saisir; mais ils l'absorbent, parce qu'elle se trouve en contact avec tous les points de leur individu, et que l'eau, dans laquelle ils vivent, la leur fournit suffisamment.

Ces frêles animaux, en qui les fluides subtils des milieux environnans constituent la cause stimulante de l'orgasme, de l'irritabilité et des mouvemens organiques, exécutent, ainsi que je l'ai dit, des mouvemens de contraction qui, provoqués et variés sans cesse par cette cause stimulante, facilitent et hâtent les absorptions dont je viens de parler. Or, dans ces animaux, les mouvemens des fluides visibles et contenus étant encore très-lents, les matières absorbées réparent à mesure les pertes qu'ils font par les suites de la vie, et en outre, servent à l'accroissement de l'individu.

J'ai dit que les fluides subtils, qui pénètrent et se meuvent dans l'intérieur de ces corps vivans, se frayant des voies particulières, qu'ils continuoient de suivre, commençoient à établir des mouvemens de même sorte, lesquels donnent lieu, conséquemment, à des habitudes. Maintenant, si l'on fait réflexion que l'organisation se développe avec la continuité de la vie, on concevra que de nouvelles voies ont dû se frayer, se multiplier, et se diversifier progressivement, pour faciliter l'exécution des mouvemens de contraction ; et que les habitudes, auxquelles ces mouvemens donnent lieu, devenant alors entraînantes et irrésistibles, doivent se diversifier pareillement.

Telle est, selon moi, la cause des mouvemens des animaux les plus imparfaits ; mouvemens que nous sommes portés à leur attribuer et à regarder comme le résultat de facultés qu'ils possèdent, parce que, dans d'autres animaux, nous en apercevons la source en eux-mêmes ; mouvemens, en un mot, qui s'exécutent sans volonté et sans aucune participation de l'individu, et qui, néanmoins, de très-irréguliers qu'ils sont dans les plus imparfaits de ces corps vivans, se régularisent progressivement, et deviennent constamment les mêmes dans les animaux de même espèce.

Enfin, la reproduction transmettant aux individus les formes acquises, tant intérieures qu'extérieures, elle leur transmet aussi, en même temps, l'aptitude exclusive aux mêmes sortes de mouvemens, et par conséquent, aux mêmes habitudes.

Du transport de la Force productrice des mouvemens , dans l'intérieur des animaux.

Si la nature s'en étoit tenue à l'emploi de son premier moyen, c'est-à-dire, d'une force entièrement extérieure et étrangère à l'animal, son ouvrage fût resté très-imparfait ; les animaux n'eussent été que des machines totalement passives, et elle n'eût jamais donné lieu, dans aucun de ces corps vivans, aux admirables phénomènes de la sensibilité, du sentiment intime d'existence qui en résulte , de la puissance d'agir , enfin., des idées, au moyen desquelles elle pût créer le plus étonnant de tous, celui de la pensée, en un mot, l'intelligence.

Mais, voulant parvenir à ces grands résultats, elle, en a insensiblement préparé les moyens, en donnant graduellement de la consistance aux parties intérieures des animaux ; en y diversifiant les organes ; et en y multipliant et composant davantage les fluides contenus, etc.; dès lors, elle a pu transporter dans l'intérieur

de ces animaux , cette force productrice des
mouvemens et des actions , qu'à la vérité ils
ne dominèrent pas d'abord , mais qu'elle parvint à mettre , en grande partie , à leur disposition , lorsque leur organisation fut très - perfectionnée.

En effet , dès que l'organisation animale fut
assez avancée dans sa composition , pour pouvoir posséder un système nerveux déjà un peu
développé , comme dans les *insectes* , les animaux , munis de cette organisation , furent doués
du sentiment intime de leur existence , et des
lors la *force productrice* des mouvemens , fut
transportée dans l'intérieur même de l'animal.

J'ai déjà fait voir , effectivement , que cette
force intérieure qui produit les mouvemens et
les actions , prenoit sa source dans le sentiment
intime d'existence que possèdent les animaux
qui ont un système nerveux , et que ce sentiment , sollicité ou ému par les besoins , met-
toit alors en mouvement le fluide subtil contenu dans les nerfs , et en envoyoit aux muscles
qui doivent agir ; ce qui produit les actions que
les besoins exigent.

Or, tout besoin ressenti produit une émotion
dans le sentiment intérieur de l'individu qui
l'éprouve ; et de cette émotion du sentiment
dont il s'agit , naît la force qui donne lieu au

mouvement des parties qui doivent être mises en action ; ce que j'ai mis en évidence,
lorsque j'ai montré la communication et l'harmonie qui existent dans toutes les parties du
systeme nerveux, et comment le sentiment in-
terieur, lorsqu'il est ému, pouvoit exciter l'action musculaire.

Ainsi, dans les animaux qui ont en eux-mêmes
la puissance d'agir, c'est-à-dire, la *force productrice* des mouvemens et des actions, le sentiment intérieur qui, dans chaque occasion,
fait naître cette force, étant excité par un besoin quelconque, met en action la puissance ou
la force dont il s'agit ; excite des mouvemens
de déplacement dans le fluide subtil des nerfs,
que les anciens nommèrent *esprits animaux* ;
dirige ce fluide vers celui des organes que quelque besoin oblige d'agir ; enfin, fait refluer
ce même fluide dans ses réservoirs habituels,
lorsque les besoins n'exigent plus que l'organe
agisse.

Le sentiment intérieur tient lieu alors de
volonté ; car il importe maintenant de considérer que tout animal qui ne possède pas l'organe spécial dans lequel, ou au moyen duquel,
s'exécutent les pensées, les jugemens, etc., n'a
point réellement de volonte, ne choisit point, et,
conséquemment, ne peut dominer les mouvemens

que son sentiment intime excite. L'*instinct* dirige ces mouvemens, et nous verrons que cette direction résulte toujours des émotions du sentiment intérieur, auxquelles l'intelligence n'a point de part, et de l'organisation même que les habitudes ont modifiée; en sorte que les besoins des animaux qui sont dans ce cas, étant nécessairement bornés et toujours les mêmes, dans les mêmes espèces, le sentiment intime, et, par suite, la puissance d'agir produisent toujours les mêmes actions.

Il n'en est pas de même des animaux dans lesquels la nature est parvenue à ajouter au système nerveux un organe spécial (deux hémisphères plissés couronnant le cerveau) pour l'exécution des actes de l'intelligence, et qui, par conséquent, exécutent des comparaisons, des jugemens, des pensées, etc. Ces mêmes animaux dominent plus ou moins leur puissance d'agir, selon le perfectionnement de leur organe d'intelligence; et quoiqu'ils soient encore fortement assujettis aux produits de leurs habitudes, qui ont modifié leur organisation, ils jouissent d'une volonté plus ou moins libre, peuvent choisir, et ont la faculté de varier leurs actions, ou au moins plusieurs d'entre elles.

Maintenant, nous allons dire un mot de la consommation qui se fait du fluide nerveux,

à mesure que ce fluide concourt à la production des actions animales.

*De la consommation et de l'épuisement du
Fluide nerveux dans la production des actions
animales.*

Le fluide nerveux, mis en mouvement par
le sentiment intérieur de l'animal, est tellement
alors l'instrument producteur des actions de ce
corps vivant, qu'il se consume à mesure qu'il
agit, et qu'il finiroit par s'épuiser, et par être
dans l'impossibilité de produire l'action à laquelle
il fournissoit, si la volonté de l'individu exigeoit qu'il continuât de la produire.

Or, tout le fluide nerveux qui se forme sans
cesse, pendant la vie d'un animal qui possède
un système d'organisation approprié, se consume continuellement par l'emploi qu'en fait
l'individu.

Une partie de ce fluide est constamment employée, sans la participation de la volonté de
l'animal, à l'entretien de ses mouvemens vitaux
et des fonctions de ceux de ses organes qui sont
essentiels à sa vie.

L'autre partie du même fluide, dont l'individu peut disposer, sert, soit à la production
de ses actions ou de ses mouvemens, soit à
l'exécution de ses différens actes d'intelligence.

Ainsi, dans l'emploi du fluide invisible dont il s'agit, l'individu en consume proportionnellement à la durée de l'action qu'il lui fait produire, ou à l'effort qu'exige cette action ; et il en épuiseroit la portion dont il peut disposer, s'il continuoit trop long-temps de suite des actions qui en consument beaucoup.

De là, le besoin que la nature fait naître en lui de se livrer au repos après un certain temps d'action : il tombe alors dans le sommeil; et le fluide épuisé s'étant réparé pendant ce repos, cet individu retrouve des forces en s'éveillant.

La consommation des forces et, par conséquent, du fluide nerveux qui en est la source, se rend donc évidente dans toutes les actions trop prolongées, ou dans celles qui sont pénibles, et que pour cela l'on nomme *fatigantes*.

Si vous marchez trop long-temps de suite, vous vous fatiguez au bout d'un temps relatif à l'état de vos forces ; si vous courez, vous vous fatiguez beaucoup plutôt encore, parce que vous dissipez alors plus promptement et plus abondamment le principe de vos forces; enfin, si vous prenez un poids de 15 ou 20 livres, et que, le bras étendu et horizontal, vous le souteniez dans cette situation, dans le premier instant de cette action, vous y trouverez assez de facilité, parce

que vous aurez de quoi y fournir ; mais con-
sumant alors promptement le principe qui vous
fait agir, bientôt ce poids vous semblera plus
lourd, plus difficile à soutenir, et en peu de temps
vous vous trouverez hors d'état de continuer
cette action.

Votre organisation sera cependant toujours la
même ; car si on l'examinoit, on ne trouveroit
aucune différence entre son état, au premier
instant de l'action que je viens de citer, et celui
qu'elle offriroit au moment où vous cessez de
pouvoir soutenir le poids en question.

Qui ne voit que, dans cet état, la différence
qui existe réellement entre les deux instans (le
premier et le dernier) de l'action citée, ne consiste que dans la dissipation d'un fluide invisible,
dont on ne sauroit s'apercevoir, par suite des
moyens bornés qui sont à notre disposition.

Certes, la consommation et, à la fin, l'épuisement du fluide subtil des nerfs, dans les actions
trop prolongées, ou trop pénibles, ne seront
jamais solidement contestés ; parce que la raison
et les phénomènes organiques leur donnent la
plus grande évidence.

Quoiqu'il soit vrai qu'une partie du fluide nerveux d'un animal est constamment employée,
sans sa participation, à l'entretien de ses mouvemens vitaux, et des fonctions de ceux de ses

organes qui sont essentiels à son existence ; cependant, lorsque l'individu consume abondamment la portion de ce fluide, dont il disposoit pour ses actions, il nuit alors à l'intégrité des fonctions de ses organes vitaux. En effet, dans cette circonstance, la portion, non disponible du fluide nerveux, fournit à la réparation du fluide disponible qui a été dissipé. Or, cette portion, trop diminuée par cette cause, ne fournit plus qu'incomplétement aux opérations des organes vitaux, et dès lors les fonctions de ces organes languissent, en quelque sorte, et ne s'exécutent qu'imparfaitement.

L'homme qui tient aux animaux, par son organisation, est principalement dans le cas d'altérer ses forces physiques de cette manière ; car, de toutes ses actions, celles qui consument le plus de son fluide nerveux, sont les actes trop prolongés de son entendement, ses pensées, ses méditations, en un mot, les travaux soutenus de son intelligence. Alors ses digestions languissent, deviennent plus imparfaites, et ses forces physiques s'altèrent proportionnellement.

La considération de la consommation qui se fait du fluide nerveux, dans les mouvemens et les actions des animaux, est trop bien connue pour qu'il soit nécessaire de m'étendre davantage sur ce sujet ; mais je dirai qu'elle seule suffiroit

pour convaincre de l'existence de ce fluide, dans
les animaux les plus parfaits ; si beaucoup d'autres encore ne concouroient à la mettre en évidence.

De l'origine du penchant aux mêmes actions, et de celle de l'instinct des animaux.

La cause du phénomène connu, qui contraint
presque tous les animaux à exécuter toujours les
mêmes actions , et celle qui fait naître dans
l'homme même un *penchant* à répéter toute action devenue habituelle , méritent assurément
d'être recherchées.

Si les principes exposés dans cet ouvrage sont
réellement fondés, alors les causes dont il s'agit
s'en déduiront facilement et même très-simplement ; en sorte que des phénomènes qui se pré-
sentoient à nous comme autant de mystères ,
cesseront de nous étonner , quand nous aurons
reconnu la simplicité de celles qui les ont produits.

Voyons donc , d'après les principes que nous
avons ci-dessus énoncés, ce qui peut avoir lieu
à l'égard des phénomènes dont il est ici question.

Dans toute action, le fluide des nerfs qui la
provoque , subit un mouvement de déplacement
qui y donne lieu. Or , lorsque cette action a été
plusieurs fois répétée , il n'est pas douteux que

le fluide qui l'a exécutée, ne se soit frayé une route, qui lui devient alors d'autant plus facile à parcourir, qu'il l'a effectivement plus souvent franchie, et qu'il n'ait lui-même une aptitude plus grande à suivre cette route frayée, que celles qui le sont moins.

Combien ce principe simple et fécond ne nous fournit-il pas de lumières sur le pouvoir bien connu des habitudes, pouvoir auquel l'homme même ne peut se soustraire qu'avec beaucoup de peine, et qu'à l'aide du perfectionnement de son intelligence !

Qui ne sent alors que le pouvoir des habitudes sur les actions doit être d'autant plus grand, que l'individu que l'on considère est moins doué d'intelligence, et a moins, par conséquent, la faculté de penser, de réfléchir, de combiner ses idées, en un mot, de varier ses actions.

Les animaux qui ne sont que sensibles, c'est-à-dire, qui ne possèdent pas encore l'organe dans lequel se produisent les comparaisons entre les idées, ainsi que les pensées, les raisonnemens et les différens actes qui constituent l'intelligence, n'ont que des perceptions souvent très-confuses, ne raisonnent point, et ne peuvent presque point varier leurs actions. Ils sont donc constamment assujettis au pouvoir des habitudes.

Ainsi, les *insectes*, qui sont de tous les animaux qui possèdent le sentiment, ceux qui ont le système nerveux le moins perfectionné, éprouvent des perceptions des objets qui les affectent, et semblent avoir de la mémoire au moyen du produit de ces perceptions, lorsqu'elles sont répétées. Néanmoins, ils ne sauroient varier leurs actions et changer leurs habitudes, parce qu'ils ne possèdent pas l'organe dont les actes pourroient leur en donner les moyens.

De l'Instinct des animaux.

On a nommé *instinct*, l'ensemble des déterminations des animaux dans leurs actions ; et bien des personnes ont pensé que ces déterminations étoient le produit d'un choix raisonné et par conséquent le fruit de l'expérience. D'autres, dit *Cabanis*, peuvent penser, avec les observateurs de tous les siècles, que plusieurs de ces déterminations ne sauroient être rapportées à aucune sorte de raisonnement, et que, sans cesser pour cela d'avoir leur source dans la sensibilité physique, elles se forment le plus souvent sans que la volonté des individus y puisse avoir d'autre part que d'en mieux diriger l'exécution. Il falloit dire, sans que la volonté y puisse avoir aucune part ; car, lorsqu'elle n'y donne point lieu, elle n'en dirige pas même l'exécution.

Si l'on eut considéré que tous les animaux qui
jouissent

jouissent de la faculté de sentir, ont leur sentiment intérieur susceptible d'être ému par leurs besoins, et que les mouvemens de leur fluide nerveux, qui résultent de ces émotions, sont constamment dirigés par ce sentiment intérieur et par les habitudes; alors on eût senti que, dans tous ceux de ces animaux qui sont privés des facultés de l'intelligence, toutes les déterminations d'action ne pouvoient jamais être le produit d'un choix raisonné, d'un jugement quelconque, de l'expérience mise à profit, en un mot, d'une volonté, mais qu'elles étoient assujetties à des besoins que certaines sensations excitent, et qui réveillent des penchans qui les entraînent.

Dans les animaux même qui jouissent de la faculté d'exécuter quelques actes de l'intelligence, ce sont encore, le plus souvent, le sentiment intérieur, et les penchans nés des habitudes qui décident, sans choix, les actions que ces animaux exécutent.

Enfin, quoique la puissance exécutrice des mouvemens et des actions, ainsi que la cause qui les dirige, soient uniquement intérieures; il ne faut pas, comme on l'a fait (1), borner à des impressions intérieures, la cause première

_____

(1) Richerand, *Physiol.*, vol. II, p. 151.

ou provocatrice de ces actes, dans l'intention de restreindre à des impressions extérieures, celle qui provoque les actes de l'intelligence; car, pour peu que l'on consulte les faits qui concernent ces considérations, on a lieu de se convaincre que, de part et d'autre, les causes qui émeuvent et provoquent aux actions, sont tantôt intérieures, et tantôt extérieures, et néanmoins, que ces mêmes causes donnent lieu réellement à des impressions qui n'agissent toutes qu'intérieurement.

D'après l'idée commune, et à peu près générale, que l'on attache au mot *instinct*, on a considéré la faculté que ce mot exprime, comme un flambeau qui éclaire et guide les animaux dans leurs actions, et qui est, à leur égard, ce que la raison est pour nous. Personne n'a montré que l'instinct pût être une force qui fait agir, que cette force le fait, effectivement, sans aucune participation de la volonté, et qu'elle se trouve constamment dirigée par des penchans acquis.

L'opinion de *Cabanis*, que l'instinct naît des impressions intérieures, tandis que le raisonnement est le produit des sensations extérieures, ne sauroit être fondée. C'est en nous-mêmes que nous sentons; nos impressions ne peuvent être qu'intérieures; et les sensations, que nos sens particuliers nous font éprouver de la part des objets extérieurs, ne peuvent produire en nous que des impressions intérieures.

Lorsqu'à la promenade, mon chien aperçoit de loin un animal de son espèce, il éprouve assurément une sensation que cet objet extérieur lui procure par l'entremise du sens de la vue. Aussitôt son sentiment intérieur, ému par l'impression qu'il reçoit, dirige son fluide nerveux dans le sens d'un penchant acquis dans tous les individus de sa race ; et alors, par une sorte d'impulsion involontaire, son premier mouvement le porte à s'avancer vers le chien qu'il aperçoit. Voilà un acte d'instinct excité par un objet extérieur ; et mille autres de même nature peuvent pareillement s'exécuter.

Relativement à ces phénomènes, dont l'organisation animale nous offre tant d'exemples, il me semble qu'on ne se formera une idée juste et claire de leur cause, que lorsqu'on aura reconnu : 1°. que le *sentiment intérieur* est un sentiment général très-puissant, qui a la faculté d'exciter et de diriger les mouvemens de la portion libre du fluide nerveux, et de faire exécuter à l'animal différentes actions ; 2°. que ce sentiment intérieur est susceptible de s'émouvoir, tantôt par des actes d'intelligence, qui se terminent par une *volonte* d'agir, et tantôt par des sensations qui amènent des besoins, qui l'excitent immédiatement, et le mettent dans le cas de diriger la *force productrice* des actions dans le sens de tel penchant acquis, sans le concours d'aucun acte de volonté.

Il y a donc deux sortes de causes qui peuvent émouvoir le sentiment intérieur, savoir : celles qui dépendent des opérations de l'intelligence, et celles qui, sans en provenir, l'excitent immédiatement, et le forcent de diriger sa puissance d'agir dans le sens des penchans acquis.

Ce sont uniquement les causes de cette dernière sorte, qui constituent tous les actes de l'*instinct*; et comme ces actes ne sont point le produit d'une délibération, d'un choix, d'un jugement quelconque, les actions qui en proviennent, satisfont toujours, sûrement et sans erreur, aux besoins ressentis et aux penchans nés des habitudes.

Ainsi, l'*instinct* dans les animaux, est un penchant qui entraîne, que des sensations provoquent en faisant naître des besoins, et qui fait exécuter des actions, sans la participation d'aucune pensée, ni d'aucun acte de volonté.

Ce penchant tient à l'organisation que les habitudes ont modifiée en sa faveur ; et il est excité par des impressions et des besoins qui émeuvent le sentiment intérieur de l'individu, et le mettent dans le cas d'envoyer, dans le sens qu'exige le penchant en activité, du fluide nerveux aux muscles qui doivent agir.

J'ai déjà dit que l'habitude d'exercer tel organe, ou telle partie du corps, pour satisfaire à des besoins qui renaissent souvent, donnoit au fluide subtil qui se déplace, lorsque s'opère la puissance qui fait agir, une si grande facilité à se diriger vers cet organe, où il fut si souvent employé, que cette habitude devenoit en quelque sorte inhérente à la nature de l'individu, qui ne sauroit être libre d'en changer.

Or, les besoins des animaux qui possèdent un système nerveux, étant, pour chacun, selon l'organisation de ces corps vivans :

1°. De prendre telle sorte de nourriture ;

2°. De se livrer à la fécondation sexuelle que sollicitent en eux certaines sensations ;

3°. De fuir la douleur ;

4°. De chercher le plaisir ou le bien-être.

Ils contractent, pour satisfaire à ces besoins ; diverses sortes d'habitudes, qui se transforment, en eux, en autant de penchans, auxquels ils ne peuvent résister, et qu'ils ne peuvent changer eux-mêmes. De là, l'origine de leurs actions habituelles, et de leurs inclinations particulières, auxquelles on a donné le nom d'*instinct* (1).

_____

(1) De même que tous les animaux ne jouissent pas de la

Ce *penchant* des animaux à la conservation des habitudes et au renouvellement des actions qui en proviennent, étant une fois acquis, se propage ensuite dans les individus, par la voie de la reproduction ou de la génération, qui conserve l'organisation et la disposition des parties dans leur état obtenu; en sorte que ce même *penchant* existe déjà dans les nouveaux individus, avant même qu'ils l'aient exercé.

C'est ainsi que les mêmes habitudes et le même *instinct* se perpétuent de générations en générations, dans les différentes espèces ou races d'animaux, sans offrir de variation notable, tant qu'il ne survient pas de mutation dans les circonstances essentielles à la manière de vivre.

---

faculté d'exécuter des actes de volonté, de même pareillement l'*instinct* n'est pas le propre de tous les animaux qui existent; car ceux qui manquent de système nerveux, manquent aussi de sentiment intérieur, et ne sauroient avoir aucun *instinct* pour leurs actions.

Ces animaux imparfaits sont entièrement passifs, n'operent rien par eux-mêmes, ne ressentent aucun besoin, et la nature, à leur égard, pourvoit à tout, comme elle le fait relativement aux végétaux. Or, comme ils sont irritables dans leurs parties, les moyens que la nature emploie pour les faire subsister, leur font exécuter des mouvemens que nous nommons des actions.

De l'Industrie de certains Animaux.

Dans les animaux qui n'ont point d'organe spécial pour l'intelligence, ce que nous nommons *industrie* à l'égard de certaines de leurs actions, ne sauroit mériter un nom semblable; car ce n'est que par illusion qu'à cet égard nous leur attribuons une faculté qu'ils n'ont pas.

Des penchans transmis et reçus par la génération; des habitudes d'exécuter des actions compliquées, et qui résultent de ces penchans acquis; enfin, des difficultés différentes vaincues à mesure et habituellement par autant d'émotions du sentiment intérieur, constituent l'ensemble des actions toujours les mêmes dans les individus de la même race, auquel nous donnons inconsidérément le nom d'*industrie*.

L'instinct des animaux se composant de l'habitude de satisfaire aux quatre sortes de besoins mentionnés ci-dessus, et résultant de penchans acquis depuis long-temps qui les y entraînent d'une manière déterminée pour chaque espèce, il est arrivé, pour plusieurs, qu'une complication dans les actions qui peuvent satisfaire à ces quatre sortes de besoins, ou à certains d'entr'eux, et surtout que des difficultés diverses qu'il a fallu vaincre, ont forcé peu à peu l'animal à étendre et à composer ses moyens, et l'ont conduit, sans

choix et sans aucun acte d'intelligence, mais par
les seules émotions du sentiment intérieur, à exécuter telles et telles actions.

De là, l'origine, dans certains animaux, de diverses actions compliquées, que l'on a qualifiées
d'*industrie*, et qu'on ne s'est point lassé d'admirer
avec enthousiasme, parce qu'on a toujours supposé, au moins tacitement, que ces actions
étoient combinées et réfléchies, ce qui est une
erreur évidente. Elles sont très-simplement le
fruit d'une nécessité qui a étendu et dirigé les
habitudes des animaux qui les exécutent, et qui
les rend telles que nous les observons.

Ce que je viens de dire est surtout fondé pour
les *animaux sans vertèbres*, en qui aucun acte
d'intelligence ne peut s'exécuter. Aucun de ces
animaux ne sauroit, en effet, varier librement
ses actions; aucun d'eux n'a le pouvoir d'abandonner ce qu'on nomme son *industrie*, pour faire
usage de celle d'un autre.

Il n'y a donc pas plus de merveille dans l'*industrie* prétendue du fourmi-lion (*myrmeleon for-
mica leo*) qui, ayant préparé un cône de sable
mobile, attend qu'une proie entraînée dans le
fond de cet entonnoir, par l'éboulement du sable,
devienne sa victime; qu'il n'y en a dans la ma-
nœuvre de l'huître qui, pour satisfaire à tous ses
besoins, ne fait qu'entr'ouvrir et refermer sa

coquille. Tant que leur organisation ne sera pas changée, ils feront toujours l'un et l'autre ce qu'on leur voit faire, et ils ne le feront ni par volonté, ni par raisonnement.

Ce n'est que dans les animaux à vertèbres, et, parmi eux, c'est surtout dans les oiseaux et les mammifères qu'on peut observer, à l'égard de leurs actions, des traits d'une véritable *industrie;* parce que, dans les cas difficiles, leur intelligence, malgré leur penchant aux habitudes, peut les aider à varier leurs actions. Ces traits, néanmoins, ne sont pas communs, et ce n'est guères que dans certaines races qui s'y sont plus exercées, qu'on a des occasions fréquentes de les remarquer.

Examinons actuellement ce qui constitue cet acte qui détermine à agir, et auquel on a donné le nom de *volonté;* et voyons s'il est effectivement le principe de toutes les actions des animaux, comme on l'a pensé.

CHAPITRE VI.

De la volonté.

JE me propose de prouver, dans ce chapitre, que la *volonté*, qu'on a regardée comme la source de toute action, dans les animaux, ne peut avoir d'existence que dans ceux qui jouissent d'un organe spécial pour l'intelligence, et qu'en outre, à l'égard de ces derniers, ainsi qu'à celui de l'homme même, elle n'est pas toujours le principe des actions qu'ils exécutent.

Si l'on y donne quelqu'attention, on reconnoîtra, effectivement, que la *volonté* est le résultat immédiat d'un acte d'intelligence ; car elle est toujours la suite d'un jugement, et par conséquent d'une idée, d'une pensée, d'une comparaison, ou d'un choix, que ce jugement détermine ; enfin, l'on sentira que la faculté de vouloir n'est autre chose que celle de se déterminer par la pensée, c'est-à-dire, par une opération de l'organe de l'entendement, à une action quelconque, et de pouvoir exciter une émotion du sentiment intérieur, capable de produire cette action.

Ainsi, la *volonté* est une détermination à une action, opérée par l'intelligence de l'individu:

elle résulte toujours d'un jugement, et ce jugement lui - même provient nécessairement d'une
idée, d'une pensée, ou de quelqu'impression qui
donne lieu à l'idée ou à la pensée dont il s'agit ;
en sorte que c'est uniquement par un acte de l'intelligence que la *volonté*, qui détermine un individu à une action, peut se former.

Mais si la *volonté* n'est autre chose qu'une détermination, qui s'opère à la suite d'un jugement,
et conséquemment, que le résultat d'un acte intellectuel, il sera donc alors évident que les animaux, qui n'ont pas un organe pour l'intelligence,
ne sauroient exécuter des actes de volonté. Cependant ces animaux agissent, c'est-à-dire, exécutent
tous, en général, des mouvemens qui constituent
leurs actions. Il y a donc plusieurs sources différentes dans lesquelles les actions des animaux
puisent les moyens qui les produisent.

Or, les mouvemens de tous les animaux étant
excités et non communiqués, les causes, excita-
trices de ces mouvemens, doivent différer entre
elles. En effet, on a vu que, dans certains animaux, ces causes provenoient uniquement de l'extérieur, c'est-à-dire, des milieux environnans qui
les fournissent; tandis que, dans les autres, le sentiment intérieur, que possèdent ces derniers, étoit
un moteur suffisant pour produire les mouvemens
qui doivent s'exécuter.

Mais le sentiment intérieur, qui ne devient une
puissance que lorsqu'il a été ému par une cause
physique, reçoit ses émotions par deux voies fort
différentes : dans les animaux qui manquent de l'organe nécessaire à la formation des actes de volonté, le sentiment intérieur ne peut s'émouvoir
que par la voie des sensations ; tandis que, dans
ceux qui ont un organe pour l'intelligence, les
émotions de ce sentiment sont, tantôt, le résultat
unique des sensations qu'éprouvent ces animaux,
et tantôt, celui d'une volonté qu'une opération de
l'entendement fait naître.

Or, voilà trois sources distinctes pour les actions des animaux ; savoir : 1°. les causes extérieures qui viennent exciter l'irritabilité de ces
êtres ; 2°. le sentiment intérieur que des sensations émeuvent ; 3°. enfin, le même sentiment
recevant ses émotions de la *volonté*.

Les actions, ou les mouvemens, qui proviennent de la première de ces trois sources, s'opèrent sans la voie des muscles ; car le système
musculaire n'existe pas dans les animaux en qui
on les observe ; et lorsqu'il commence à se former, les excitations du dehors suppléent encore au sentiment intérieur qui n'a pas d'existence ; mais les actions, ou les mouvemens, qui
prennent leur origine dans les émotions du sentiment intérieur de l'individu, ne s'exécutent que

par l'intermédiaire des muscles qu'excite le fluide nerveux.

Ainsi, lorsque la *volonté* détermine un individu à une action quelconque, le sentiment intérieur en reçoit aussitôt une émotion, et les mouvemens qui en résultent, se dirigent de manière que, dans l'instant même, le fluide nerveux est envoyé aux muscles qui doivent agir.

Quant aux animaux qui, doués de la sensibilité physique, ne possèdent point d'organe pour l'intelligence, et qui, conséquemment, ne peuvent exécuter aucun acte de volonté, chacun de leurs besoins résulte toujours d'une sensation quelconque, c'est-à-dire, d'une perception qui le fait ressentir, et non d'une idée, ni d'un jugement; et ce besoin, ou cette perception, émeut immédiatement le sentiment intérieur de l'individu. Il suit de là, que ces animaux, avant d'agir, ne délibèrent point, ne jugent point, et n'ont aucune détermination préalable à exécuter. Leur sentiment intérieur, directement ému par le besoin, et ensuite dirigé, dans ses mouvemens, par la nature même de ce besoin, met aussitôt en action les parties qui doivent se mouvoir. Donc les actions qui proviennent de cette source, ne sont pas précédées par une volonté réelle.

Mais ce qui est ici une nécessité, pour les

animaux dont il vient d'être question, a lieu aussi, le plus souvent, dans ceux qui sont doués des facultés de l'intelligence ; car presque tous les besoins de ces derniers, provenant de sensations qui réveillent certaines habitudes, émeuvent immédiatement le sentiment intérieur, et mettent ces animaux dans le cas d'agir avant d'y avoir pensé. L'homme même exécute aussi des actions qui ont une semblable origine, lorsque les besoins qui les provoquent sont pressans. Par exemple, si, par distraction, vous prenez, pour quelqu'usage, un morceau de fer qui, contre votre attente, se trouve très-chaud, la douleur que vous fait éprouver la chaleur de ce fer, émeut aussitôt votre sentiment intérieur, et avant d'avoir pu penser à ce que vous devez faire, l'action des muscles, qui vous fait quitter ce fer chaud que vous teniez, est déjà exécutée.

Il suit des considérations que je viens d'exposer, que les actions qui s'exécutent à la suite des besoins, que provoquent des sensations, lesquelles émeuvent immédiatement le sentiment intérieur de l'individu, ne sont nullement le résultat d'aucune pensée, d'aucun jugement, et conséquemment d'aucun acte de *volonté*; tandis que celles qui s'opèrent à la suite des besoins, que provoquent des idées ou des pensées, sont uniquement le résultat de ces actes d'intelligence, qui émeu-

vent aussi immédiatement le sentiment intérieur,
et mettent l'individu dans le cas d'agir par une
volonté évidente.

Cette distinction entre les actions dont la cause, immédiatement déterminante, prend sa source dans quelque sensation, et celles qui résultent d'une détermination exécutée par un jugement, en un mot, par un acte d'intelligence,
est d'une grande importance pour éviter la
confusion et l'erreur, lorsque nous considérons
ces admirables phénomenes de l'organisation.
C'est parce qu'on ne l'avoit pas faite, qu'on a
attribué généralement aux animaux une *volonté*
pour l'exécution de leurs actions; en sorte que,
se fondant sur ce qui est relatif à l'homme et
aux animaux les plus. parfaits, dans la définition
qu'on a donnée des animaux en général, on a supposé qu'ils avoient tous la faculté de se *mouvoir
volontairement*, ce qui n'est pas, même pour ceux
qui possèdent un système nerveux, et à plus
forte raison pour ceux qui en sont dépourvus.

Assurément, les animaux qui n'ont pas de
système nerveux, ne sauroient jouir de la faculté de vouloir, c'est-à-dire, ne sauroient
exécuter aucune détermination, aucun acte de
volonté; bien loin de cela, ils ne peuvent avoir
même le sentiment de leur existence : les *infusoires* et les *polypes* sont dans ce cas.

Ceux qui ont un système nerveux capable de leur donner la faculté de sentir , mais qui manquent *d'hypocéphale* , c'est-à-dire , d'organe spécial pour l'intelligence , jouissent , à la vérité , d'un sentiment intérieur, source de leurs actions , et il se forme en eux des perceptions confuses des objets qui les affectent ; mais ils n'ont point d'idées, ne pensent point, ne comparent point, ne jugent point, et conséquemment , n'exécutent aucun acte de *volonté.* On a lieu de croire que les *insectes* , les *arachnides* , les *crustacés,* les *annelides,* les *cirrhipèdes* et même les *mollusques,* se trouvent dans ce second cas.

Le sentiment intérieur , ému par quelque besoin, est la source de toutes les actions de ces animaux. Ils agissent sans délibération , sans détermination préalable , et toujours dans l'unique direction que le besoin leur imprime; et lorsqu'en agissant , un obstacle quelconque les arrête , s'ils l'évitent , s'en détournent , et semblent choisir , c'est qu'alors un nouveau besoin émeut encore leur sentiment intérieur. Aussi leur nouvelle action ne résulte , ni de combinaison d'idées, ni de comparaison entre les objets, ni d'un jugement qui les détermine, puisque ces animaux ne sauroient former aucune des opérations de l'intelligence , n'ayant pas l'organe qui peut les effectuer ; enfin , cette nou-

velle

velle action est en eux la suite de quelque émotion de leur sentiment intérieur.

Il n'y a donc que les animaux qui, outre un système nerveux, possèdent encore l'organe spécial dans lequel s'exécutent des idées complexes, des pensées, des comparaisons, des jugemens, etc., qui jouissent de la faculté de vouloir, et qui puissent exécuter des actes de volonté. C'est apparemment le cas des *animaux* à *vertèbres* : et puisque les *poissons* et les *reptiles* ont encore un cerveau tellement imparfait qu'il ne peut remplir entièrement la cavité du crâne, ce qui indique que leurs actes d'intelligence sont extrêmement bornés, c'est au moins dans les *oiseaux* et les *mammifères*, qu'on doit reconnoître la faculté de vouloir, ainsi que la jouissance d'une *volonté* déterminatrice de plusieurs des actions de ces animaux ; car ils exécutent évidemment différens actes d'intelligence, et ils ont effectivement l'organe particulier qui les rend capables de les produire.

Mais, j'ai déjà fait voir que, dans les animaux qui possèdent un organe spécial pour l'intelligence, toutes les actions ne résultoient pas exclusivement d'une *volonté*, c'est-à-dire, d'une détermination intellectuelle et prealable, qui excite la force qui les produit. Certaines d'en-

tre elles sont, à la vérité, le produit de la faculté de vouloir ; mais beaucoup d'autres ne
proviennent que de l'émotion directe du sentiment intérieur, qu'excitent des besoins subits,
et qui fait exécuter à ces animaux, des actions
qu'aucune détermination, par la pensée, ne pré-
cède en aucune manière.

Dans l'homme même, que d'actions sont uniquement provoquées, et aussitôt exécutées, par la
simple émotion du sentiment intérieur, et sans la
participation de la volonté! Enfin, n'est-ce pas
à de premiers mouvemens, non maîtrisés, qu'une
multitude de ces actions doivent leur origine;
et ces premiers mouvemens, que sont-ils, si ce
ne sont les résultats du sentiment intérieur?

S'il n'y a point, ainsi que je l'ai dit plus haut,
de volonté réelle dans les animaux qui possèdent
un système nerveux, mais qui sont dépourvus
d'un organe pour l'intelligence, ce qui est cause
que ces animaux n'agissent que par les émotions
que des sensations produisent en eux; il y en
a bien moins encore dans ceux qui sont privés
de nerfs. Aussi paroît-il que ces derniers ne se
meuvent que par leur irritabilité excitée, et que
par l'effet immédiat des excitations extérieures.

On conçoit, d'après ce que je viens d'exposer,
que lorsque la nature fut parvenue à transporter,
dans l'intérieur des animaux, la puissance d'agir,

c'est-à-dire, à créer, au moyen du système nerveux, ce *sentiment intérieur*, source de la force
qui fait produire les actions, elle perfectionna
ensuite son ouvrage, en créant une seconde
puissance intérieure, celle de la *volonté*, qui
naît des actes de l'intelligence, et qui seule peut
réussir à faire varier les actions habituelles.

La nature n'eut besoin, pour cela, que d'a-
jouter au système nerveux un nouvel organe,
celui dans lequel s'exécutent les actes de l'intelligence; et que de séparer du foyer des sensations,
ou des perceptions, l'organe où se forment les
idées, les comparaisons, les jugemens, les raisonnemens, en un mot, les pensées.

Ainsi, dans les animaux les plus parfaits, la
moelle épinière sert ou fournit au mouvement
musculaire des parties du corps, et à l'entretien
des fonctions vitales; tandis que le *foyer des
sensations*, au lieu d'être placé dans l'étendue
ou dans quelque point isolé de cette moelle épinière, se trouve évidemment concentré à son
extrémité supérieure ou antérieure, dans la partie inférieure du cerveau. Ce foyer des sensations est conséquemment très-rapproché de l'organe dans lequel s'exécutent les différens actes
de l'intelligence, sans être néanmoins confondu
avec lui.

L'organisation animale étant parvenue au

terme de perfectionnement qui y fait exister un
organe pour les actes d'intelligence, les individus, qui possèdent cette organisation, ont des
idées simples et peuvent s'en former de complexes ; ils jouissent d'une volonté, libre en apparence, qui détermine certaines de leurs actions ; ils ont des passions, c'est-à-dire, des penchans exaltés qui les entraînent vers certains ordres d'idées et d'actions qu'ils ne maîtrisent point ;
enfin, ils sont doués de mémoire, et ont la faculté de se rendre présentes des idées déjà tracées
dans leur organe, ce qui s'exécute au moyen du
fluide nerveux qui repasse et s'agite sur les impressions ou les traces subsistantes de ces idées.

On sent que des agitations désordonnées du
fluide nerveux sur les traces dont il s'agit, sont
les causes des songes que font souvent pendant
leur sommeil les animaux capables d'avoir des
idées.

Les animaux, qui ont de l'intelligence, font
néanmoins la plupart de leurs actions par instinct
et par habitude, et à ces égards, ils ne se trompent jamais ; et lorsqu'ils agissent par *volonté*,
c'est-à-dire, à la suite d'un jugement, ils ne se
trompent pas encore ou du moins très-rarement ;
parce que les élémens qui entrent dans leurs jugemens, sont en petit nombre, et qu'en général,
ils leur sont fournis par les sensations ; et surtout,

parce que , dans une même race , il n'y a point d'inégalité dans l'intelligence et dans les idées des individus. Il suit de là que leurs actes de *volonté* sont des déterminations qui les font toujours satisfaire sans erreur aux besoins qui les émeuvent. On a dit , d'après cela, que l'instinct pour les animaux étoit un flambeau qui les éclairoit mieux que notre raison.

Le vrai est que , moins libres que nous de varier leurs actions , plus assujettis à leurs habitudes , les animaux ne trouvent dans leur instinct qu'une nécessité qui les entraîne , et dans leurs actes de *volonté* qu'une cause , dont les élémens non variables , non modifiés , très-peu compliqués , et toujours les mêmes dans tous les individus d'une même race , a dans tous une puissance et une étendue égales dans les mêmes cas. Enfin , comme il ne se trouve entre les individus de la même espèce , *aucune inégalité* dans les facultés intellectuelles , leurs jugemens sur les mêmes objets , et leur *volonté* d'agir qui peut résulter de ces jugemens, sont des causes qui leur font exécuter, à très-peu près , les mêmes actions dans les mêmes circonstances.

Je terminerai ces vues sur les sources et les résultats de la *volonté* , par quelques considérations relatives à la même faculté dans l'homme ; et l'on va voir que les choses sont bien différentes à son égard, de celles que nous venons d'examiner dans les animaux; car, quoiqu'il paroisse beaucoup plus libre qu'eux dans ses actes de volonté, il ne l'est effectivement pas, et cependant, par une cause que je vais tâcher de faire sentir, les individus de son espèce agissent très-différemment les uns des autres dans des circonstances semblables.

La *volonté* dépendant toujours d'un jugement quelconque, n'est jamais véritablement libre; car le jugement qui y donne lieu est, comme le *quotient* d'une opération arithmétique, un résultat nécessaire de l'ensemble des élémens qui l'ont formé. Mais l'acte même qui constitue un jugement doit varier dans ses produits, selon les individus, par la raison que les élémens qui entrent dans la formation de ce jugement, sont dans le cas d'être fort différens dans chaque individu qui l'exécute.

En effet, il entre, en général, tant d'élémens divers dans la formation de nos jugemens; il s'en trouve tant qui sont étrangers à ceux qu'il faudroit employer; et, parmi ceux dont on devroit faire usage, il y en a tant qui sont inaperçus ou rejetés par des préventions, ou, enfin, qui sont, soit altérés, soit changés, par notre disposition, notre santé, notre âge, notre sexe, nos habitudes, nos penchans, l'état de nos lumières, etc., que ces élémens rendent le jugement que l'on porte sur un même sujet, fort différent, selon les individus. Nos jugemens dépendant de tant de particularités inappréciables et très-difficiles à reconnoître, ont fait croire que nous étions libres dans nos déterminations, quoique nous ne le soyons réellement pas, puisque les jugemens qui les produisent ne le sont pas eux-mêmes.

La diversité de nos jugemens est si remarquable, qu'il arrive souvent qu'un objet considéré donne lieu à autant de jugemens particuliers qu'il y a de personnes qui entreprennent de prononcer à son égard. On a pris cette variation pour une liberté dans la détermination, et l'on s'est trompé ; elle n'est que le résultat des élémens divers qui, pour chaque personne, entrent dans le jugement exécuté.

Il y a cependant des objets si simples dans leurs qualités, et qui présentent si peu de faces différentes à considérer, qu'on est à peu près généralement d'accord sur le jugement qu'on en porte. Mais, ces objets se réduisent presque uniquement à ceux qui sont hors de nous, et qui ne nous sont connus que par les sensations qu'ils excitent ou qu'ils ont excitées sur nos sens. Nos jugemens, à leur égard, n'ont guère d'autres élémens à employer que ceux que les sen-

sations nous fournissent, et que les comparaisons que nous en formons avec les autres corps
qui nous sont connus. Enfin, pour les jugemens
dont il s'agit, notre entendement n'a que très-
peu d'opérations à exécuter.

Il résulte de l'énorme multitude de causes
diverses, qui changent ou modifient les élémens
que nous faisons entrer dans la formation de nos
jugemens, surtout de ceux qui exigent différentes opérations de l'intelligence, que, le plus
souvent, ces jugemens sont erronés, manquent
de justesse, et que, par une suite de l'inégalité qui se trouve entre les facultés intellectuelles des individus, ces mêmes jugemens sont,
en général, aussi variés que les personnes qui
les forment, les élémens que chacun y apporte
n'étant pas les mêmes. Il en résulte, en outre,
que les désordres de ces actes d'intelligence en
entrainent nécessairement dans ceux qui constituent nos *volontés*, et par suite, dans nos actions.

Si l'objet que j'ai en vue dans cet ouvrage ne
me retenoit dans des bornes que je ne veux pas
franchir, je pourrois faire des applications nombreuses qui établiroient encore mieux le fondement de ces considérations ; j'aurois même à ces
égards des remarques à faire qui ne seroient pas
sans intérêt.

Par exemple , je pourrois montrer que , tandis que l'homme retire de ses facultés intellectuelles, bien développées , de très-grands avantages , l'espèce humaine, considérée en général, en éprouve en même temps des inconvéniens considérables ; car ces facultés donnant autant de facilité et autant de moyens pour exécuter le mal que pour faire le bien , leur résultat général est toujours au désavantage des individus qui exercent le moins leur intelligence , ce qui est nécessairement le cas du plus grand nombre. Alors , on sentiroit que le mal , à cet égard , réside principalement dans l'extrême *inégalité* d'intelligence des individus , inégalité qu'il est impossible de détruire entièrement. Néanmoins , on reconnoîtroit mieux encore que ce qu'il importeroit le plus pour le perfectionnement et le bonheur de l'homme , seroit de diminuer le plus possible cette énorme inégalité, parce qu'elle est la source de la plupart des maux auxquels elle l'expose.

Maintenant nous allons essayer de reconnoître les causes physiques des actes de l'entendement : nous tâcherons du moins de déterminer les conditions exigées de l'organisation , pour que ces admirables phénomènes puissent se produire.

CHAPITRE VII.

De l'Entendement, de son origine, et de celle des idées.

Voici le sujet le plus curieux, le plus intéressant, et à la fois le plus difficile dont l'homme puisse s'occuper dans ses études de la nature ; celui où il lui importeroit beaucoup d'avoir des connoissances positives, et celui cependant qui semble lui offrir le moins de moyens pour en acquérir de pareilles.

Il s'agit de savoir comment des causes purement physiques, et par conséquent de simples relations entre différentes sortes de matières, peuvent produire ce que nous nommons des *idées;* comment avec des idées simples ou directes, ces relations peuvent former des idées complexes; en un mot, comment avec des idées de quelque genre que ce soit, ces mêmes relations peuvent donner lieu à des facultés aussi étonnantes que celles de penser, de juger, d'analiser, et de raisonner.

Il semble qu'il faille être plus que téméraire pour entreprendre une pareille recherche, et pour se flatter de trouver la source de ces merveilles dans les moyens qui sont à la disposition de la nature.

Assurément, je n'ai pas la présomption de croire que j'ai découvert les causes de ces prodiges ; mais, persuadé que tous les actes d'intelligence sont des phénomènes naturels, et par conséquent que ces actes prennent leur source dans des causes uniquement physiques, puisque les animaux les plus parfaits jouissent de la faculté d'en produire, j'ai pensé qu'au moyen de beaucoup d'observations, d'attention, et de patience, on pourroit, surtout par la voie de l'induction, parvenir à se former des idées d'un grand poids sur ce sujet important ; voici les miennes à son égard.

Sous la dénomination d'*entendement* ou d'*intelligence*, je comprends toutes les facultés intellectuelles connues, telles que celles de pouvoir se former des idées de différens ordres, de comparer de juger, de penser, d'analiser, de raisonner, enfin, de se rappeler des idées acquises, ainsi que des pensées et des raisonnemens déjà exécutés, ce qui constitue la mémoire.

Toutes les facultés que je viens d'indiquer, résultent indubitablement d'actes particuliers à l'organe de l'intelligence ; et chacun de ces actes est nécessairement le produit des relations qui ont lieu entre l'organe dont il s'agit et le fluide nerveux qui se meut alors dans cet organe.

L'organe spécial dont il est question , auquel j'ai donné le nom d'*hypocéphale ,* se trouve constitué par deux hémisphères plissés et pulpeux, qui enveloppent ou recouvrent cette partie médullaire, que je nomme particulièrement *cerveau,* laquelle contient le foyer ou centre de rapport du système sensitif, et donne naissance aux nerfs des sens particuliers; le cervelet n'en est qu'une dépendance.

Ainsi , cette partie (le cerveau proprement dit, auquel le cervelet appartient) et l'*hypocéphale* sont deux objets très-distincts, surtout par la nature des fonctions de ces organes; quoique l'on soit dans l'usage de les confondre ensemble sous le nom commun de *cerveau* ou d'*encéphale.* Or , c'est uniquement dans les fonctions de l'*hypocéphale* que je vais rechercher les causes physiques des différentes facultés de l'intelligence , parce que cet organe est le seul qui ait le pouvoir d'y donner lieu.

La diversité réelle, mais difficile à reconnoître, des parties de l'organe dont il est question , et celle des mouvemens du fluide subtil que contient cet organe , sont donc la source unique où les différens actes intellectuels cités puisent leurs moyens d'exécution. Telle est l'idée générale que je me propose de développer succinctement.

Avant tout, et pour mettre de l'ordre dans les considérations qui concernent ce sujet, il est nécessaire de poser ou de rappeler les deux principes suivans, parce qu'ils constituent les bases de tout sentiment admissible à cet égard.

Premier principe : tous les actes intellectuels quelconques prennent naissance dans les *idées*, soit dans celles que l'on acquiert dans l'instant même, soit dans celles déjà acquises ; car, dans ces actes, il s'agit toujours des idées, ou de rapports entre des idées, ou d'opérations sur des idées.

Second principe : toute idée quelconque est originaire d'une sensation, c'est-à-dire, en provient directement ou indirectement.

De ces deux principes, le premier se trouve pleinement confirmé par l'examen de ce que sont réellement les différens actes de l'entendement ; et en effet, dans tous ces actes, ce sont toujours les idées qui sont le sujet ou les matériaux des opérations qui les constituent.

Le second de ces principes avoit été reconnu par les anciens, et on le trouve parfaitement exprimé par cet axiome dont *Locke* ensuite nous a montré le fondement ; savoir : *qu'il n'y a rien dans l'entendement qui n'ait été auparavant dans la sensation.*

Il suit de là que toute idée doit se résoudre, en

dernière analise, en une représentation sensible ; et que, puisque tout ce qui est dans notre entendement y est venu par la voie de la sensation, tout ce qui en sort et qui ne peut trouver un objet sensible pour s'y rattacher, est absolument chimérique. Telle est la conséquence évidente qu'a déduite M. *Naigeon*, de l'axiome d'*Aristote*.

On n'a cependant pas encore généralement admis cet axiome ; car plusieurs personnes considérant certains faits dont elles n'aperçurent point les causes, pensèrent qu'il y avoit réellement des *idées innées*. Elles se persuadèrent en trouver des preuves dans la considération de l'enfant qui, peu d'instans après sa naissance, veut téter et semble rechercher le sein de sa mère, dont cependant il ne peut encore avoir connoissance par des idées nouvellement acquises. A cette occasion, je ne citerai pas le prétendu fait d'un chevreau qui, tiré du sein de sa mère, choisit le cytise, parmi plusieurs végétaux qui lui furent présentés. On sait assez que ce ne fut qu'une supposition qui n'a pu avoir de fondement.

Lorsque l'on reconnoîtra que les habitudes sont la source des penchans, que l'exercice maintenu de ces penchans modifie l'organisation en leur faveur, et qu'alors ils sont transmis aux nou-

veaux individus par la génération ; on sentira
que l'enfant qui vient de naître, peut, peu de
temps après, vouloir téter, par le seul produit
de l'instinct, et prendre le sein qu'on lui présente,
sans en avoir la moindre idée, et sans exécuter
pour cela aucune pensée, aucun jugement, ni
aucun acte de volonté qui n'en peut être que la
suite ; et que cet enfant ne fait cette action
qu'uniquement par la légère émotion que le besoin
donne à son sentiment intérieur, lequel le fait
agir dans le sens d'un penchant tout acquis, quoiqu'il n'ait pas encore été exercé ; on sentira de
même, que le petit canard qui sort de son œuf,
s'il se trouve alors près de l'eau, y court aussitôt
et nage à sa surface, sans en avoir aucune idée,
et sans la connoître ; cet animal n'exécutant point
cette action par aucune délibération intellectuelle,
mais par un penchant qui lui a été transmis, et
que son sentiment intérieur lui fait exercer, sans
que son intelligence y ait la plus petite part.

Je reconnois donc comme un principe fonda-
mental, comme une vérité incontestable, qu'il
n'y a point d'idées innées, et que toute idée quelconque provient, soit directement, soit indirectement, de sensations éprouvées et remarquées.

Il résulte de cette considération, que l'organe
de l'intelligence, étant le dernier perfectionnement que la nature ait donné aux animaux, ne

peut exister que dans ceux qui possèdent déjà la
faculté de sentir. Aussi l'organe spécial dans lequel s'opèrent les idées , les jugemens, les pensées, etc. , ne commence-t-il à se former que dans
des animaux en qui le système des sensations est
très-développé.

Tous les actes intellectuels , qui s'exécutent
dans un individu, sont donc le produit de la réunion des causes suivantes ; savoir :

1°. De la faculté de sentir ;

2°. De la possession d'un organe particulier
pour l'intelligence ;

3°. Des relations qui ont lieu entre cet organe et le fluide nerveux qui s'y meut diversement ;

4°. Enfin , de ce que les résultats de ces relations se rapportent toujours au foyer des sensations , et par suite au sentiment intérieur de
l'individu.

Telle est la chaîne qui se trouve partout en
harmonie , et qui constitue la cause physique et
composée du plus admirable des phénomènes
de la nature.

Pour rejeter , par des motifs raisonnables, le
fondement des considérations que je viens d'exposer , il faut pouvoir montrer que l'harmonie qui
existe dans toutes les parties du système nerveux,
n'est pas capable de produire des sensations et
le

le sentiment intérieur de l'individu ; que les actes d'intelligence , tels que les pensées , les jugemens , etc., ne sont pas des actes physiques , et ne résultent pas immédiatement de relations entre un fluide subtil agité et l'organe particulier qui contient ce fluide ; enfin , que les résultats de ces relations ne se rapportent point à ce sentiment intérieur de l'individu. Or , comme les causes physiques qui viennent d'être citées , sont les seules qui puissent donner lieu aux phénomènes de l'intelligence , si on nie l'existence de ces causes , et par conséquent , que les phénomènes qui en résultent soient naturels ; alors on sera obligé de chercher hors de la nature une autre source pour les phénomènes en question. Il faudra suppléer aux causes physiques rejetées , par les idées fantastiques de notre imagination ; idées toujours sans base , puisqu'il est de toute évidence que nous ne pouvons avoir aucune autre connoissance positive , que celle que nous puisons dans les objets mêmes que la nature présente à nos sens.

Comme les merveilles que nous examinons , et dont nous recherchons les causes , ont pour base les *idées;* que , dans les actes d'intelligence, il ne s'agit partout que des *idées* , et que d'opérations sur ces *ideés ;* avant d'examiner ce que sont les idées elles-mêmes , montrons le fil de la forma-

23

tion graduelle des organes qui donnent lieu, d'abord aux sensations et au sentiment intérieur, ensuite aux idées, et enfin, aux opérations qui s'exécutent sur elles.

Les animaux très-imparfaits des premières classes, ne possédant point de système nerveux, ne sont simplement qu'irritables, n'ont que des habitudes, n'éprouvent point de sensations, et ne se forment jamais d'idées. Mais les animaux moins imparfaits, qui ont un système nerveux, et qui, cependant, ne possèdent pas l'organe de l'intelligence, ont de l'instinct, des habitudes et des penchans, éprouvent des sensations, et néanmoins ne se forment point encore d'idées. J'ose le dire, là où il n'y a pas d'organe pour une faculté, cette faculté ne peut exister.

Or, s'il est maintenant reconnu que toute idée provienne originairement d'une sensation, ce qu'en effet on ne sauroit solidement contester, je compte faire voir que, pour cela, toute sensation ne donne pas nécessairement une idée. Il faut que l'organisation soit parvenue à un état propre à favoriser la formation de l'idée, et qu'en outre, la sensation soit accompagnée d'un effort particulier de l'individu, en un mot, d'un acte préparatoire qui rende l'organe spécial de l'intelligence capable de recevoir l'idée, c'est-à-dire, des impressions qu'il conserve.

En effet, s'il est vrai qu'en créant l'organisation, la nature la forma nécessairement dans sa
plus grande simplicité, et qu'alors elle ne put
avoir en vue de donner aux corps vivans d'autres
facultés que celles de se nourrir et de se reproduire ; ces corps qui reçurent d'elle l'organisation
et la vie, ne purent donc avoir d'autres organes
que ceux qui sont nécessaires à la possession de
la vie. Cela est confirmé par l'observation des
animaux les plus imparfaits, tels que les *infusoires* et les *polypes.*

Mais en compliquant ensuite l'organisation de
ces premiers animaux, et créant, à l'aide de
beaucoup de temps et d'une diversité infinie
de circonstances, la multitude de formes différentes qui caractérisent ceux qui leur sont
postérieurs, la nature a formé successivement
les divers organes que possèdent les animaux,
et les différentes facultés auxquelles ces organes
donnent lieu. Elle les a produits dans un ordre
que j'ai déterminé (première partie, chap. VIII),
et l'on a pu voir, d'après cet ordre, que l'*hypocéphale*, que constituent les deux hémisphères
plissés qui enveloppent ou recouvrent le cerveau,
est le dernier organe qu'elle est parvenue à faire
exister.

Long-temps avant d'avoir créé l'*hypocéphale*,
cet organe spécial pour la formation des idées

et de toutes les opérations qui s'exécutent à leur
égard, la nature avoit établi, dans un grand
nombre d'animaux, un système nerveux qui leur
donnoit la faculté d'exciter l'action des muscles,
et ensuite celle de sentir, et d'agir par les émotions de leur sentiment intérieur. Or, pour y parvenir, quoiqu'elle eût multiplié et dispersé les
foyers pour les mouvemens musculaires, soit
en établissant des ganglions séparés, soit en répandant ces foyers dans l'étendue d'une moelle
longitudinale noueuse, ou d'une moelle épinière,
elle concentra dans un lieu particulier le foyer
des sensations, et le transporta dans une petite
masse médullaire, qui fournit immédiatement les
nerfs de quelques sens particuliers, et à laquelle
on a donné le nom de *cerveau*.

Ce ne fut donc qu'après avoir opéré ces divers
perfectionnemens du système nerveux, que la nature parvint à mettre la dernière main à son ouvrage, en créant, dans le plus grand voisinage
du foyer des sensations, l'*hypocéphale*, cet organe particulier et si intéressant, dans lequel
se gravent les idées, et où s'exécutent, à leur
égard, toutes les opérations qui constituent l'intelligence.

C'est uniquement de ces opérations dont nous
allons nous occuper, et dont nous essayerons
de déterminer les causes physiques les plus pro-

bables, en saisissant les inductions à l'égard des parties agissantes, et reconnoissant les conditions qu'exigent les fonctions de ces parties.

Actuellement, examinons comment une *idée* peut se former, et dans quel cas une sensation peut la produire; considérons même, au moins en général, de quelle manière s'exécutent les actes de l'intelligence dans l'*hypocéphale*.

Une particularité fort singulière, de laquelle cependant je ne puis douter, est que l'organe spécial dont il est maintenant question, n'exerce jamais lui-même aucune action quelconque dans tous les actes ou phénomènes auxquels il donne lieu, et qu'il ne fait constamment que recevoir et conserver plus ou moins long-temps, les images qui lui parviennent, et toutes les impressions qui les gravent. Cet organe diffère, ainsi que le cerveau et les nerfs, de tous les autres organes du corps animal, en ce qu'il n'agit point, et qu'il ne fait que fournir au *fluide nerveux* qu'il contient, les moyens d'exécuter les différens phénomènes auxquels ce fluide est propre.

En effet, lorsque je considère l'extrême mollesse de la pulpe médullaire qui constitue les nerfs, le cerveau et son hypocéphale, je ne puis me persuader que, dans les relations du fluide nerveux avec les parties médullaires dans lesquelles il se meut, ces dernières soient capables

d'exercer la moindre action. Ces parties sont,
sans doute, uniquement passives, et hors d'état
de réagir contre tout ce qui peut les affecter. Il
en résulte que les parties médullaires, qui composent l'*hypocéphale*, reçoivent et conservent
les traces de toutes les impressions que le fluide
nerveux, dans ses mouvemens, vient leur imprimer ; en sorte que le seul corps qui agisse,
dans les fonctions qu'exécute l'hypocéphale, est
le fluide nerveux lui-même, ou pour m'exprimer
plus exactement, l'organe dont il s'agit n'exécute aucune fonction, le fluide nerveux les opère
toutes lui seul ; mais ce fluide ne sauroit nullement
y donner lieu, sans l'existence de l'organe dans
lequel il agit.

Ici, l'on me demandera comment il est possible de concevoir qu'un fluide, quelque subtil
et varié qu'il soit dans ses mouvemens, puisse
lui seul donner lieu à cette multitude étonnante
d'actes et de phénomènes différens qui constituent
l'immense étendue des facultés de l'intelligence.
A cela je répondrai que la merveille considérée
se trouve toute entière dans la composition même
de l'*hypocéphale*.

Cette masse médullaire qui constitue l'*hypocéphale*, c'est-à-dire, les deux hémisphères plissés
qui enveloppent ou recouvrent le cerveau ; cette
masse, dis-je, qui semble n'être qu'une pulpe

dont les parties sont continues et cohérentes dans tous leurs points, se compose, au contraire, d'une multitude inconcevable de parties distinctes et séparées, d'où résulte une quantité innombrable de cavités, infiniment diversifiées entr'elles par leur forme et leur grandeur, et qui paroissent distinguées par régions en nombre égal à celui des facultés intellectuelles de l'individu; enfin, quelqu'en soit le mode, la composition de cet organe est encore différente dans chaque région; car c'est dans chacune d'elles que s'effectuent les actes de chaque faculté particulière de l'intelligence.

L'examen de la partie blanche et médullaire de l'*hypocéphale* y a fait apercevoir des fibres nombreuses: or, il est probable que ces fibres ne sont pas, comme ailleurs, des organes de mouvement; leur consistance ne le permet pas: on a plus lieu de croire que ce sont autant de canaux particuliers qui aboutissent chacun à une cavité qui seroit en forme de cul-de-sac, si les cavités dont il s'agit ne communiquoient entr'elles par des voies latérales. Ces cavités, imperceptibles pour nous, sont innombrables comme les filets tubuleux qui y conduisent, et on peut présumer que c'est sur la paroi interne de chacune d'elles que se gravent les impressions que le fluide nerveux y apporte; peut-être y a-t-il aussi de petites lames ou des feuillets médullaires disposés pour le même objet.

Ne pouvant savoir positivement ce qui se passe à ce sujet, je crois avoir atteint mon but en montrant ce qui est possible, ce qui est même vraisemblable : cela seul me suffit.

L'admirable composition de l'*hypocéphale*, soit celle de l'ensemble de cet organe, soit celle de chacune de ses régions qui sont doubles, l'une semblable à l'autre dans chaque hémisphère, ne sauroit être une supposition sans fondement, quoique nous manquions de moyens pour l'apercevoir et nous en assurer. Les phénomènes organiques qui constituent l'intelligence, et chacun de ces phénomènes exigeant dans l'organe un lieu particulier et, pour ainsi dire, un organe spécial dans lequel il puisse se produire, doivent nous donner la conviction morale, qu'à l'égard de la composition de l'hypocéphale, les choses sont telles que je viens de les présenter.

Assurément, les individus ne naissent point avec toutes les facultés intellectuelles qu'ils peuvent avoir ; car l'organe en qui s'exécutent les actes de l'intelligence est, comme tous les autres, d'autant plus susceptible de se développer, qu'il est plus exercé. Il en est de même de chaque sorte particulière de faculté intellectuelle : les besoins ressentis, ou que l'individu se donne, la font naître dans la région de l'*hypocéphale* qui peut en produire les actes ; et selon que ces actes sont plus fréquemment reproduits , l'organe spécial qui y est devenu propre se développe davantage , et étend proportionnellement la faculté à laquelle il donne lieu.

Il n'est donc pas vrai que chacune de nos facultés intellectuelles soit innée, et qu'il en soit de même de ceux de nos penchans qui dépendent de notre faculté de penser. Ces facultés et ces penchans s'accroissent et se fortifient à mesure que nous exerçons davantage les organes qui en produisent les actes. Seulement , nous pouvons y apporter plus où moins de dispositions avec l'état de l'organisation que nous recevons de ceux qui nous ont donné le jour : mais si nous n'exercions pas nous - mêmes ces facultés et ces penchans , nous en perdrions insensiblement l'aptitude.

M. le docteur *Gall* ayant remarqué que , parmi les différens individus qu'il observoit, les uns avoient telle faculté plus développée et plus éminente que les autres , conçut l'idée de rechercher si telle partie de leur corps n'offriroit pas quelques signes extérieurs qui pussent faire reconnoître cette faculté.

Il ne paroît pas qu'il se soit occupé des facultés qui ne sont point relatives à l'intelligence ; car elles lui auroient fourni quantité de preuves qui constatent que lorsqu'une partie fortement exercée, acquiert une faculté très-éminente, cette partie en offre constamment, dans sa forme, ses dimensions et sa vigueur, des signes évidens. On ne peut voir les extrémités postérieures et la queue d'un *kanguroo*, sans reconnoître que ces parties, très-employées, jouissent d'une grande force d'action, et sans retrouver la même chose dans les cuisses postérieures des sauterelles, etc. On ne peut de même considérer le grand accroissement du nez de l'éléphant, transformé en une trompe énorme, sans reconnoître que cet organe, continuellement exercé et servant de main à l'animal, a reçu de cet emploi habituel les dimensions, la force et l'admirable souplesse qu'on lui connoît, etc., etc.

Mais M. *Gall* paroît s'être attaché particulièrement à la recherche des signes extérieurs qui pourroient indiquer celles des facultés de l'intelligence qui se trouvent très-éminentes dans certains individus. Or, reconnoissant que toutes ces facultés sont le produit des fonctions de l'organe cérébral, il dirigea ses vues sur la connoissance de l'encéphale ; et après plusieurs années de recherches, il acheva de se persuader que celles de nos facultés intellectuelles qui sont très-développées et ont acquis un grand degré de perfectionnement, se font reconnoître par des signes extérieurs qui consistent en des saillies particulières de la boîte cérébrale.

Assurément, M. *Gall* partoit d'un principe qui, en lui-même, est très-fondé ; car s'il est vrai, pour les parties du corps, que toutes celles qui sont fortement et constamment employées, acquièrent des développemens et une énergie de faculté qui les distinguent, ce que j'ai suffisamment prouvé dans le chapitre VII de la première partie ; la même chose doit avoir lieu également pour l'organe de l'entendement en général, et même pour chacun des organes particuliers qui le composent : cela est certain, et facile à démontrer d'après quantité de faits reconnus.

Ainsi, le principe d'où partoit M. *Gall*, est, sans contredit, très-solide ; mais d'après tout ce qui est publié sur la doctrine enseignée par ce savant, on a lieu de croire qu'il en a abusé dans la plupart des conséquences qu'il en a tirées.

En effet, relativement aux organes particuliers qui entrent dans la composition des deux hémisphères du cerveau, et qui donnent lieu à chaque genre de faculté intellectuelle, le produit du principe que je viens de citer, me paroît avoir beaucoup moins d'étendue que M. *Gall* ne lui en suppose ; en sorte que ce ne peut être guère que dans un très-petit nombre de cas extrêmes, que certaines facultés, qui auroient acquis un degré extraordinaire d'éminence, peuvent offrir des signes extérieurs non équivoques, propres à les indiquer. Alors je ne serois nullement surpris qu'on eût découvert quelques-uns de ces signes, leur cause se trouvant réellement dans la nature. Mais, à l'égard de nos facultés intellectuelles, sortir des genres qui sont bien distincts, pour entrer dans une multitude de détails, pour embrasser les nuances mêmes qui lient ces facultés à leur genre propre, c'est, selon moi, anéantir, par un abus trop ordinaire de l'imagination, la valeur de nos découvertes dans l'étude de la nature. Aussi, M. Gall ayant voulu trop prouver, le public, par une inconsideration contraire, a tout rejeté. Telle est la marche la plus ordinaire de l'esprit humain dans ses différens actes; des excès, des abus gâtent le plus souvent ce qu'il a su produire de bon. Les exceptions, à cet égard, ne sont l'apanage que d'un petit nombre de personnes qui, à l'aide d'une forte raison, savent limiter l'imagination qui tend à les entraîner.

Considérer comme *innés*, dans les individus de l'espèce humaine, certains penchans devenus tout-à-fait dominans, ce n'est pas seulement une opinion dangereuse, c'est, en outre, une véritable erreur. On peut, sans doute, apporter en naissant des dispositions particulières pour des penchans que les parens transmettent par l'organisation ; mais, certes, si l'on n'eut pas exercé fortement et habituellement les facultés que ces dispositions favorisent, l'organe particulier qui en exécute les actes, ne se seroit pas développé.

A la vérité, chaque individu, depuis l'instant de sa naissance, se trouve dans un concours de circonstances qui lui sont tout-à-fait particulières, qui contribuent, en très-grande partie, à le rendre ce qu'il est aux différentes époques de sa vie, et qui le mettent dans le cas d'exercer ou de ne pas exercer telle des facultés, et telle des dispositions qu'il a apportées en naissant ; en sorte qu'on peut dire, en général, que nous n'avons qu'une part bien médiocre à l'état où nous nous trouvons dans le cours de notre existence, et que nous devons nos goûts, nos penchans, nos habitudes, nos passions, nos facultés, nos connoissances même aux circonstances infiniment diversifiées, mais particulières, dans lesquelles chacun de nous s'est rencontré.

Dès notre plus tendre enfance, tantôt ceux qui nous élèvent, nous laissent entièrement à la merci des circonstances qui nous entourent, ou en font naître, eux-mêmes, de très-désavantageuses pour nous, par suite de leur manière d'être, de voir et de sentir ; et tantôt, par une foiblesse inconsidérée, nous gâtent et nous laissent prendre une multitude de défauts et d'habitudes pernicieuses dont ils ne prévoient pas les suites. Ils rient de ce qu'ils appellent nos espiègleries, et plaisantent sur toutes nos sottises supposant que, plus tard, ils changeront facilement nos inclinations vicieuses et nous corrigeront de nos défauts.

On ne sauroit imaginer combien sont grandes les influences de nos premières habitudes et de nos premières inclinations sur les penchans qui sont dans le cas de nous dominer un jour, et sur le caractère qui nous deviendra propre. L'organisation, très-tendre dans notre premier âge, se plie et s'accommode alors aux mouvemens habituels que prend notre fluide nerveux dans tel ou tel sens particulier, selon que nos inclinations et nos habitudes l'exercent dans telle direction. Or, cette organisation en acquiert une modification qui peut s'accroître par des circonstances favorables, mais que celles qui lui deviennent contraires, n'effacent jamais entièrement.

En vain, après notre enfance, fait-on des efforts pour diriger, par le moyen de l'éducation, nos inclinations et nos actions vers tout ce qui peut nous être utile, en un mot, pour nous donner des principes, pour former notre raison, notre manière de juger, etc. Il se rencontre tant

de circonstances si difficiles à maîtriser, que
chacun de nous, selon celles qui le concernent,
se trouve en quelque sorte entraîné, et acquiert
insensiblement une manière d'être, à laquelle il
n'a eu lui-même qu'une très-petite part.

Je ne dois pas entrer ici dans les nombreux
détails des circonstances qui forment, pour chaque individu, un ensemble très-particulier de
causes influentes; mais je dois dire, parce que
j'en suis convaincu, que tout ce qui influe à
rendre habituelle telle de nos actions, modifie
notre organisation intérieure en faveur de cette
action; en sorte que, par la suite, l'exécution
de cette même action devient pour nous une
sorte de nécessité.

De toutes les parties de notre organisation,
celle qui, la première, reçoit des modifications
des habitudes que nous prenons d'exercer tel
genre de pensées ou d'idées, ainsi que les actions
qu'elles entraînent, est notre organe d'intelligence. Or, selon la nature des idées ou des pensées qui nous occupent habituellement, c'est,
nécessairement, la région particulière du même
organe, dans laquelle s'exécutent ces actes de
notre entendement, qui reçoit ces modifications.
Je le répète donc; cette région de notre organe
intellectuel, continuant d'être fortement exercée,
acquiert des développemens qui, à la fin, peu-

vent la faire remarquer par quelques signes extérieurs.

Nous venons de considérer , sous le rapport de
ses généralités principales , l'organe qui donne
lieu à l'intelligence ; nous allons maintenant passer
à l'examen de ce qui concerne la formation des
idées.

Formation des idées.

Mon objet ici n'est pas d'entreprendre l'analise
des idées , non plus que de montrer comment ces
idées se composent et s'étendent , en un mot ,
comment , ou par quelle voie , l'entendement se
perfectionne. Assez d'hommes célèbres depuis
BACON, LOCKE et CONDILLAC , ont traité ces matières et ont répandu sur elles le plus grand jour :
ainsi je ne m'en occuperai pas.

Mon but , dans cet article , est seulement d'indiquer par quelles causes physiques les idées
peuvent se former , et de faire voir que les comparaisons , les jugemens , les pensées , et toutes
les opérations de l'entendement , sont aussi des
actes physiques qui résultent des relations qu'ont
entre elles certaines sortes de matières en action ,
et qui s'exécutent dans un organe particulier qui
a acquis graduellement la faculté de les produire.

Tout ce que je vais exposer sur ce sujet important se trouve entièrement réduit à ce qui est
vraisemblable.

vraisemblable. Tout y est le produit de l'imagination ; mais ses efforts, à cet égard, ont été bornés
par la nécessité de n'admettre que des causes physiques compatibles avec les facultés connues des
matières considérées, en un mot, que des causes
dont l'existence est possible , et même présumable. Enfin , relativement aux actes physiques que
je vais essayer d'analiser , comme rien de ce qui
les concerne ne peut être aperçu, rien conséquemment ne peut être prouvé.

Je dois prévenir que je distingue et que nous
recevons réellement deux sortes d'idées ; savoir :

Les idées simples ou directes ;

Les idées complexes ou indirectes.

J'appelle *idées simples ,* toutes celles qui proviennent directement et uniquement des sensations remarquées , que des objets, soit hors de
nous , soit en nous-mêmes , peuvent nous faire
éprouver.

Je nomme *idées complexes ,* toutes celles qui
se forment en nous , à la suite de quelqu'opération
de notre entendement , sur plusieurs idées déjà
acquises , et qui conséquemment n'exigent pour
se former aucune sensation directe.

Les idées , quelles qu'elles soient , sont le résultat des images ou des traits particuliers d'objets
qui nous ont affectés ; et ces images ou ces traits
ne deviennent des idées pour nous , que lors-

24

qu'ayant été tracés sur quelque partie de notre organe, le fluide nerveux agité, qui les traverse, en rapporte le produit à notre sentiment intérieur, qui nous en donne la conscience.

Outre qu'il y a réellement deux sortes d'idées, relativement à leur origine, on doit encore distinguer celles qui nous sont rendues sensibles, et qui sont à la fois accompagnées de la sensation qui les a produites, de celles qui, pareillement présentes à notre conscience, ne sont plus réunies à la sensation.

Je nomme les premières, *idées physico-morales*, et les secondes, *idées morales* seulement.

Les idées *physico-morales* sont claires, vives, nettement exprimées, et se font ressentir avec la force que leur communique la sensation qui les accompagne. Ainsi, la vue d'un édifice, ou de tout autre objet qui se trouve sous mes yeux, et auquel je donne de l'attention, fait naître en moi une idée ou plusieurs dont je suis vivement frappé.

Au contraire, les idées *morales*, soit simples, soit complexes, c'est-à-dire, celles dont nous n'avons la conscience qu'à la suite d'une opération de notre entendement, excitée par notre sentiment intérieur, sont très-obscures, foiblement exprimées, et n'ont aucune vivacité dans la manière dont elles nous affectent, quoiqu'elles nous émeuvent quelquefois. Ainsi, lorsque je me rappelle un objet que j'ai vu et remarqué, un jugement que j'ai porté, un raisonnement que j'ai fait, etc., l'idée ne m'en est rendue sensible que d'une manière foible et obscure.

Il faut donc bien se garder de confondre ce que nous éprouvons lorsque nous avons la conscience d'une idée quelconque, avec ce que nous ressentons lorsqu'une sensation nous affecte, et que nous y donnons de l'attention.

Tout ce dont nous avons seulement la conscience, ne nous parvient que par l'organe de l'intelligence ; et tout ce qui nous fait éprouver la sensation, ne s'exécute, d'abord, que par l'organe sensitif que nous possédons, et ensuite par l'idée que nous en recevons, si notre attention nous le fait remarquer.

Ainsi, il est essentiel de distinguer le sentiment *moral* du sentiment *physique ;* parce que l'expérience du passé nous apprend que faute d'avoir fait cette distinction, des hommes du plus grand mérite, confondant les deux sentimens dont il s'agit, ont établi des raisonnemens qu'il faut maintenant détruire.

Sans doute, l'un et l'autre sentiment sont physiques ; mais la différence des expressions que j'emploie pour les distinguer, suffit à l'objet que j'ai en vue ; et d'ailleurs, ce sont les expressions en usage.

Je nomme *sentiment moral*, ce que nous ressentons lorsqu'une idée, ou une pensée, ou, enfin, un acte quelconque de notre entendement est rapporté à notre sentiment intérieur, et que par là nous en avons la conscience.

Je nomme *sentiment physique*, ce que nous éprouvons lorsque, par suite d'une impression faite sur tel de nos sens, nous ressentons une sensation quelconque, et que nous la remarquons.

D'après ces définitions simples et claires, on doit voir que les deux objets dont il s'agit, sont très-différens l'un de l'autre, tant par la nature de leur source, que par celle des effets qu'ils produisent en nous.

C'est cependant pour les avoir confondus, comme l'avoit déjà fait *Condillac*, que M. de *Tracy* a dit :

Penser n'est que sentir, et sentir est, pour nous, la même chose qu'exister ; car les sensations nous avertissent de notre existence. Les idées ou perceptions sont des sensations proprement dites, ou des souvenirs, ou des rapports que nous apercevons, ou bien, enfin, le désir que nous éprouvons à l'occasion de ces rapports : la faculté de penser se subdivise donc en sensibilité proprement dite, en mémoire, en jugement et en volonté.

On voit qu'il y a dans tout ceci une confusion évidente des sensations proprement dites, avec la conscience de nos idées, de nos pensées, de nos jugemens, etc. C'est une pareille confusion du sentiment moral avec le sentiment physique, qui a fait croire que tout être qui possède la faculté de sentir, avoit aussi celle d'exécuter des actes d'intelligence, ce qui, certainement, ne sauroit etre fondé.

Les sensations nous avertissent, sans doute, de notre existence ; mais c'est seulement lorsque nous les remarquons. Il faut donc pouvoir les remarquer, c'est-à-dire, y penser, y donner de l'attention, et voilà des actes d'intelligence.

Ainsi, à l'égard de l'homme et des animaux les plus parfaits, les sensations remarquées avertissent de l'existence, et donnent des idées ; mais relativement aux animaux plus imparfaits, tels, par exemple, que les *insectes,* en qui je ne reconnois point d'organe pour l'intelligence, les sensations ne sauroient être remarquées, ni donner des idées ; et elles ne peuvent former que de simples perceptions des objets qui affectent l'individu.

L'*insecte* jouit cependant d'un sentiment intérieur susceptible d'émotions qui le font agir ; mais comme aucune idée n'y est rapportée, il ne peut remarquer son existence, en un mot, il n'éprouve jamais de sentiment moral.

C'est donc à l'égard de tout être doué d'intelligence , qu'il faut dire : penser , c'est sentir moralement, c'est avoir la conscience de ses idées, de ses pensées , et celle aussi de son existence ; mais ce n'est point éprouver le *sentiment physique* qui est toute autre chose , puisque celui-ci est un produit du système des sensations , et que le premier en est un du système organique de l'intelligence.

Des Idées simples.

Une *idée simple* provenant d'une sensation que l'on éprouve de la part de quelqu'objet qui affecte l'un de nos sens , ne peut se former que lorsque la sensation dont il s'agit, se remarque , et que le résultat de cette sensation se trouve transporté dans l'organe de l'intelligence , et tracé ou gravé sur quelque partie de cet organe ; ce résultat se rend sensible à l'individu, parce qu'il est, dans l'instant même , rapporté à son sentiment intérieur.

En effet , tout individu qui , jouissant de la faculté de sentir , possède un organe pour l'intelligence , reçoit , aussitôt, dans cet organe , l'image ou les traits que la sensation d'un objet qui l'affecte occasionne, si l'organe dont il s'agit y est préparé par l'attention. Or , ces traits, ou cette image, de l'objet qui l'a affecté, parviennent dans son *hypocéphale* par le moyen d'une seconde

réaction du fluide nerveux qui , après avoir produit la sensation, porte dans l'organe intellectuel
l'ébranlement particulier qu'il a reçu de cette
sensation , y imprime sur quelque partie les traits
caractéristiques de son mouvement , et , enfin ,
les rend sensibles à l'individu en reportant leur
produit à son sentiment intérieur.

Les *idées* que l'on se forme en voyant , pour
la première fois, une fusée volante , en entendant
le rugissement d'un lion , et en touchant la pointe
d'une aiguille , sont des *idées simples.*

Or , les impressions que ces objets font sur nos
sens, excitent aussitôt dans le fluide des nerfs qui
les reçoivent , une agitation qui est particulière
à chacune d'elles ; le mouvement se propage jusqu'au foyer des sensations ; tout le système y
participe aussitôt ; et la sensation se trouve produite par le mécanisme que j'ai déjà exposé.

Ainsi , dans le même instant , si notre attention
en a préparé les voies, le fluide nerveux transporte l'image de l'objet , ou certains de ses traits,
dans notre organe d'intelligence ; y imprime
cette image ou ces traits sur quelque partie de
cet organe ; et l'idée qu'il vient de tracer , est
aussitôt rapportée par lui à notre sentiment intérieur.

De même que le *fluide nerveux* , par ses mouvemens , est l'agent qui porte au foyer des sen sations les impressions des objets extérieurs qui affectent nos sens, de même aussi ce fluide subtil est encore l'agent qui transporte du foyer des sensations dans l'organe de l'intelligence, le produit de chaque sensation exécutée , qui y en trace les traits ou qui les y imprime par ses agitations , si l'*attention* y a préparé cet organe , et qui en rapporte de suite le resultat au sentiment intérieur de l'individu.

Ainsi , pour que les traits ou l'image de l'objet qui a causé la sensation puissent parvenir dans l'organe de l'entendement et être imprimés sur quelque partie de cet organe, il faut , premièrement, que l'acte qu'on nomme attention , prépare l'organe à en recevoir l'impression , ou que ce même acte ouvre la voie qui peut faire arriver le produit de cette sensation à l'organe sur lequel peuvent s'imprimer les traits de l'objet qui y a donné lieu : et pour qu'une idée quelconque puisse parvenir ou être rappelée à la conscience , il faut , à l'aide encore de l'attention , que le fluide nerveux en rapporte les traits au sentiment intérieur de l'individu, ce qui alors lui rend cette idée présente ou sensible (1) , et ce qui peut

_____

(1) *Sensible ;* c'est une expression usitée qui a deux acceptions très-différentes , ou qui désigne des faits de deux genres très-distincts. Dans l'une de ces acceptions, elle

se répéter ainsi au gré de cet individu pendant un temps plus ou moins long.

L'impression qui forme l'idée se trace donc et se grave réellement sur l'organe, puisque la mémoire peut la rappeler au gré de l'individu, et la lui rendre de nouveau sensible.

Voilà, selon moi, le mécanisme probable de la formation des idées ; celui par lequel nous nous les rendons présentes à volonté, jusqu'à ce que le temps en ayant effacé ou trop affoibli les traits, nous ait mis hors d'état de pouvoir nous en souvenir.

Tenter de déterminer comment les agitations du fluide nerveux tracent ou gravent une *idée* sur l'organe de l'entendement, ce seroit s'exposer à commettre un des nombreux abus auxquels l'imagination donne lieu ; ce que l'on peut seulement assurer, c'est que le fluide dont il s'agit, est le véritable agent qui trace et imprime l'idée ; que chaque sorte de sensation donne à ce fluide une agitation particulière, et le met, conséquemment, dans le cas d'imprimer sur l'organe des traits également particuliers ; et qu'enfin, le

---

exprime l'effet d'une sensation, et ne concerne que le *sentiment physique ;* dans l'autre, au contraire, elle désigne l'effet d'une impression sur le sentiment intérieur, qui prend sa source dans un acte d'intelligence, et n'appartient qu'au *sentiment moral.*

fluide en question agit sur un organe tellement délicat, et d'une mollesse si considérable, et se trouve alors dans des interstices si étroits, dans des cavités si petites, qu'il peut imprimer sur leurs parois délicates, des traces plus ou moins profondes de chaque sorte de mouvement dont il peut être agité.

Ne sait-on pas que, dans la vieillesse d'un individu, l'organe de l'intelligence ayant perdu une partie de sa délicatesse et de sa mollesse, les *idées* se gravent plus difficilement et moins profondément; que la mémoire qui se perd de plus en plus, ne rappelle alors que les *idées* anciennement gravées sur l'organe, parce qu'elles furent, à cette époque, plus faciles à imprimer et plus profondes?

En outre, ne s'agit-il pas uniquement, à l'égard du phénomène organique des *idées*, de relations entre des fluides en mouvement et l'organe spécial qui contient ces fluides? Or, pour des opérations aussi promptes que les *idées* et que tous les actes d'intelligence, quel autre fluide peut les produire, si ce n'est le fluide subtil et invisible des nerfs, fluide si analogue à l'électricité; et quel organe plus approprié pour ces opérations délicates que le cerveau?

Ainsi, une *idée simple* ou *directe* se forme lorsque le fluide des nerfs agité par quelqu'impression extérieure , ou même par quelque douleur interne , rapporte au foyer des sensations l'agitation qu'il a reçue , et que , de là , transportant cette même agitation dans l'organe de l'intelligence , il en trouve la voie ouverte , ou l'organe préparé par l'*attention*.

Dès que ces conditions sont remplies , l'impression se trace aussitôt sur l'organe , l'*idée* reçoit son existence , et se rend sensible à l'instant même, parce que le sentiment intérieur de l'individu en est affecté; enfin , l'idée dont il s'agit , peut être de nouveau rendue sensible par la mémoire , mais d'une manière obscure , toutes les fois que l'individu , par un acte de sa puissance d'agir , dirige le fluide nerveux sur les traces subsistantes de cette *idée*.

Toute idée , rappelée par la mémoire , est donc beaucoup plus obscure qu'elle n'étoit lorsqu'elle fut formée ; parce qu'alors l'acte qui la rend sensible à l'individu , ne résulte plus d'une sensation présente.

Des Idées complexes.

Je nomme *idée complexe* ou indirecte , celle qui ne provient pas immédiatement de la sensation d'un objet quelconque , mais qui est le résultat d'un acte d'intelligence qui s'opère sur des idées déjà acquises.

L'acte d'entendement qui donne lieu à la formation d'une *idée complexe*, est toujours un jugement ; et ce jugement est lui-même, ou une
conséquence, ou une détermination de rapport.
Or, cet acte me paroît résulter d'un mouvement
moyen qu'acquiert le fluide nerveux, lorsque,
dirigé par le sentiment intérieur, ce fluide se
partage en plusieurs masses qui vont traverser
chacune les traits de certaines idées déjà imprimées, y obtiennent autant de modifications particulières dans leur agitation, et qui, se réunissant ensuite, combinent alors, en ce mouvement
moyen, les mouvemens particuliers de chacune
d'elles.

C'est donc par le moyen de ce mouvement
cité du fluide nerveux, lequel est réellement le
résultat d'idées comparées, ou de rapports recherchés entre elles, que le fluide subtil dont il s'agit,
imprime ses traits sur l'organe, et en rapporte,
dans l'instant même, le produit au sentiment
intérieur de l'individu.

Telle est, à ce qu'il me semble, la cause physique et le mécanisme particulier qui donnent
lieu à la formation des *idées complexes* de tous
les genres. Ces idées complexes sont très-dis-
tinctes des idées simples, puisqu'elles ne résultent point d'une sensation produite immédiatement, c'est-à-dire, d'une impression faite sur

aucun de nos sens, qu'elles prennent leur source dans plusieurs idées déjà tracées, et qu'enfin, elles sont le produit unique d'un acte de l'entendement, le système sensitif n'y ayant aucune part.

Il y a cette différence entre l'acte de l'entendement qui forme un jugement d'où résulte une *idée complexe*, et celui qu'on nomme *souvenir*, ou acte de mémoire, et qui ne consiste qu'à rendre des idées présentes au sentiment intérieur de l'individu ; que, dans le premier, les idées employées servent à une opération qui amène un résultat, c'est-à-dire, une idée nouvelle ; tandis que, dans le second, les idées employées ne servent à aucune opération particulière, ne donnent lieu à aucune idée nouvelle, mais sont simplement rendues sensibles à l'individu.

S'il est vrai que les émotions de notre sentiment intérieur nous donnent la faculté et la puissance d'agir, et qu'elles nous permettent de mettre en mouvement notre fluide nerveux, et de le diriger sur les traits de différentes idées qui sont imprimées sur diverses parties de l'organe qui les a reçues ; il est évident que ce fluide subtil, en passant sur les traits de telle idée, reçoit une modification particulière dans la nature de son agitation. On conçoit de là,

que si le fluide nerveux rapporte simplement
cette modification particulière de son agitation
au sentiment intérieur de l'individu, il ne fait
que rendre l'idée sensible ou présente à la conscience de cet individu ; mais si le fluide dont il
s'agit, au lieu de ne traverser que les traits ou
l'image d'une seule idée, se partage en plusieurs
masses qui, chacune, se dirigent sur une idée
particulière, et qu'ensuite ces masses se réunissent toutes, le mouvement moyen qui en résultera dans la masse commune, imprimera,
dans l'organe, une idée nouvelle et *complexe*,
et de suite en rapportera le produit à la conscience de l'individu.

Si nous nous formons des idées complexes
avec des idées simples déjà existantes, nous aurons, dès qu'elles seront imprimées dans notre
organe, des idées complexes du premier ordre :
or, il est évident que si nous comparons ensemble plusieurs idées complexes du premier
ordre, par les mêmes moyens organiques avec
lesquels nous avons comparé plusieurs idées simples, nous obtiendrons un résultat, c'est-à-dire,
un jugement dont nous nous formerons une nouvelle idée, et celle-ci sera une idée complexe du
second ordre, puisqu'elle proviendra de plusieurs
idées complexes du premier ordre déjà acquises.
On sent que, par cette voie, des idées complexes

de différens ordres peuvent se multiplier presqu'à l'infini, ce dont la plupart de nos raisonnemens nous offrent des exemples.

Ainsi se forment, dans l'organe de l'intelligence, différens actes physiques qui donnent
lieu aux phénomènes des comparaisons, des
jugemens particuliers, des analises d'idées, enfin, des raisonnemens; et ces différens actes ne
sont que des opérations sur des idées déjà tracées,
qui s'exécutent par des mouvemens moyens qu'acquiert le fluide nerveux, lorsqu'il en rencontre
les traits ou les images dans son agitation : et
comme ces opérations sur les idées déjà tracées,
même sur des séries d'idées comparées, soit
successivement, soit ensemble, ne sont que des
rapports recherchés par la pensée et à l'aide du
sentiment intérieur, entre les idées de quelqu'ordre qu'elles soient, ces mêmes opérations
sont terminées par des résultats qu'on nomme
jugemens, conséquences, conclusions, etc.

De même se produisent physiquement, dans
les animaux les plus parfaits, des phénomènes
d'intelligence, d'un ordre bien inférieur sans
doute, mais qui sont tout-à-fait analogues à ceux
que je viens de citer; car ces animaux reçoivent
des idées, et ont la faculté de les comparer et
d'en obtenir des jugemens. Leurs idées sont donc
réellement tracées et imprimées dans l'organe ou

elles se sont formées ; puisqu'ils ont évidemment
de la mémoire, et que, dans leur sommeil, on
les voit souvent rêver, c'est-à-dire, éprouver
des retours involontaires de ces idées.

Relativement aux *signes* si nécessaires pour
la communication des idées, et qui servent singulièrement à en étendre le nombre, je me trouve
forcé de me borner à une simple explication
concernant le double service qu'ils nous rendent.

CONDILLAC, dit M. *Richerand*, s'est acquis
une gloire immortelle, en découvrant le premier,
et en prouvant sans réplique, que les signes sont
aussi nécessaires à la formation qu'à l'expression
des idées.

Je suis fâché que les bornes de cet ouvrage
ne me permettent pas d'entrer ici dans les détails suffisans pour montrer qu'il y a une erreur
évidente dans l'expression employée, laquelle
fait entendre que le signe est necessaire à la
formation directe de l'idée, ce qui ne peut avoir
le moindre fondement.

Je ne suis pas moins admirateur que M. *Richerand*, du génie, des pensées profondes, et des découvertes de *Condillac* ; mais je suis très-persuadé que les *signes*, dont on ne peut se passer pour la communication des idées, ne sont
nécessaires à la formation de la plupart de celles
que nous parvenons a acquérir, que parce qu'ils

fournissent

fournissent un moyen indispensable pour en étendre le nombre, et non parce qu'ils concourent à
leur formation.

Sans doute, une langue n'est pas moins utile
pour penser que pour parler ; et il faut attacher
des signes de convention aux notions acquises,
afin que ces notions ne restent pas isolées, et que
nous puissions les associer, les comparer, et
prononcer sur leurs rapports. Mais ces signes
sont des secours, des moyens, en un mot, un
art infiniment utile pour nous aider à penser, et non des causes immédiates de formation
d'idées.

Les signes, quels qu'ils soient, ne font qu'aider
notre mémoire sur des notions acquises, soit
anciennes, soit récentes, que nous donner le
moyen de nous les rendre présentes successivement, ou plusieurs à la fois, et par là, que nous
faciliter la formation d'idées nouvelles.

De ce que *Condillac* a très-bien prouvé que,
sans les signes, l'homme n'eût jamais pu parvenir à étendre ses idées comme il l'a fait, et ne
pourroit pas continuer de le faire comme il le
fait encore, il ne s'ensuit pas que les signes soient
eux-mêmes des élémens d'idées.

Assurément, je regrette de ne pouvoir entreprendre l'importante discussion dans laquelle il
faudroit entrer à cet égard; mais, probablement,

quelqu'un apercevra l'erreur que je ne fais qu'indiquer, et en fera une démonstration complète.
Alors, en reconnoissant tout ce que nous devons
à l'art des signes, on reconnoîtra en même temps
que ce n'est qu'un art, et qu'il est conséquemment
étranger à la nature.

Je conclus des observations et des considérations exposées dans ce chapitre :

1°. Que les différens actes de l'entendement
exigent un organe spécial ou un système d'organes
particulier pour pouvoir s'exécuter, comme il
en faut un pour opérer le sentiment, un autre
pour le mouvement des parties, un autre pour
la respiration, etc. ;

2°. Que, dans l'exécution des actes de l'intelligence, c'est le fluide nerveux qui, par ses mouvemens dans l'organe dont il s'agit ; est la seule
cause agissante, l'organe lui-même n'étant que
passif, mais contribuant à la diversité des opérations par celle de ses parties, et par celle des
traits imprimés qu'elles conservent ; diversité
réellement inappréciable, puisqu'elle s'accroît à
l'infini, selon que l'organe est plus exercé ;

3°. Que les idées acquises sont les matériaux
de toutes les opérations de l'entendement ; qu'avec
ces matériaux, l'individu qui exerce habituellement son intelligence, peut s'en former continuellement de nouvelles ; et que le moyen qu'il peut

employer pour étendre ainsi ses idées, réside
uniquement dans l'*art des signes* qui soulage
sa mémoire, art que l'homme seul sait étendre,
qu'il perfectionne tous les jours, et sans lequel
ses idées resteroient nécessairement très-bornées.

Maintenant pour répandre plus de jour sur les
sujets dont je viens de faire mention, je vais passer à l'examen des principaux actes de l'entendement, c'est-à-dire, de ceux du premier ordre
dont tous les autres dérivent.

CHAPITRE VIII.

Des principaux actes de l'Entendement, ou de ceux du premier ordre dont tous les autres dérivent.

LES sujets que je me propose de traiter dans ce chapitre, sont trop vastes pour qu'il me soit possible, dans les bornes que je me suis imposées, d'entreprendre d'épuiser toutes les considérations et tous les genres d'intérêt qu'ils présentent. Je me renfermerai donc, à leur égard, dans le projet de montrer comment chacun des actes de l'entendement, ainsi que chacun des phénomènes qui en résultent, prennent leur source dans les causes physiques dont j'ai fait l'exposition dans le chapitre précédent.

L'organe spécial qui donne lieu aux phénomènes admirables de l'intelligence, n'est point borné à exécuter une seule fonction; il en opère évidemment quatre essentielles; et selon qu'il a reçu de plus grands développemens, chacune de ces fonctions principales, ou acquiert plus d'étendue et d'énergie, ou se subdivise en beaucoup d'autres; en sorte que, dans les individus en qui cet organe est très-développé, les facultés intellectuelles sont nombreuses, et plusieurs d'entr'elles obtiennent une étendue presqu'infinie.

Aussi l'homme, qui seul peut offrir des exemples de ce dernier cas est-il de même le seul qui, par l'éminence de ses facultés intellectuelles, puisse se livrer à l'étude de la nature, en reconnoître et en admirer l'ordre constant, parvenir même à découvrir quelques-unes de ses lois, et enfin, remonter, par sa pensée, jusqu'au Suprême Auteur de toutes choses.

Les principales fonctions qui s'exécutent dans l'organe de l'intelligence, étant au nombre de quatre, donnent lieu conséquemment à quatre sortes d'actes très-différens ; savoir :

1°. L'acte qui constitue l'*attention ;*

2°. Celui qui donne lieu à la *pensée,* de laquelle naissent les idées complexes de tous les ordres ;

3°. Celui qui rappelle les idées acquises et qu'on nomme *souvenir* ou *mémoire ;*

4°. Enfin, celui qui constitue les *jugemens.*

Nous allons donc rechercher ce que sont réellement les actes de l'entendement qui constituent l'*attention,* la *pensée,* la *mémoire* et les *jugemens.* Nous verrons que ces quatre sortes d'actes sont évidemment les principales, c'est-à-dire, le type ou la source de tous les autres actes intellectuels; et qu'il n'est point convenable de placer dans ce premier rang la *volonté,* qui n'est qu'une suite de certains jugemens ; le *désir,* qui n'est qu'un besoin moral ressenti ; et les *sensations*, qui n'appartiennent en rien à l'intelligence.

Je dis que le désir n'est qu'un besoin, ou que la suite d'un besoin ressenti, et je me fonde sur ce que les besoins doivent être partagés en besoins physiques et besoins moraux.

Les *besoins physiques* sont ceux qui naissent à la suite de quelque sensation ; tels que ceux de se soustraire à la douleur, au malaise, de satisfaire à la faim, à la soif, etc.

Les *besoins moraux* sont ceux qui naissent des pensées et auxquels les sensations n'ont point de part ; tels que ceux de chercher le plaisir, le bien-être, de fuir un danger, de satisfaire son intérêt, son amour propre, quelque passion, quelque penchant, etc., etc. : le désir est de cet ordre.

Les uns et les autres de ces besoins émeuvent le sentiment intérieur de l'individu, à mesure qu'il les ressent, et ce sentiment met aussitôt en mouvement le fluide nerveux qui peut produire les actions, soit physiques, soit morales, propres à y satisfaire.

Examinons maintenant chacune des facultés du premier ordre, dont l'ensemble constitue l'entendement ou l'intelligence.

DE L'ATTENTION.

(Première des principales facultés de l'intelligence).

Voici l'une des plus importantes considérations dont on puisse s'occuper pour parvenir à concevoir comment les idées et tous les actes de l'intelligence peuvent se former , et comment ils résultent de causes purement physiques ; il s'agit de l'*attention.*

Voyons donc ce que c'est que l'*attention ;* voyons si les faits connus confirment la définition que je vais en donner.

L'*attention* est un acte particulier du sentiment intérieur , qui s'opère dans l'organe de l'intelligence , qui met cet organe dans le cas d'exécuter chacune de ses fonctions , et sans lequel aucune d'elles ne pourroit avoir lieu. Ainsi l'attention n'est point en elle-même une opération de l'intelligence ; mais elle en est une du sentiment intérieur , qui vient préparer l'organe de la pensée , ou telle partie de cet organe , à exécuter ses actes.

On peut dire que c'est un effort du sentiment intérieur d'un individu , qui est provoqué, tantôt par un besoin qui naît à la suite d'une sensation éprouvée , et tantôt par un désir qu'une idée ou une pensée , rappelée par la mémoire , fait naître. Cet effort, qui transporte et dirige la portion disponible du fluide nerveux sur l'organe de l'intelligence , tend ou prépare telle partie de cet organe , et la met dans le cas , soit de rendre sensibles telles idées qui s'y trouvoient déjà tracées , soit de recevoir l'impression d'idées nouvelles que l'individu a occasion de se former.

Il est évident pour moi que l'*attention* n'est point une sensation , comme l'a dit M. le sénateur GARAT (1) ; que ce n'est point non plus une idée , ni une opération quelconque sur des idées; conséquemment , que ce n'est point encore un acte de volonté , puisque celui-ci est toujours la suite d'un jugement ; mais que c'est un acte du sentiment intérieur de l'individu , qui prépare telle partie de l'organe de l'entendement à quelqu'opération de l'intelligence , et qui rend alors cette partie propre à recevoir des impressions d'idées nouvelles , ou à rendre sensibles• et présentes à l'individu, des idées qui s'y trouvoient déjà tracées.

Je puis, en effet, prouver que lorsque l'organe de l'entendement n'est pas préparé par cet effort du sentiment intérieur qu'on nomme *attention ,*

---

(1) Programme des leçons sur l'analise de l'entendement, pour l'Ecole normale, page 145.

aucune sensation n'y peut parvenir, ou si quelqu'une y parvient, elle n'y imprime aucun trait,
ne fait qu'effleurer l'organe, ne produit point
d'idée, et ne rend point sensible aucune de celles
qui s'y trouvent tracées.

J'étois fondé en raisons, lorsque j'ai dit que si
toute idée provenoit, au moins originairement,
d'une sensation, toute sensation ne donnoit pas
nécessairement une idée. La citation de quelques
faits très-connus, suffira pour établir le fondement de ce que je viens d'exposer.

Lorsque vous réfléchissez, ou lorsque votre
pensée est occupée de quelque chose, quoique
vous ayez les yeux ouverts, et que les objets
extérieurs qui sont devant vous, frappent continuellement votre vue par la lumière qu'ils y envoient, vous ne voyez aucun de ces objets, ou
plutôt vous ne les distinguez point; parce que l'effort, qui constitue votre *attention*, dirige alors
la portion disponible de votre fluide nerveux, sur
les traits des idées qui vous occupent ; et que la
partie de votre organe d'intelligence, qui est
propre à recevoir l'impression des sensations que
ces objets extérieurs vous font éprouver, n'est
point alors préparée à recevoir ces sensations.
Aussi les objets extérieurs qui frappent de toutes
parts vos sens, ne produisent en vous aucune
idée.

En effet, votre attention dirigée alors sur les autres points de votre organe, où se trouvent tracées les idées qui vous occupent, et où, peut-être, vous en tracez encore de nouvelles et de complexes par vos réflexions, met ces autres points dans l'état de tension, ou de préparation, nécessaire pour que vos pensées puissent s'y opérer. Ainsi, dans cette circonstance, quoique vous ayez l'œil ouvert, et qu'il reçoive l'impression des objets extérieurs qui l'affectent, vous ne vous en formez aucune idée, parce que les sensations qui en proviennent ne peuvent parvenir jusqu'à votre organe d'intelligence qui n'est pas préparé à les recevoir. De même vous n'entendez point, ou plutôt vous ne distinguez point alors les bruits qui frappent votre oreille.

Enfin, si l'on vous parle, quoique distinctement et à haute voix, dans un moment où votre pensée est fortement occupée de quelque objet particulier, vous entendez tout, et cependant vous ne saisissez rien, et vous ignorez entièrement ce que l'on vous a dit; parce que votre organe n'étoit pas préparé par l'*attention* à recevoir les idées que l'on vous communiquoit.

Combien de fois ne vous êtes-vous pas surpris à lire une page entière d'un ouvrage, pensant à quelque objet étranger à ce que vous lisiez, et n'ayant rien aperçu de ce que vous aviez lu completement ?

Dans une pareille circonstance, on donne à cet état de préoccupation de l'intelligence, le nom de *distraction*.

Mais si votre sentiment intérieur, ému par un besoin ou un intérêt quelconque, vient tout à coup à diriger votre fluide nerveux, sur le point de votre organe d'intelligence où se rapporte la sensation de tel objet que vous avez sous les yeux, ou de tel bruit qui frappe votre oreille, ou de tel corps que vous touchez ; alors votre attention préparant ce point de votre organe à recevoir la sensation de l'objet qui vous affecte, vous acquérez aussitôt une idée quelconque de cet objet, et vous en acquérez même toutes les idées que sa forme, ses dimensions, et ses autres qualités peuvent imprimer en vous, au moyen de différentes sensations, si vous y donnez une *attention* suffisante.

Il n'y a donc que les *sensations remarquées*, c'est-à-dire, que celles sur lesquelles l'*attention* s'est arrêtée, qui fassent naître des idées : ainsi, toute idée, quelle qu'elle soit, est le produit réel d'une sensation remarquée, en un mot, d'un acte qui prépare l'organe de l'intelligence à recevoir les traits caractéristiques de cette idée ; et toute sensation qui n'est point remarquée, c'est-à-dire,

qui ne rencontre point l'organe de l'intelligence
préparé par l'*attention* à en recevoir l'impression , ne sauroit former aucune idée.

Les animaux à mamelles ont les mêmes sens
que l'homme , et reçoivent , comme lui , des sensations de tout ce qui les affecte. Mais , comme
ils ne s'arrêtent point à la plupart de ces sensations , qu'ils ne fixent point leur *attention* sur
elles , et qu'ils ne remarquent que celles qui sont
immédiatement relatives à leurs besoins habituels,
ces animaux n'ont qu'un petit nombre d'*idées*
qui sont toujours à peu près les mêmes ; en sorte
que leurs actions ne varient point ou presque
point.

Aussi , à l'exception des objets qui peuvent
satisfaire à leurs besoins , et qui font naître en
eux des idées , parce qu'ils les remarquent , tout
le reste est comme nul pour ces animaux.

La nature n'offre aux yeux , soit du chien ou
du chat , soit du cheval ou de l'ours , etc. , aucune merveille , aucun objet de curiosité , en un
mot, aucune chose qui les intéresse , si ce n'est
ce qui sert directement à leurs besoins , ou à leur
bien-être ; ces animaux voient tout le reste sans
le remarquer , c'est-à-dire , sans y fixer leur attention ; et conséquemment n'en peuvent acquérir aucune idée. Cela ne peut être autrement ,
tant que les circonstances ne forcent point l'ani-

mal à varier les actes de son intelligence, à avancer le développement de l'organe qui les produit, et à acquérir, par nécessité, des idées étrangères à celles que ses besoins ordinaires produisent en lui. A cet égard, on connoît assez les résultats de l'éducation forcée que l'on donne à certains animaux.

Je suis donc fondé à dire que les animaux dont il s'agit, ne distinguent presque rien de tout ce qu'ils aperçoivent, et que tout ce qu'ils ne remarquent point est comme nul ou sans existence pour eux, quoique la plupart des objets qui les environnent agissent sur leurs sens.

Quel trait de lumière cette considération des facultés et de l'emploi de l'*attention*, ne jette-t-elle pas sur la cause qui fait que les animaux, qui possèdent les mêmes sens que l'homme, n'ont cependant qu'un si petit nombre d'idées, pensent si peu, et sont toujours assujettis aux mêmes habitudes !

Le dirai-je ! que d'hommes aussi, pour qui presque tout ce que la nature présente à leurs sens, se trouve à peu près nul ou sans existence pour eux ; parce qu'ils sont à l'égard de ces objets sans *attention* comme les animaux ! Or, par suite de cette manière d'employer leurs facultés et de borner leur *attention* à un petit nombre d'objets qui les intéressent, ces hommes n'exercent que très-peu leur intelligence, ne varient presque point les sujets de leurs pensées, n'ont, de même que les animaux dont nous venons de parler, qu'un très-petit nombre d'idées, et sont fortement assujettis au pouvoir de l'habitude.

Effectivement, les besoins de l'homme qu'une éducation quelconque n'a point forcé de bonne heure à exercer son intelligence, embrassent seulement ce qui lui paroit nécessaire à sa con·servation et à son bien-être physique ; mais ils sont extrêmement bornés relativement à son bien-être moral. Les idées qui se forment en lui, se réduisent à très-peu près à des idées d'intérêt, de propriété, et de quelques jouissances physiques ; elles absorbent l'*attention* qu'il donne au petit nombre d'objets qui les ont fait naître, et qui les entretiennent. On doit donc sentir que tout ce qui est étranger aux besoins physiques de cet homme, à ses idées d'intérêt, et à celles de quelques jouissances physiques et morales très-bornées, se trouve comme nul ou sans existence pour lui ; parce qu'il ne le remarque jamais, et qu'il ne sauroit le remarquer, puisque n'ayant point l'habitude de varier ses pensées, rien d'étranger aux objets que je viens d'indiquer ne sauroit l'émouvoir.

Enfin, l'éducation, qui développe l'intelligence de l'homme d'une manière si admirable,

ne le fait, ou n'y parvient, que parce qu'elle
habitue celui qui la reçoit à exercer sa faculté
de penser ; à fixer son *attention* sur les objets si
variés et si nombreux qui peuvent affecter ses
sens , sur tout ce qui peut augmenter son bien-
être physique, et moral , et par conséquent sur
ses véritables intérêts dans ses relations avec les
autres hommes.

En fixant son *attention* sur les différens objets
qui peuvent affecter ses sens , il parvient à distinguer ces objets les uns des autres , et à déterminer leurs différences , leurs rapports, et les
qualités particulières de chacun d'eux : de là , la
source des sciences physiques et naturelles.

De même en fixant son *attention* sur ses intérêts , dans ses relations avec les autres hommes ,
et sur ce qu'il peut apercevoir d'instructif pour
eux , il se forme des idées morales , soit de toutes
les convenances à l'égard des situations dans lesquelles il peut se rencontrer dans le cours de sa
vie sociale, soit de ce qui peut avancer les connoissances utiles : de là , la source des sciences poli-
tiques et morales.

Ainsi , l'habitude d'exercer son intelligence
et de varier ses pensées que l'homme reçoit de
l'éducation , étend singulièrement en lui la faculté de donner de l'*attention* à quantité d'objets différens ; de former des comparaisons parti-

culières et générales ; d'exécuter des jugemens
dans un haut degré de rectitude; et de multiplier
ses idées de tout genre , et surtout ses idées complexes. Enfin , cette habitude d'exercer son intelligence , si les diverses circonstances de sa
vie la favorisent, le met dans le cas d'étendre
ses connoissances , d'agrandir et de diriger son
génie ; en un mot, de voir en grand , d'embrasser
une multitude presqu'infinie d'objets par sa pensée , et d'obtenir de son intelligence les jouissances
les plus solides et les plus satisfaisantes.

Je terminerai ce sujet, en remarquant que ,
quoique l'attention doive ses actes au sentiment
intérieur de l'individu qui , ému par un besoin ,
le plus souvent moral , a seul le pouvoir d'y donner lieu ; elle est néanmoins une des facultés essentielles de l'intelligence , puisqu'elle ne s'opère
que dans l'organe qui produit ces facultés; et
qu'on est d'après cela autorisé à penser que tout
être , privé de cet organe , ne sauroit exécuter
aucun de ses actes , c'est-à-dire , ne sauroit donner de l'*attention* à aucun objet.

Cet article sur l'*attention* méritoit d'être un
peu étendu , car le sujet m'a paru très-important
à éclaircir ; et je suis fortement persuadé que ,
sans la connoissance de la condition nécessaire
pour qu'une sensation puisse produire une *idée ,*
jamais on n'auroit pu saisir ce qui est relatif à la
formation

formation des idées, des pensées, des jugemens, etc. ; non plus que la cause qui contraint
la plupart des animaux qui ont les mêmes sens
que l'homme, à ne se former que très-peu d'idées,
à ne les varier que si difficilement, et à rester
soumis aux influences des habitudes.

On a donc lieu de se convaincre, d'après ce que
j'ai exposé, qu'aucune des opérations de l'organe
de l'entendement ne peut se former, si cet organe
n'y est préparé par l'*attention ;* et que nos idées,
nos pensées, nos jugemens, nos raisonnemens
ne s'exécutent qu'autant que l'organe dans lequel
ces actes s'effectuent, se trouve continuellement
maintenu dans l'état où il doit être pour que ces
actes puissent se produire.

Comme l'*attention* est une action, dont le fluide
nerveux est l'instrument principal, tant qu'elle
subsiste, elle consomme une quantité quelconque
de ce fluide. Or, par sa trop grande durée, cette
action fatigue et épuise tellement l'individu, que
les autres fonctions de ses organes en souffrent
proportionnellement. Aussi les hommes qui pensent beaucoup, qui méditent continuellement, et
qui se sont fait une habitude d'exercer, presque
sans discontinuité, leur *attention* sur les objets
qui les intéressent, ont-ils leurs facultés digestives
et leurs forces musculaires très-affoiblies.

Passons maintenant à l'examen de la *pensée ,*

la seconde des principales facultés de l'intelligence, mais celle qui constitue la première et la plus générale de ses opérations.

DE LA PENSÉE.

(Deuxième des Facultés principales de l'Intelligence).

La *pensée* est le plus général des actes de l'intelligence ; car, après l'attention qui donne à la pensée elle-même, et aux autres actes de l'entendement, le pouvoir de s'opérer, celui dont il est ici question, embrasse véritablement tous les autres, et néanmoins mérite une distinction particulière.

On doit considérer la *pensée* comme une action qui s'exécute, dans l'organe de l'intelligence, par des mouvemens du fluide nerveux, et qui s'opère sur des idées déjà acquises ; soit en les rendant simplement sensibles à l'individu sans aucun changement, comme dans les actes de *mémoire ;* soit en comparant entre elles diverses de ces idées pour en obtenir des jugemens , ou trouver leurs rapports, qui sont aussi des jugemens, comme dans les *raisonnemens ;* soit en les divisant méthodiquement et les décomposant , comme dans les *analises ;* soit, enfin, en créant, d'après ces idées qui servent de modèles ou de contrastes, d'autres idées, et d'après celles-ci, d'autres encore, comme dans les opérations de l'*imagination.*

Toute *pensée* seroit-elle ou un acte de mémoire, ou un jugement? Je l'avois d'abord supposé; et dans ce cas, la pensée ne seroit pas une faculté particulière de l'intelligence, distincte des souvenirs et des jugemens. Je crois cependant qu'il faut ranger cet acte de l'entendement au nombre de ses facultés particulières et principales; car la pensée qui constitue la *réflexion,* c'est-à-dire, celle qui consiste dans la considération ou l'examen d'un objet, est plus qu'un acte de mémoire, et n'est pas encore un jugement. Effectivement, les comparaisons et les recherches de rapports entre des idées, ne sont pas simplement des souvenirs, et ne sont pas non plus des jugemens; mais presque toujours ces pensées se terminent par un jugement ou par plusieurs.

Quoique tous les actes de l'entendement soient des *pensées,* on peut donc regarder la pensée elle-même comme le résultat d'une faculté particulière de l'intelligence, puisque certains de ces actes ne sont point simplement de la mémoire, ni positivement des jugemens.

S'il est vrai que toutes les opérations de l'intelligence soient des pensées; il l'est aussi que les

idées sont les matériaux qui servent à l'exécution de ces opérations, et que le fluide nerveux
est l'agent unique qui y donne lieu immédiatement ; ce que j'ai déjà expliqué dans le chapitre
précédent.

La *pensée* étant une opération de l'entendement
qui s'exécute sur des idées déjà acquises, peut
seule donner lieu à des jugemens, des raisonnemens, enfin, aux actes de l'imagination. Dans
tout ceci, les idées sont toujours les matériaux
de l'opération, et le sentiment intérieur est aussi
toujours la cause qui excite et dirige son exécution, en mettant le fluide nerveux en mouvement
dans l'*hypocéphale*.

Cet acte de l'entendement se produit quelquefois à la suite de quelque sensation qui a donné
lieu à une idée, et celle-ci à un désir ; mais le
plus souvent il s'exécute sans qu'aucune sensation
l'ait immédiatement précédé ; car le souvenir
d'une idée qui donne naissance à un besoin moral, suffit pour émouvoir le sentiment intérieur,
et le mettre dans le cas d'exciter l'exécution de
cet acte.

Ainsi, tantôt l'organe de l'intelligence exécute
quelqu'une de ses fonctions à la suite d'une cause
externe qui amène quelqu'idée, laquelle émeut le
sentiment intérieur de l'individu ; et tantôt cet
organe entre de lui-même en activité, comme

lorsque quelqu'idée rappelée par la mémoire , fait naître un désir , c'est-à-dire , un besoin moral , et par suite une émotion du sentiment intérieur qui le porte à produire quelqu'acte d'intelligence ou successivement plusieurs de ces actes.

De même que toute autre action du corps , aucune *pensée* ne s'exécute que par l'excitation du sentiment intérieur ; en sorte que , sauf les mouvemens organiques essentiels à la conservation de la vie , les actes de l'intelligence et ceux du système musculaire dépendant , sont toujours excités par le sentiment intérieur de l'individu , et doivent être réellement regardés comme étant le produit de ce sentiment.

Il résulte de ces considérations , que la *pensée* étant une action , ne sauroit s'exécuter que lorsque le sentiment intérieur excite le fluide nerveux de l'hypocéphale à la produire , et que , d'après l'état nécessairement passif de la pulpe cérébrale , le fluide dont il s'agit , étant mis en mouvement dans ses parties , doit être le seul corps actif dans l'exécution de cette action.

En effet , un être doué d'un organe pour l'intelligence , ayant la faculté , par une émotion de son sentiment intérieur, de mettre en mouve· ment son fluide nerveux , et de diriger ce fluide sur les traits imprimés de telle idée déjà acquise , se rend aussitôt sensible cette idée particulière

¹orsqu'il excite cette action. Or, cet acte est une *pensée* quoique très-simple, et à la fois un acte de mémoire. Mais si, au lieu de se rendre sensible une seule idée, l'individu fait la même chose à l'égard de plusieurs, et exécute des opérations sur ces idées; alors il forme des *pensées* moins simples, plus prolongées, et il peut opérer ainsi différens actes d'intelligence, enfin, une longue suite de ces actes.

La *pensée* est donc une action qui peut se compliquer d'un grand nombre d'autres semblables exécutées successivement, quelquefois presque simultanément, et embrasser un nombre considérable d'idées de tous les ordres.

Non-seulement la pensée embrasse, dans ses opérations, des idées existantes, c'est-à-dire, déjà tracées dans l'organe, mais, en outre, elle en peut produire qui n'y existoient pas. Les résultats des comparaisons, les rapports trouvés entre différentes idées, enfin, les produits de l'imagination sont autant d'idées nouvelles pour l'individu, que sa pensée peut faire naître, imprimer dans son organe, et rapporter de suite à son sentiment intérieur.

Les *jugemens*, par exemple, qu'on nomme aussi des conséquences, parce qu'ils sont les suites de comparaisons exécutées, ou de calculs terminés, sont à la fois des *pensées* et des actes subséquens de pensées.

La même chose a lieu à l'égard des *raisonne-mens* ; car on sait que plusieurs jugemens qui se déduisent successivement entre des idées comparées, constituent ce qu'on nomme un *raison-nement* ; or, les raisonnemens n'étant que des séries de conséquences, sont encore des pensées et des actes subséquens de pensées.

Il résulte de tout ceci, que tout être qui ne possède aucune idée, ne sauroit exécuter aucune pensée, aucun jugement, et bien moins encore un raisonnement quelconque.

Méditer, c'est exécuter une suite de pensées ; c'est approfondir par des pensées suivies, soit les rapports entre plusieurs objets considérés, soit les idées différentes qu'on peut obtenir d'un seul objet.

Effectivement, un seul objet peut offrir à un être intelligent une suite d'idées différentes, savoir : celles de sa masse, de sa grandeur, de sa forme, de sa couleur, de sa consistance, etc.

Si l'individu se rend sensibles différentes de ces idées, l'objet n'étant pas présent, on dit qu'il pense à cet objet ; et en effet, il exécute réellement à son égard une ou plusieurs *pensées* de suite ; mais si l'objet est présent, on dit alors qu'il l'observe, et qu'il l'examine, pour s'en former toutes les idées que sa méthode d'observation et sa capacité d'attention peuvent lui permettre d'en obtenir.

De même que la *pensée* s'exerce sur des idées

directes, c'est-à-dire, obtenues par des sensations remarquées ; de même aussi, elle s'exerce
sur les idées complexes que l'individu possède
et peut se rendre sensibles.

Ainsi, l'objet d'une pensée, ou d'une suite de
pensées, peut être matériel ou embrasser différens objets matériels ; mais il peut être aussi constitué par une idée complexe ou se composer de
plusieurs idées de cette nature. Or, à l'aide de
la *pensée*, l'individu peut obtenir des unes et
des autres de ces idées, plusieurs autres encore,
et cela à l'infini. De là, l'*imagination* qui prend
sa source dans l'habitude de penser, et de se
former des idées complexes, et qui parvient à
créer, par similitude ou analogie, des idées particulières, dont celles qui proviennent des sensations ne sont que des modèles.

Je m'arrête ici, ne me proposant nullement
l'*analise* des idées, que des hommes plus habiles
et plus profonds penseurs ont déjà faite ; et
j'ai atteint mon but, si j'ai montré le vrai mécanisme par lequel les idées et les pensées se forment dans l'organe de l'intelligence, aux excitations du sentiment intérieur de l'individu.

J'ajouterai seulement, que l'*attention* est toujours compagne de la *pensee* ; en sorte que,
lorsque la première n'a plus lieu, la seconde cesse
aussitôt d'exister.

J'ajouterai encore que, comme la *pensée* est une action, elle consomme du fluide nerveux; et que, par conséquent, lorsqu'elle est trop long-temps soutenue, elle fatigue, épuise, et nuit à toutes les autres fonctions organiques, surtout à la digestion.

Enfin, je terminerai par cette remarque que je crois fondée; savoir : que la portion disponible de notre fluide nerveux augmente ou diminue selon certaines circonstances; en sorte que, tan-tôt elle est abondante et plus que suffisante pour la production d'une longue suite d'attention et de pensées, tandis que tantôt elle ne sauroit suffire et ne pourroit fournir à l'exécution d'une suite d'actes d'intelligence, qu'au détriment des fonctions des autres organes du corps.

De là, ces alternatives dans l'activité et la langueur de la pensée qu'a citées *Cabanis;* de là, cette facilité dans certains temps, et cette difficulté dans d'autres, qu'on éprouve pour maintenir son attention et exécuter une suite de pensées.

Lorsqu'on est affoibli par les suites d'une maladie ou par l'âge, les fonctions de l'estomac s'exécutent avec peine; elles exigent, pour s'opérer, l'emploi d'une grande portion du fluide nerveux disponible. Or, si, pendant ce travail de l'estomac, vous détournez le fluide nerveux qui va

aider la digestion, en le faisant refluer vers l'hypocéphale, c'est-à-dire, en vous livrant à une forte
application, et à une suite de pensées qui exigent
une attention profonde et soutenue ; vous nuisez
alors à la digestion, et vous exposez votre santé.

Le soir, comme on est en quelque sorte épuisé
par les diverses fatigues de la journée, surtout
lorsqu'on n'est plus dans la vigueur de la jeunesse, la portion disponible du fluide nerveux
est, en général, moins abondante, et est moins
en état de fournir aux travaux suivis de la pensée :
le matin, au contraire, après les réparations
qu'un bon sommeil a procurées, la portion disponible du fluide nerveux est fort abondante;
elle peut fournir avantageusement et assez long-
temps aux consommations qu'en font les opérations de l'intelligence, ou à celles que font les exercices du corps. Enfin, plus vous consommez votre
fluide nerveux disponible aux opérations de l'intelligence , moins alors vous avez de faculté
pour les travaux ou les exercices du corps, *et vice
versâ.*

Il y a donc, par suite de ces causes et de beaucoup d'autres, des alternatives remarquables dans
notre faculté, plus ou moins grande, d'exécuter
une suite de pensées, de méditer, de raisonner,
et surtout d'exercer notre imagination. Parmi
ces causes, les variations de notre état physique,

et les influences que cet état reçoit des changemens qui s'opèrent dans celui de l'atmosphère,
ne sont pas les moins puissantes.

Comme les actes de l'imagination sont encore
des pensées, c'est ici le lieu d'en dire un mot.

L'IMAGINATION.

L'imagination est cette faculté créatrice d'idées
nouvelles, que l'organe de l'intelligence, à l'aide
des pensées qu'il exécute, parvient à acquérir,
lorsqu'il contient beaucoup d'idées, et qu'il est
habituellement exercé à en former de complexes.

Les opérations de l'intelligence qui donnent
lieu aux actes de l'imagination, sont excitées par
le sentiment intérieur de l'individu, exécutées
par les mouvemens de son fluide nerveux comme
les autres actes de la pensée, et dirigées par des
jugemens.

Les actes de l'*imagination* consistent à opérer,
par des comparaisons et des jugemens sur des
idées acquises, des idées nouvelles, en prenant
les premières, soit pour modèles, soit pour contrastes; en sorte qu'avec ces matériaux et par ces
opérations, l'individu peut se former une multitude d'idées nouvelles qui s'impriment dans son
organe, et avec celles-ci beaucoup d'autres encore, ne mettant d'autres termes à cette créa-

tion infinie que ceux que son degré de raison peut lui suggérer.

Je viens de dire que les idées acquises, qui sont les matériaux des actes de l'imagination, sont employées dans ces actes, soit comme modèles, soit comme contrastes.

Effectivement, que l'on considère toutes les idées produites par l'imagination de l'homme; on verra que les unes, et c'est le plus grand nombre, retrouvent leurs modèles dans les idées simples qu'il a pu se faire à la suite des sensations qu'il a éprouvées, ou dans les idées complexes qu'il s'est faites avec ces idées simples; et que les autres prennent leur source dans le contraste ou l'opposition des idées simples et des idées complexes qu'il avoit acquises.

L'homme ne pouvant se former aucune idée solide que des objets, ou que d'après des objets qui sont dans la nature; son intelligence eût été bornée à l'effectuation de ce seul genre d'idées, si elle n'eut eu la faculté de prendre ces mêmes idées ou pour modèle, ou pour contraste, afin de s'en former d'un autre genre.

C'est ainsi que l'homme a pris le contraste ou l'opposé de ses idées simples, acquises par la voie des sensations, ou de ses idées complexes, lorsque s'étant fait une idée du fini, il a imaginé l'infini; lorsqu'ayant conçu l'idée d'une durée limitée, il a imaginé l'éternité, ou une durée sans limites ; lorsque s'étant formé l'idée d'un corps ou de la matière, il a imaginé l'*esprit* ou un être immatériel, etc., etc.

Il n'est pas nécessaire de montrer que tout produit de l'imagination qui n'offre pas le contraste d'une idée, soit simple, soit complexe, acquise, au moins originairement, par la voie des sensations, retrouve nécessairement son modèle dans cette idée. Que de citations je pourrois faire à l'égard des produits de l'imagination de l'homme, si je voulois montrer que partout où il a voulu créer des idées quelconques, ses matériaux ont toujours été les modèles des idées déjà acquises, ou les contrastes de ces idées !

Une vérité bien constatée par l'observation et l'expérience, c'est qu'il en est de l'organe d'intelligence comme de tous les autres organes du corps ; plus il est exercé, plus il se développe, et plus ses facultés s'étendent.

Ceux des animaux qui sont doués d'un organe pour l'intelligence, manquent néanmoins d'*imagination* ; parce qu'ils ont peu de besoins, qu'ils varient peu leurs actions, qu'ils n'acquièrent en conséquence que peu d'idées, et surtout parce qu'ils ne forment que rarement des idées complexes, et qu'ils n'en forment jamais que du premier ordre.

Mais l'homme , qui vit en société , a tant multiplié ses besoins , qu'il a nécessairement multiplié ses idées dans des proportions qui y sont
relatives ; en sorte qu'il est de tous les êtres pen-
sans , celui qui peut le plus aisément exercer son
intelligence, celui qui peut le plus varier ses
pensées, enfin, celui qui peut se former le plus
d'idées complexes : aussi a-t-on lieu de croire
qu'il est le seul être qui puisse avoir de l'*imagination*.

D'une part, si l'*imagination* ne peut exister
que dans un organe qui contient déjà beaucoup
d'idées, et ne prend sa source que dans l'habitude
de former des idées complexes ; et de l'autre part,
s'il est vrai que plus l'organe de l'intelligence est
exercé, plus cet organe se développe , et plus
ses facultés s'étendent et se multiplient ; on sentira que, quoique tous les hommes soient dans le
cas de posséder cette belle faculté qu'on nomme
imagination , il n'y en a néanmoins qu'un très-
petit nombre qui puisse avoir cette faculté dans
un degré un peu éminent.

Que d'hommes, même à part de ceux qui n'ont
pu recevoir aucune éducation, sont forcés par
les circonstances de leur condition et de leur
état, de s'occuper tous les jours , pendant la
principale portion de leur vie , des mêmes sortes
d'idées, d'exécuter les mêmes travaux, et qui, par

suite de ces circonstances, ne sont presque point
dans le cas de varier leurs pensées ! Leurs idées
habituelles roulent dans un petit cercle qui est à
peu près toujours le même ; et ils ne font que peu
d'efforts pour l'étendre , parce qu'ils n'y ont qu'un
intérêt éloigné.

L'*imagination* est une des plus belles facultés de l'homme : elle ennoblit toutes ses pensées, les élève , l'empêche de se traîner dans la
considération de petites choses , de menus détails ;
et lorsqu'elle atteint un degré très-éminent, elle
en fait un être supérieur à la grande généralité des autres.

Or, le *génie*, dans un individu, n'est autre
chose qu'une grande *imagination* , dirigée par
un goût exquis , et par un jugement très-recti-
fié, nourrie et éclairée par une vaste étendue de
connoissances , enfin, limitée , dans ses actes, par
un haut degré de raison.

Que seroit la littérature sans l'imagination !
En vain le littérateur possède-t-il parfaitement la
langue dont il se sert, et offre-t-il dans ses écrits,
ou ses discours, une diction épurée, un style
irréprochable ; s'il n'a point d'*imagination* , il
est froid , vide de pensées et d'images ; il n'é-
meut point, n'intéresse point, et tous ses efforts
manquent leur but.

La poésie , cette belle branche de la littérature, et l'éloquence même, pourroient-elles se passer d'imagination?

Pour moi, je pense que la littérature, ce beau résultat de l'intelligence humaine, est l'art noble et sublime de toucher, d'émouvoir nos passions, d'élever et d'agrandir nos pensées, enfin, de les transporter hors de leur sphère commune. Cet art a ses règles et ses préceptes; mais l'*imagination* et le *goût* sont la seule source où il puise ses plus beaux produits.

Si la littérature émeut, anime, plaît, et fait le bonheur de tout homme en état d'en goûter le charme; la science lui cède à cet égard, car elle instruit froidement et avec rigidité: mais elle l'emporte en ce que non-seulement elle sert essentiellement tous les arts, et qu'elle nous donne les meilleurs moyens de pourvoir à tous nos besoins physiques, mais, en outre, en ce qu'elle agrandit solidement toutes nos pensées, en nous montrant dans toute chose ce qui y est réellement, et non ce que nous aimerions mieux qui y fut.

L'objet de la première est un art aimable; celui de la deuxième est la collection de toutes les connoissances positives que nous pouvons acquérir.

Les choses étant ainsi, autant l'*imagination* est utile, indispensable même en littérature, autant elle est à redouter dans les sciences; car ses

écarts,

écarts, dans la première, ne sont qu'un manque
de gout et de raison, tandis que ceux qu'elle fait
dans les dernières, sont des erreurs; en sorte que
c'est presque toujours l'*imagination* qui les produit, lorsque l'instruction et la raison ne la gui-
dent pas et ne la limitent pas; et si ces erreurs sé-
duisent, elles font à la science un tort qui est souvent fort difficile à réparer.

Cependant, sans *imagination*, point de génie;
et sans génie, point de possibilité de faire de découvertes autres que celles des faits, mais toujours sans conséquences satisfaisantes. Or, toute
science n'étant qu'un corps de principes et de
conséquences, convenablement déduits des faits
observés, le génie est absolument nécessaire pour
poser ces principes et en tirer ces conséquences;
mais il faut qu'il soit dirigé par un jugement solide, et retenu dans les limites qu'un haut degré
de lumières peut seul lui imposer.

Ainsi, quoiqu'il soit vrai que l'*imagination* est
à redouter dans les sciences, elle ne peut l'être
cependant que lorsqu'une raison éminente et bien
éclairée ne la domine pas; tandis que, dans le
cas contraire, elle constitue alors une des causes
essentielles aux progrès des sciences.

Or, le seul moyen de limiter notre imagination,
afin que ses écarts ne nuisent point à l'avancement de nos connoissances, c'est de ne lui per-

mettre de s'exercer que sur des objets pris dans
la nature, ces objets étant les seuls qu'il nous
soit possible de connoître positivement : ses différens actes seront alors d'autant plus solides,
qu'ils résulteront de la considération du plus
grand nombre de faits relatifs à l'objet considéré, et de la plus grande rectitude dans nos
jugemens.

Je terminerai cet article en faisant remarquer
que, s'il est vrai que nous prenions toutes nos
idées dans la nature, et que nous n'en ayons aucune qui n'en provienne originairement, il l'est
aussi qu'avec ces idées, nous pouvons, à l'aide
de notre imagination et en les modifiant diversement, en créer qui soient entièrement hors de
la nature ; mais ces dernières sont toujours ou
des contrastes d'idées acquises, ou des images
plus ou moins défigurées d'objets dont la nature
seule nous a donné connoissance.

Effectivement, dans les idées les plus exagé-
rées et les plus extraordinaires de l'homme, si
l'on y fait attention, il est impossible de ne pas
reconnoître la source où il a puisé.

DE LA MÉMOIRE.

(*Troisième des principales Facultés de l'Intelligence*).

La *mémoire* est une faculté des organes qui concourent à l'intelligence ; le souvenir d'un objet ou d'une pensée quelconque est un acte de cette faculté ; et l'organe de l'entendement est le siége où s'exécute cet acte admirable , dont le fluide nerveux , par ses mouvemens dans cet organe , est le seul agent qui en consomme l'exécution : voilà ce que je me propose de prouver ; mais auparavant considérons l'importance de la faculté dont il s'agit.

On peut dire que la *mémoire* est la plus importante et la plus nécessaire des facultés intellectuelles ; car , que pourrions-nous faire sans la *mémoire* ; comment pourvoir à nos divers besoins , si nous ne pouvions nous rappeler les différens objets que nous sommes parvenus à connoître ou à préparer pour y satisfaire ?

Sans la *mémoire* , l'homme n'auroit aucun genre de connoissance ; toutes les sciences seroient absolument nulles pour lui ; il ne pourroit cultiver aucun art ; il ne sauroit même avoir aucune langue pour communiquer ses idées ; et comme pour penser , pour imaginer même ; il faut , d'une part,

qu'il ait préalablement des idées ; et de l'autre
part, qu'il exécute des comparaisons entre diverses de ces idées, il seroit donc totalement
privé de la faculté de penser, et entièrement dé-
pourvu d'imagination, s'il n'avoit point de mémoire. Aussi, en disant que les Muses étoient
filles de la *mémoire*, les anciens ont prouvé qu'ils
avoient eu le sentiment de l'importance de cette
faculté de l'intelligence.

Nous avons vu, dans le chapitre précédent,
que les idées provenoient des sensations que nous
avions éprouvées et remarquées ; et qu'avec celles
que ces sensations remarquées ont imprimées
dans notre organe, nous pouvions nous en former
d'autres qui sont indirectes et complexes. Toute
idée quelconque vient donc originairement d'une
sensation ; et on ne peut en avoir aucune qui
ait une autre origine, ce qui, depuis LOCKE, est
bien reconnu.

Maintenant nous allons voir que la *mémoire*
ne peut avoir d'existence qu'après celle des
idées acquises, et conséquemment, qu'aucun individu ne sauroit en produire aucun acte, s'il
n'a des idées imprimées dans l'organe qui en est
le siége.

S'il en est ainsi, la nature n'a pu donner aux
animaux les plus parfaits, et à l'homme même,
que de la *mémoire*, et non la prescience,

c'est-à-dire, la connoissance des événemens futurs (1).

L'homme seroit sans doute très-malheureux s'il savoit positivement ce qui doit lui arriver, s'il connoissoit l'époque précise de la fin de sa vie, etc., etc.; mais la véritable raison qui fait qu'il n'a point cette connoissance, c'est que la nature n'a pu la lui donner; cela lui étoit impossible. La *mémoire* n'étant que le souvenir de faits qui ont existé, et dont nous avons pu nous former des idées; et l'avenir, au contraire, devant donner lieu à des faits qui n'ont pas encore d'existence, nous ne pouvons en avoir aucune idée, à l'exception de ceux qui tiennent à quelques portions reconnues de l'ordre que suit la nature dans ses actes.

---

(1) A l'égard des événemens futurs, ceux qui tiennent à des causes simples, ou à peu près telles, et à des lois que l'homme, en étudiant la nature, est parvenu à reconnoître, se trouvent dans le cas d'être prévus par lui, et jusqu'à un certain point, d'être déterminés d'avance pour des époques plus ou moins précises. Ainsi les astronomes peuvent indiquer l'époque future d'une éclipse, et celle où tel astre se trouvera dans telle position; mais cette connoissance de certains faits attendus, est réduite à un très-petit nombre d'objets. Cependant, beaucoup d'autres faits futurs et d'un autre ordre lui sont encore connus; car il sait qu'ils auront lieu, mais il n'en sauroit déterminer avec précision les époques.

Voyons présentement quel peut être le mécanisme de l'admirable faculté dont nous nous occupons ici, et tâchons de prouver que l'opération du
fluide nerveux qui donne lieu à un acte de mémoire, consiste à prendre, en traversant les traits
imprimés de telle idée acquise, un mouvement
particulier relatif à cette idée, et à en rapporter
le produit au sentiment intérieur de l'individu.

Comme les idées sont les matériaux de tous les
actes de l'intelligence, la *mémoire* suppose déjà
des idées acquises; et il est évident qu'un individu
qui n'auroit encore aucune idée, ne pourroit
en exécuter aucun acte. La faculté qu'on nomme
mémoire ne peut donc commencer à exister que
dans un individu qui possède des idées.

La *mémoire* nous éclaire sur ce que peuvent
être les idées, et même nous fait sentir ce qu'elles
sont réellement.

Or, les idées que nous nous sommes formées
par la voie des sensations, et celles ensuite que
nous avons acquises par les actes de nos pensées,
étant des images ou des traits caractéristiques,
gravés, c'est-à-dire, plus ou moins profondément
imprimés sur quelque partie de notre organe
d'intelligence, la *mémoire* les rappelle chaque
fois que notre fluide nerveux, ému par notre sentiment intérieur, rencontre, dans ses agitations,
les images ou les traits dont il s'agit. Le fluide

nerveux en rapporte alors le résultat à notre
sentiment intérieur, et aussitôt ces idées nous
redeviennent sensibles : c'est ainsi que s'exécutent
les actes de *mémoire*.

On sent bien que le sentiment intérieur dirigeant le fluide nerveux, dans le mouvement
qu'il lui imprime, peut le porter séparément sur
une seule de ces idées déjà tracées, comme sur
plusieurs d'entr'elles ; et qu'ainsi la *mémoire* peut
rappeler au gré de l'individu, telle idée séparément, ou successivement plusieurs idées.

Il est évident, d'après ce que je viens de dire,
que si nos idées, soit simples, soit complexes,
n'étoient point tracées et plus ou moins profondément imprimées dans notre organe d'intelligence, nous ne pourrions nous les rappeler, et
que conséquemment, la *mémoire* n'auroit aucune
existence.

Un objet nous a frappés : c'est, je suppose, un
bel édifice embrasé et consumé, sous nos yeux,
par les flammes. Or, quelque temps après nous
pouvons nous rappeler parfaitement cet objet
sans le voir ; il suffit uniquement pour cela d'un
acte de notre pensée.

Que se passe-t-il en nous dans cet acte, si ce
n'est que notre sentiment intérieur mettant en
mouvement notre fluide nerveux, le dirige dans
notre organe d'intelligence, sur les traits que la

sensation de l'incendie y a imprimés ; et que la modification de mouvement, que notre fluide nerveux acquiert en traversant ces traits particuliers, se rapporte aussitôt à notre sentiment intérieur, et nous rend, dès lors, parfaitement sensible l'idée que nous cherchons à nous rappeler, quoique cette idée soit alors plus foiblement exprimée que lorsque l'incendie s'effectuoit sous nos yeux.

Nous nous rappelons ainsi une personne, ou un objet quelconque, que nous avons déjà vu et remarqué ; et nous nous rappelons de même les idées complexes que nous avons acquises.

Il est si vrai que nos idées sont des images, ou des traits caractéristiques, imprimés sur quelque partie de notre organe d'intelligence ; et que ces idées ne nous sont rendues sensibles, que lorsque notre fluide nerveux mis en mouvement, rapporte à notre sentiment intérieur la modification de mouvement qu'il a acquise en traversant ces traits ; que si, pendant notre sommeil, notre estomac se trouve embarrassé, ou si nous éprouvons quelqu'irritation intérieure, notre fluide nerveux reçoit, dans cette circonstance, une agitation qui se propage jusque dans notre cerveau. Il est aisé de concevoir que ce fluide, n'étant point alors dirigé, dans ses mouvemens, par notre sentiment intérieur, traverse sans ordre les traits de diffé-

rentes idées qui s'y trouvent imprimées, et nous
rend sensibles toutes ces idées, mais dans le plus
grand désordre, les dénaturant le plus souvent
par leur mélange entre elles, et par des jugemens
altérés et bizarres.

Pendant le sommeil parfait, le *sentiment intérieur* ne recevant plus d'émotion, cesse, en
quelque sorte, d'exister, et conséquemment ne
dirige plus les mouvemens de la portion disponible du fluide nerveux. Aussi l'individu bien
endormi est-il comme s'il n'existoit pas. Il ne
jouit plus du sentiment, quoiqu'il en conserve
la faculté ; il ne pense plus, quoiqu'il en ait toujours le pouvoir ; la portion disponible de son
fluide nerveux est dans un état de repos ; et la
cause productrice des actions (le sentiment intérieur) n'ayant plus d'activité, cet individu ne
sauroit en exécuter aucune.

Mais si le sommeil est imparfait, par suite de
quelque irritation interne qui excite de l'agitation
dans la portion libre du fluide nerveux, le *sentiment intérieur* ne dirigeant point alors les mouvemens du fluide subtil dont il s'agit, les agitations de ce fluide qui s'exécutent dans les hémisphères du cerveau, y occasionnent des idées sans
suite, ainsi que des pensées désordonnées et bizarres par le mélange d'idées sans rapport dont
elles se composent, lesquelles forment les songes

divers que nous faisons, lorsque nous ne jouissons pas d'un sommeil parfait.

Ces songes, ou les idées et les pensées désordonnées qui les constituent, ne sont autre chose que des actes de *mémoire* qui s'exécutent avec confusion et sans ordre, que des mouvemens irréguliers du fluide nerveux dans le cerveau, enfin, que le résultat de ce que le *sentiment intérieur* n'exerçant plus ses fonctions pendant le sommeil, et ne dirigeant plus les mouvemens du fluide des nerfs, les agitations de ce fluide rendent alors sensibles à l'individu des idées dépourvues de liaisons, et le plus souvent sans rapport entre elles.

C'est ainsi que s'exécutent les songes que nous formons en dormant, soit lorsque notre digestion étant très-laborieuse, soit lorsqu'ayant été fortement agités, dans l'état de veille, par quelque grand intérêt, ou par des objets qui nous ont émus, nous éprouvons, pendant le sommeil, une grande agitation dans nos esprits, c'est-à-dire, dans notre fluide nerveux.

Or, les actes désordonnés dont il est question, s'effectuent toujours sur des idées ou d'après des idées déjà acquises, et nécessairement imprimées dans l'organe de l'intelligence : et jamais un individu, en rêvant, ne sauroit se rendre sensible une idée qu'il n'auroit pas eue, en un

mot, un objet dont il n'auroit eu aucune connoissance.

Une personne qui, depuis son enfance, se
trouveroit renfermée dans une chambre qui ne
recevroit le jour que par le haut., et à qui l'on
fourniroit ce qui lui seroit nécessaire, sans communiquer avec elle, ne verroit jamais assurément, dans ses songes, aucun des objets qui
affectent tant les hommes dans la société.

Ainsi, les songes nous montrent le mécanisme
de la *mémoire*, comme celle-ci nous fait connoître celui des idées ; et lorsque je vois mon
chien rêver, aboyer en dormant, et donner des
signes non équivoques des pensées qui l'agitent,
je demeure convaincu qu'il a aussi des idées,
quelque bornées qu'elles puissent être.

Ce n'est pas seulement pendant le sommeil que
le sentiment intérieur peut se trouver suspendu
ou troublé dans ses fonctions. Pendant la veille,
tantôt une émotion forte et subite suspend entièrement les fonctions de ce sentiment, et même
tous les mouvemens de la portion libre du fluide
nerveux ; alors on éprouve la syncope, c'est-à-
dire, on perd toute connoissance et la faculté
d'agir ; et tantôt une irritation considérable ou
générale, comme celle qui s'exécute dans certaines fièvres, suspend encore les fonctions du
sentiment intérieur, et néanmoins agite tellement

toute la portion libre du fluide nerveux, qu'elle fait exprimer les idées et les pensées désordonnées que l'on ressent, et exécuter des actions pareillement désordonnées : dans ce cas, on éprouve ce qu'on nomme le *délire*.

Le délire ressemble donc aux songes par le désordre des idées, des pensées et des jugemens; et il est évident que ce désordre, dans les deux cas que je viens de citer, provient de ce que le sentiment intérieur se trouvant suspendu dans ses fonctions, ne dirige plus les mouvemens du fluide nerveux (1).

Mais la violence de l'agitation nerveuse qui occasionne le délire, est cause que ce phénomène n'est pas seulement le produit d'une grande irritation, mais qu'il est aussi quelquefois celui d'une affection morale très-forte; en sorte que les individus qui l'éprouvent ne jouissent alors que très-imparfaitement de leur connoissance; car leur

---

(1) Quant au délire vague, ou aux especes de vertiges que l'on éprouve ordinairement lorsque l'on commence à s'endormir, cela tient probablement à ce que le sentiment intérieur cessant alors de diriger les mouvemens du fluide nerveux encore agité, reprend et abandonne successivement cette fonction, avec quelques alternatives, jusqu'à ce que le sommeil soit tout-à-fait arrivé.

sentiment intérieur troublé et n'exécutant plus ses fonctions, ne dirige plus le fluide nerveux pour la rectitude des idées.

Par exemple, lorsque la *sensibilité morale* est très-grande, les émotions que produisent certaines idées ou pensées dans le sentiment intérieur, sont quelquefois si considérables, qu'elles troublent ce sentiment dans ses fonctions, et l'empêchent de diriger le fluide nerveux dans l'exécution des nouvelles pensées qui doivent être produites ; alors les facultés intellectuelles sont suspendues ou en 'désordre.

On va voir que la *folie* prend aussi sa source dans une cause à peu près semblable, c'est-à-dire, dans celle qui ne permet plus au sentiment intérieur de diriger les mouvemens du fluide nerveux dans l'hypocéphale.

En effet, lorsqu'une lésion accidentelle a causé quelque dérangement dans l'organe de l'intelligence, ou qu'une grande émotion du sentiment intérieur a laissé des traces assez profondes de ses effets dans l'organe dont il s'agit, pour y avoir opéré quelqu'altération ; le sentiment intérieur ne maîtrise plus les mouvemens du fluide nerveux dans cet organe, et les idées que les agitations de ce fluide rendent sensibles à l'individu, se présentent en désordre et sans liaison à sa conscience. Il les exprime telles qu'elles s'offrent à lui, et elles lui font exécuter des actions qui y sont relatives. Mais on voit, par les actes de cet individu, que ce sont toujours des idées acquises et ensuite présentées à sa conscience qui l'agitent. Effectivement, la mémoire, les songes, le délire, les actes de folie, ne montrent jamais d'autres idées que celles que déjà l'individu possédoit.

Il y a des actes de folie qui tiennent à un dérangement de certains organes particuliers de l'hypocéphale, les autres ayant conservé leur intégrité ; alors, ce n'est que dans ces organes particuliers que le sentiment intérieur ne maîtrise plus et ne dirige plus les mouvemens du fluide nerveux. Les personnes qui sont dans ce cas, n'exécutent des actes de folie que relativement à certains objets, et toujours les mêmes : elles paroissent jouir de leur raison à l'égard de tout ce qui y est étranger.

Je m'éloignerois de mon sujet si j'entreprenois de suivre toutes les nuances qu'on observe dans le désordre des idées, et d'en rechercher les causes. Il me suffit d'avoir montré que les songes, le délire, et, en général, la folie, ne sont que des actes désordonnés de la *mémoire*, qui s'exécutent toujours sur des idées acquises et imprimées dans l'organe, mais qui s'opèrent sans la direction du sentiment intérieur de l'individu, parce qu'alors cette puissance est suspendue ou troublée dans ses fonctions , ou que l'état de l'hypocéphale ne lui permet plus de les exécuter.

Cabanis ne s'étant fait aucune idée du pouvoir de notre sentiment intérieur , et ne s'étant point aperçu que ce sentiment constitue en nous une puissance que le besoin, que le moindre désir, en un mot , qu'une pensée excitent et peuvent émouvoir , et qu'alors il a la faculté de mettre en action la portion libre de notre fluide nerveux , et de diriger ses mouvemens , soit dans notre organe d'intelligence , soit dans l'envoi qu'il en fait aux muscles qui doivent agir , fut , néanmoins , forcé de reconnoître que le système nerveux entre souvent de lui-même en activité , sans qu'il y soit porté par des impressions étrangères ;' et qu'il peut même écarter ces impressions et se soustraire à leur influence , puisqu'une forte attention , une méditation profonde suspendent l'action des organes *sentans* externes.

« C'est ainsi , dit ce savant , que s'exécutent les opérations de l'imagination et de la mémoire. Les notions des objets qu'on se rappelle et qu'on se représente , ont bien été fournies , le plus communément il est vrai , par les impressions reçues dans les divers organes : mais l'acte qui réveille leur trace , qui les offre au cerveau sous leurs images propres , qui met cet organe en état d'en former une foule de combinaisons nouvelles , ne dépend souvent en aucune manière, de causes situées hors de l'organe sensitif. » *Hist. des sensations*, *p.* 168.

Cela me paroît très-vrai ; car, tout est ici le résultat du pouvoir du sentiment intérieur de l'individu, ce sentiment pouvant s'émouvoir par une simple idée qui fait naître ce besoin moral qu'on nomme le *désir ;* et l'on sait que le désir embrasse et porte à exécuter, soit les actions qui exigent le mouvement musculaire, soit celles qui donnent lieu à nos pensées, nos jugemens, nos raisonnemens, nos analises philosophiques, enfin, aux opérations de notre imagination.

Le désir crée la volonté d'agir de l'une ou de l'autre de ces deux manières : or, ce désir, ainsi que la volonté qu'il entraine, émouvant notre sentiment intérieur, le mettent dans le cas d'envoyer du fluide nerveux, soit dans telle partie du système musculaire, soit dans telle région de l'organe qui produit les actes d'intelligence.

Si *Cabanis,* dont l'ouvrage sur les *Rapports du Physique et du Moral,* est un fonds inépuisable d'observations et de considérations intéressantes, eut reconnu la puissance du sentiment intérieur ; si, ayant pressenti le mécanisme des sensations, il n'eut pas confondu la sensibilité physique avec la cause des opérations de l'intelligence ;

telligence ; s'il eut su reconnoître que les sensations ne donnent pas nécessairement des idées,
mais de simples perceptions, ce qui est très-
différent ; enfin, s'il eut distingué ce qui appartient à l'irritabilité des parties, de ce qui est
le produit de la sensation; quelles lumières son
intéressant ouvrage ne nous eût-il pas procurées!
Néanmoins, c'est dans cet ouvrage que l'on puisera
les meilleurs moyens d'avancer cette partie des
connoissances humaines dont il est ici question, à
cause de la foule de faits et d'observations qu'il
renferme. Mais je suis convaincu que ces moyens
ne seront utilement employés, que lorsqu'on aura
fixé ses idées sur les distinctions essentielles présentées, soit dans ce chapitre, soit dans les autres,
qui composent cette *Philosophie zoologique.*

Si l'on prend en considération ce qui est exposé dans cet article, on se convaincra probablement :

1°. Que la *mémoire* a pour siége l'organe même
de l'intelligence, et qu'elle n'offre, dans ses opérations, que des actes qui rappellent des idées
déjà acquises, en nous les rendant sensibles;

2°. Que les traits, ou les images, qui appartiennent à ces idées, sont nécessairement déjà
gravés dans quelque partie de l'organe de l'entendement ;

3°. Que le sentiment intérieur, ému par une

28

cause quelconque, envoie notre fluide nerveux
disponible sur ceux de ces traits imprimés que
l'émotion qu'il a reçue, soit d'un besoin, soit
d'un penchant, soit d'une idée qui éveille l'un
ou l'autre, lui fait choisir; et qu'il nous les rend
aussitôt sensibles en rapportant au foyer sensitif
les modifications de mouvement que ces traits
ont fait acquérir au fluide nerveux;

4°. Que lorsque notre sentiment intérieur est
suspendu ou troublé dans ses fonctions, il ne dirige plus les mouvemens qui peuvent encore agiter notre fluide nerveux; en sorte qu'alors si
quelque cause agite ce fluide dans notre organe
intellectuel, ses mouvemens rapportent au foyer
sensitif, des idées désordonnées, bizarrement
mélangées, sans liaison et sans suite; de là, les
songes, le délire, etc.

On voit donc que partout les phénomènes
dont il s'agit, résultent d'actes physiques qui dépendent de l'organisation, de son état, de celui
des circonstances dans lesquelles se trouve l'individu, enfin, de la diversité des causes, pareillement physiques, qui produisent ces actes organiques.

Passons à l'examen de la quatrième et dernière
sorte des opérations principales de l'intelligence,
c'est-à-dire, de celle de ces opérations qui constitue les jugemens.

DU JUGEMENT.

(Quatrième des Facultés principales de l'Intelligence).

Les opérations de l'intelligence qui constituent des *jugemens* sont, pour l'individu, les plus importantes de celles que son entendement puisse exécuter ; et ce sont, en effet, celles dont il peut le moins se passer, et dont il a le plus souvent occasion de faire usage.

C'est dans les résultats de cette faculté de juger que les déterminations qui constituent la *volonté* d'agir prennent leur source ; c'est aussi des actes de cette même faculté que naissent les besoins moraux, tels que les désirs, les souhaits, les espérances, les inquiétudes, les craintes, etc. ; enfin, ce sont toujours aux suites de nos *jugemens* que sont dues celles de nos actions auxquelles notre entendement a eu quelque part.

On ne peut exécuter aucune série de pensées sans former des *jugemens ;* nos raisonnemens, nos analises ne sont que le résultat de *jugemens ;* l'imagination même n'a de puissance que par les *jugemens*, relativement aux modèles ou aux contrastes qu'elle emploie pour créer des idées; enfin, toute pensée qui n'est point un *jugement*, ou qui n'en est pas accompagnée, n'est qu'un acte de mémoire, ou ne constitue qu'un examen, ou une comparaison sans résultat.

Combien donc n'importe-t-il pas à tout être doué d'un organe pour l'intelligence de s'habituer à exercer son *jugement*, et de s'efforcer de le rectifier graduellement à l'aide de l'observation et de l'expérience; car alors il exerce à la fois son entendement, et il en augmente proportionnellement les facultés?

Cependant, si l'on considère la grande généralité des hommes, on voit que les individus qui la composent, dans toutes les occasions où il ne s'agit pas d'un besoin ou d'un danger pressant, jugent rarement par eux-mêmes, et s'en rapportent au jugement des autres.

Cet obstacle aux progrès de l'intelligence individuelle, n'est pas seulement le produit de la paresse, de l'insouciance, ou du défaut de moyens; il est, en outre, celui de l'habitude que l'on a fait contracter aux individus, dès leur enfance et dans leur jeunesse, de croire sur parole, et de soumettre toujours leur jugement à une autorité quelconque.

Ayant, en peu de mots, fait sentir l'importance du *jugement*, et celle surtout de le former par l'exercice, et de le rectifier de plus en plus par l'expérience; examinons maintenant ce que c'est que le jugement lui-même, et par quel mécanisme cette opération de l'intelligence peut s'exécuter.

Tout *jugement* est un acte très-particulier que le fluide nerveux exécute dans l'organe de l'intelligence, dont il trace ensuite le résultat dans l'organe même, qu'il rapporte aussitôt après au sentiment intérieur, c'est-à-dire, à la conscience de l'individu. Or, cet acte résulte toujours d'une comparaison exécutée, ou de rapports recherchés entre des idées acquises.

Voici le mécanisme probable de l'acte physique dont il est question; car c'est le seul qui me paroisse capable d'y donner lieu, et qui soit conforme aux produits connus de la loi des mouvemens réunis ou combinés.

Les idées gravées occupent, sans doute, chacune dans l'organe une place particulière : or, lorsque le fluide nerveux agité traverse à la fois les traits de deux idées différentes, ce qui a lieu dans la comparaison de ces deux idées, il est alors partagé nécessairement en deux masses séparées, dont l'une arrive sur la première des deux idées, tandis que l'autre masse rencontre la seconde. De part et d'autre, ces deux masses de fluide nerveux reçoivent chacune, de la part des traits qu'elles traversent, une modification dans leur mouvement, qui est particulière à l'idée qu'elles ont rencontrée. On conçoit de là, que,

si ensuite ces deux masses se réunissent en une
seule, elles combineront aussitôt leurs mouvemens, et que, dès lors, la masse commune aura
un mouvement composé, qui sera moyen entre
les deux sortes de mouvement qui se seront
combinées.

Ainsi, l'acte physique qui donne lieu à un
jugement, est probablement constitué par une
opération du fluide nerveux qui, dans ses mouvemens, se répand sur les traits imprimés des
idées que l'on compare; et il paroît consister en
autant de mouvemens particuliers du fluide en
question, qu'il y a d'idées comparées, et de portions de ce fluide qui traversent les traits de ces
idées. Or, ces portions séparées du même fluide,
qui ont chacune un mouvement particulier, ve-
nant toutes à se réunir, forment une masse dont
le mouvement est composé de tous les mouvemens particuliers cités; et ce mouvement composé imprime alors, dans l'organe, de nouveaux
traits, c'est-à-dire, une idée nouvelle, qui est
le *jugement* dont il s'agit.

Cette idée nouvelle est aussitôt rapportée au
sentiment intérieur de l'individu; il en a le sentiment moral; et si elle fait naître en lui un besoin, pareillement moral, elle donne lieu à sa
volonté d'agir pour y satisfaire.

Indépendamment de l'inexpérience, et des sui-

tes de l'habitude de juger presque toujours d'après
les autres , des causes nombreuses et différentes
concourent à altérer les *jugemens* , c'est-à-dire ,
à rendre moins parfaite leur rectitude.

Les unes de ces causes tirent leur origine de
l'imperfection même des comparaisons exécutées ,
et de la préférence que , selon les lumières , le
goût particulier , et l'état individuel , l'on donne
à telle idée sur telle autre ; en sorte que les véritables élémens qui entrent dans la formation de
ces jugemens sont incomplets. Il n'y a , dans tous
les temps , qu'un petit nombre d'hommes qui ,
susceptibles d'une attention profonde , et à force
de s'être exercés à penser , et d'avoir mis à profit l'expérience , puissent se soustraire à ces causes
d'altérations dans leurs jugemens.

Les autres , auxquelles il est difficile d'échapper , prennent leur source : 1°. dans l'état même
de notre organisation qui altère les sensations
dont nous nous formons des idées ; 2°. dans l'erreur
où nous entraînent souvent certaines de nos sensations ; 3°. dans les influences que nos penchans ,
nos passions mêmes exercent sur notre sentiment
intérieur , le portant à donner aux mouvemens
qu'il imprime à notre fluide nerveux , des direc-
tions différentes de celles qu'il leur auroit don-
nées sans ces influences , etc. , etc.

Ayant déjà traité de ce qui concerne le *ju-*

gement, dans le chapitre VI de cette partie, je sortirois du plan que je me suis tracé, et des bornes qu'il exige, si j'entrois dans les détails des causes nombreuses qui contribuent à altérer le jugement, et si j'entreprenois de les développer. Il suffit à l'objet que j'ai en vue, de faire remarquer que quantité de causes nuisent, en général, à la rectitude des jugemens que nous exécutons ; et qu'à cet égard, il y a autant de diversité dans les *jugemens* des hommes, qu'il y en a dans l'état physique, les circonstances, les penchans, les lumières, le sexe, l'âge, etc., des individus.

Que l'on ne s'étonne donc point de la discordance constante, mais non générale, que l'on observe dans les *jugemens* que l'on porte sur une pensée, un raisonnement, un ouvrage, enfin, un sujet quelconque, dans lesquels chacun ne peut voir que ce qu'il a jugé lui-même, que ce qu'il peut concevoir, à raison de la nature et de l'étendue de ses connoissances, en un mot, que ce qu'il peut saisir, selon le degré d'attention qu'il peut donner aux sujets qui s'offrent à sa pensée. Que de personnes, d'ailleurs, se sont fait une habitude de ne juger presque rien par elles-mêmes, et, conséquemment, de s'en rapporter, à peu près, sur tout au jugement des autres !

Ces considérations, qui me semblent prouver que les *jugemens* sont assujettis à différens degrés de rectitude, et que cette rectitude n'atteint que le degré qui est relatif aux circonstances qui concernent chaque individu, m'amènent naturellement à dire un mot de la *raison*, à examiner ce qu'elle peut être, et à la comparer avec l'*instinct*.

DE LA RAISON,

Et de sa comparaison avec l'Instinct.

La *raison* n'est pas une faculté ; elle est bien moins encore un flambeau, un être quelconque ; mais c'est un état particulier des facultés intellectuelles de l'individu ; état que l'expérience fait varier, améliore graduellement, et qui rectifie les jugemens, selon que l'individu exerce son intelligence.

Ainsi, la *raison* est une qualité susceptible d'être possédée dans différens degrés, et cette qualité ne peut être reconnue que dans un être qui jouit de quelques facultés intellectuelles.

En dernière analise, on peut dire que, pour tout individu doué de quelqu'intelligence, la *raison n'est autre chose qu'un degré acquis dans la rectitude des jugemens.*

A peine sommes-nous nés, que nous éprouvons

des sensations, surtout de la part des objets extérieurs qui affectent nos sens; bientôt nous ac-
quérons des idées qui se forment en nous à la
suite des sensations remarquées; et bientôt, encore, nous comparons, presque machinale-
ment, les objets remarqués, et nous formons
des jugemens.

Mais alors, nouveaux au milieu de tout ce
qui nous entoure, dépourvus d'expérience, et
abusés par plusieurs de nos sens, nous jugeons
mal; nous nous trompons sur les distances, les
formes, les couleurs et la consistance des objets
que nous remarquons; et nous ne saisissons pas
les rapports qu'ils ont entr'eux. Il faut que plusieurs de nos sens concourent chacun et successivement à détruire peu à peu nos erreurs et à
rectifier les jugemens que nous formons; enfin,
ce n'est qu'à l'aide du temps, de l'expérience,
et de l'attention donnée aux objets qui nous affectent, que la *rectitude de nos jugemens* s'opère
par degrés.

La même chose a lieu à l'égard de nos idées
complexes, des vérités utiles, et des règles ou
préceptes qu'on nous communique. Ce n'est qu'au
moyen de beaucoup d'expérience, et de mémoire
pour rassembler tous les élémens d'une conséquence, en un mot, qu'au moyen du plus grand exercice de notre entendement, que nos jugemens,

à l'égard de ces objets, se rectifient graduellement.

De là, la différence considérable qui existe entre les *jugemens* de l'enfance et ceux de la jeunesse ; de là, encore, la différence qui se trouve entre les jugemens d'un jeune homme de vingt ans et ceux d'un homme de quarante ou davantage, l'intelligence, de part et d'autre, ayant toujours été également exercée.

Le plus ou le moins de *rectitude dans nos jugemens* sur toute chose, et particulièrement sur les objets ordinaires de la vie, et de nos relations avec nos semblables, constituant le plus ou le moins de *raison* que nous possédons, cette qualité n'est donc qu'un degré quelconque acquis dans la *rectitude des jugemens* dont il s'agit ; et comme les circonstances dans lesquelles chacun se trouve, les habitudes, le tempérament, etc., etc., entraînent une grande diversité dans l'exercice de l'entendement, c'est-à-dire, dans la manière de penser, d'examiner et de juger, il y a donc des différences réelles entre les jugemens qui sont formés.

Ainsi, la *raison* n'est point un objet particulier, un être quelconque que l'on puisse posséder ou ne pas posséder ; mais c'est un état de l'organe de l'entendement, duquel résulte un degré plus ou moins grand dans la *rectitude* des jugemens de l'individu ; en sorte que tout être qui possède un organe pour l'entendement, qui a des idées, et qui exécute des jugemens, a nécessairement un degré quelconque de *raison*, selon son espèce, son âge, ses habitudes, et selon différentes circonstances qui concourent à retarder, ou à avancer, ou à rendre stationnaires ses progrès dans la *rectitude* de ses jugemens.

Comme l'*attention* donnée aux objets qui produisent en nous des sensations, est la seule cause qui fait que ces sensations peuvent occasionner en nous des idées; il est évident que plus, par suite de l'exercice de cette faculté, nous nous rendons capables d'attention, et surtout d'une attention soutenue et profonde, plus nos idées deviennent claires, sont justement limitées, et plus les jugemens que nous formons avec de pareilles idées ont de *rectitude*.

Il suit de là, que le degré de *raison* le plus élevé, est celui qui provient d'une grande clarté dans les idées, et d'une *rectitude*, presque générale, dans les jugemens.

L'homme beaucoup plus capable qu'aucun autre être intelligent, de cette attention profonde et soutenue, et pouvant la fixer sur un grand nombre d'objets différens, est le seul qui puisse avoir une multitude, presque infinie, d'idées claires, et qui forme, par conséquent, des jugemens doués de la *rectitude* la plus générale; mais il faut, pour cela, qu'il exerce fortement et habituellement son intelligence, et que les circonstances, qui peuvent lui être favorables, y concourent.

D'après ce qui vient d'être exposé, la *raison* n'étant qu'un degré quelconque dans la rectitude des jugemens, et tout être, doué d'intelligence, pouvant exécuter des jugemens, ceux qui sont dans ce cas, jouissent, conséquemment, d'un degré quelconque de raison.

En effet, si l'on compare les idées et les jugemens de l'animal intelligent, qui est encore jeune et inexpérimenté, aux idées et aux jugemens du même animal, parvenu à l'âge de l'expérience acquise, on verra que la différence qui se trouve entre ces idées et ces jugemens, se montre, dans cet animal, tout aussi clairement que dans l'homme. Une rectification graduelle dans les jugemens, et une clarté croissante dans les idées, remplissent, dans l'un et dans l'autre, l'intervalle qui sépare le temps de leur enfance de celui de leur âge mûr. L'âge de l'expérience et de tous les développemens terminés, se distingue éminemment de celui de l'inexpérience et du peu de développement des facultés, dans cet animal, de même que dans l'homme. De part et d'autre, on reconnoît les mêmes caractères et la même analogie dans les progrès qui peuvent s'acquérir; il n'y a que du plus ou du moins, selon les espèces.

Il y a donc aussi chez les animaux, qui possèdent un organe spécial pour l'intelligence, différens degrés dans la *rectitude* des jugemens, et,
conséquemment, différens degrés de *raison*.

Sans doute, le degré le plus élevé de la *raison*
donne à l'homme, qui en est doué, la perception
de la convenance ou de l'inconvenance, soit de
ses propres idées ou de ses opinions, soit des idées
ou des opinions des autres; mais cette perception,
qui est un jugement, n'est pas le propre de tous
les hommes. A la place de cette juste perception,
qui résulte d'une intelligence très-exercée, ceux
qui ne la possèdent pas, y en substituent une fausse;
et comme celle-ci est le résultat de leurs moyens,
ils la croient juste. De là, cette diversité d'opinions et de jugemens dans les individus de l'espèce humaine, laquelle s'opposera toujours à ce qu'il
y ait un accord réel entre les idées et les jugemens
de ces individus, par la raison que les hommes se
trouvant chacun dans des circonstances fort différentes, ne peuvent, par conséquent, arriver au
même degré de *raison*.

Maintenant, si nous comparons la *raison* avec
l'*instinct*, nous verrons que la première, dans
un degré quelconque, donne lieu à des déterminations d'agir qui prennent leur source dans des
actes d'intelligence, c'est-à-dire, dans des idées,
des pensées et des jugemens ; et que l'*instinct*, au

contraire, est une force qui entraîne vers une action, sans détermination préalable, et sans qu'aucun acte d'intelligence y ait la moindre part.

Or, la *raison* n'étant qu'un *degré acquis dans la rectitude des jugemens*, les déterminations d'action qui en proviennent, peuvent être mauvaises ou inconvenables, lorsque les jugemens qui les produisent sont erronés, ou faux en tout ou en quelque point.

Mais l'*instinct* qui n'est qu'une force qui entraîne, et qui est le produit du sentiment intérieur qu'un besoin quelconque émeut, ne se trompe point à l'égard de l'action à exécuter; car il ne choisit point, ne résulte d'aucun jugement, et n'a réellement point de degrés. Toute action que fait exécuter l'*instinct*, est donc toujours le résultat de l'espèce d'excitation produite par le sentiment intérieur de l'individu, comme tout mouvement communiqué à un corps est toujours, dans sa direction et sa force, le produit de la puissance qui l'a communiqué.

Il n'y a rien qui soit clair et véritablement exact dans l'idée qu'a eue *Cabanis*, d'attribuer le *raisonnement* à des sensations extérieures, et l'*instinct* à des impressions intérieures. Toutes nos impressions sont toujours intérieures, quoique les objets qui les causent, soient tantôt extérieurs et tantôt intérieurs. L'observation de ce qui se passe à cet égard, doit nous montrer qu'il est plus juste de dire :

Que les raisonnemens, et que les déterminations qui sont la suite de jugemens, prennent leur source dans des opérations de l'intelligence ; tandis que l'*instinct* qui fait exécuter quelqu'action, prend la sienne dans des besoins et des penchans qui émeuvent immédiatement le sentiment intérieur de l'individu, et le font agir sans choix, sans délibération, en un mot, sans que l'intelligence y ait aucune part.

Les actions de certains animaux sont donc quelquefois le produit de déterminations rationnelles, et plus souvent celui d'une force *instinctive*.

Si l'on donne quelqu'attention aux faits et aux considérations, présentés dans le cours de cet ouvrage, on sentira qu'il y a nécessairement des animaux qui n'ont ni *raison*, ni *instinct*, tels que ceux qui sont dépourvus de la faculté de sentir ; qu'il y en a d'autres qui ont de l'*instinct*, mais qui ne possèdent aucun degré de *raison*, tels que ceux qui ont un système sensitif, et qui manquent d'organe pour l'intelligence ; enfin, qu'il y en a d'autres, encore, qui ont de l'*instinct*, plus un degré quelconque de *raison*, tels que ceux qui possèdent un système pour les sensations, et un autre pour les actes de l'entendement. L'*instinct* de ces derniers est la source de presque toutes

leurs

leurs actions, et ils font rarement usage du degré de *raison* qu'ils possèdent. L'homme, qui vient ensuite, a aussi de l'*instinct* qui, dans certaines circonstances, le fait agir ; mais il est susceptible d'acquérir beaucoup de *raison*, et de l'employer à diriger la plupart des actions qu'il exécute.

Outre la *raison individuelle* dont je viens de parler, il s'établit dans chaque pays, et chaque région du globe, selon les lumières des hommes qui les habitent, et selon quelques autres causes influentes, une *raison publique*, ou à peu près générale, qui se maintient jusqu'à ce que des causes nouvelles et suffisantes viennent la changer. Or, de part et d'autre, la raison individuelle et la raison publique sont toujours constituées par un degré quelconque dans la *rectitude des jugemens*.

Il y a, en effet, un assentiment général dans une société, ou dans une nation, pour une erreur, pour une opinion fausse, ainsi que pour une vérité reconnue ; en sorte que des erreurs, des préjugés, et des vérités diverses, composent les produits de l'état de *rectitude* des jugemens, soit dans les individus, soit dans les opinions admises dans des sociétés, des corps, des nations, selon les siècles ou les temps considérés.

On doit donc reconnoître les progrès plus ou moins grands de la *raison* dans un peuple, dans une société, de même que dans un individu.

Les hommes qui s'efforcent, par leurs travaux, de reculer les limites des connoissances humaines, savent assez qu'il ne leur suffit pas de découvrir et de montrer une vérité utile qu'on ignoroit, et qu'il faut encore pouvoir la répandre et la faire reconnoître ; or, la *raison individuelle* et la *raison publique*, qui se trouvent dans le cas d'en éprouver quelque changement, y mettent en général un obstacle tel, qu'il est souvent plus difficile de faire reconnoître une vérité que de la découvrir. Je laisse ce sujet sans développement, parce que je sais que mes lecteurs y suppléeront suffisamment, pour peu qu'ils aient d'expérience dans l'observation des causes qui déterminent les actions des hommes.

En finissant ce chapitre sur les principaux actes de l'entendement, je termine en même temps ce que je m'étois proposé d'offrir à mes lecteurs dans cet ouvrage.

Malgré les erreurs dans lesquelles j'ai pu me laisser entraîner en le composant, il est possible qu'il contienne des idées et des considérations qui soient utiles, d'une manière quelconque, à l'avancement de nos connoissances, jusqu'à ce que les grands sujets dont j'ai osé m'y occuper soient traités de nouveau par des hommes capables d'y répandre plus de lumières.

FIN DU SECOND ET DERNIER TOME.

ADDITIONS

Relatives aux Chapitres VII et VIII de la première partie.

D A N s les derniers jours de juin 1809, la Ménagerie du Muséum d'Histoire Naturelle ayant reçu un phoque, connu sous le nom de veau marin (*phoca vitulina*), et qui fut envoyé vivant de Boulogne, j'ai eu occasion d'observer les mouvemens et les habitudes de cet animal. Depuis, je crois plus fortement encore que cet amphibie est beaucoup plus voisin par ses rapports des mammifères onguiculés que des autres, quelques grandes que soient les différences de sa forme générale comparée à celle de ces mammifères.

Ses pieds de derrière, quoique fort courts, ainsi que ceux de devant, sont très-libres, bien séparés de la queue, qui est petite, mais très-distincte, et peuvent se mouvoir avec facilité de différentes manières ; ils peuvent même saisir les objets, comme de véritables mains.

J'ai remarqué que cet animal réunit à volonté ses pieds de derrière, comme nous joignons les mains, et qu'alors écartant les doigts, entre lesquels il y a des membranes, il en forme.une palette assez large dont il fait usage lorsqu'il se déplace dans l'eau, de la même manière que les poissons se servent de leur queue en nageoire.

Ce phoque se traîne assez rapidement sur la terre, à l'aide d'un mouvement d'ondulation du corps, ne s'aidant nullement de ses pieds postérieurs qui restent alors dans l'inaction, et sont étendus. En se traînant ainsi, il ne retire quelques secours de ses pieds antérieurs, qu'en appuyant le bras jusqu'au poignet, sans se servir particulièrement de la main. Il saisit sa proie, soit avec les pieds postérieurs, soit avec la gueule; et quoiqu'il se serve quelquefois de ses mains antérieures, pour rompre la proie qu'il tient dans la gueule, il paroît que ces mains lui sont principalement utiles pour nager ou se déplacer dans l'eau. Enfin, comme cet animal se tient souvent assez long-temps de suite sous l'eau, où même il mange à son aise, j'ai remarqué qu'il ferme facilement et complétement les narines, comme nous fermons les yeux, ce qui lui est très-utile lorsqu'il est enfoncé dans le liquide qu'il habite.

Comme ce phoque est très-connu, je n'en ferai point la description. Mon objet ici est seulement de faire remarquer que les amphibies n'ont les pieds de derrière disposés dans la même direction que l'axe de leur corps, que parce que

ces animaux se trouvent contraints de les employer habituellement à en former une nageoire
caudale, en les réunissant et en élargissant, par
l'écartement de leurs doigts, la palette qui résulte de leur réunion. Alors ils peuvent avec
cette nageoire artificielle frapper l'eau, soit à
droite, soit à gauche, hâter leur déplacement
et varier sa direction.

Les deux pieds postérieurs des *phoques* étant
si souvent employés à former une nageoire
par leur réunion, n'auroient pas seulement cette
direction en arrière qui leur fait continuer l'allongement du corps ; mais ils se seroient tout-à-fait
réunis ensemble, comme dans les *morses*, si les
animaux dont il s'agit ne s'en servoient aussi très-
souvent pour saisir et emporter leur proie. Or,
les mouvemens particuliers que ces actions exigent, ne permettent pas aux pieds postérieurs
des phoques de se réunir entièrement, mais seulement de le faire instantanément.

Les *morses*, au contraire, qui se sont habitués
à se nourrir des herbes qu'ils viennent brouter
sur les rivages, n'employant jamais leurs pieds
de derrière qu'à former une nageoire caudale,
ces pieds, dans la plupart, se sont tout-à-fait
réunis ensemble, ainsi qu'avec la queue, et ne
peuvent plus se séparer.

Ainsi, dans des animaux d'origine semblable,

voilà une nouvelle preuve du produit des habitudes sur la forme et l'état des organes, preuve que j'ajoute à toutes celles que j ai déjà exposées dans le chapitre VII de la première partie de cet ouvrage.

Je pourrois en ajouter encore une autre trèsfrappante, relativement aux mammifères, pour qui le vol semble être une faculté très-étrangère, en montrant comment, depuis ceux des mammifères qui ne peuvent faire qu'un saut trèsprolongé jusqu'à ceux qui volent parfaitement, la nature a produit graduellement les extensions de la peau de l'animal, de manière à lui donner à la fin la faculté de voler comme les oiseaux, sans qu'il ait pour cela plus de rapports avec eux dans son organisation.

En effet, les écureuils volans (*sciurus volans*, *aerobates*, *petaurista*, *sagitta*, *volucella*), moins anciens que ceux que je vais citer, dans l'habitude d'etendre leurs membres en sautant, pour se former de leur corps une espèce de *parachute*, ne peuvent faire qu'un saut trèsprolongé lorsqu'ils se jettent en bas d un arbre, ou sauter d'un arbre sur un autre qu'à une médiocre distance. Or, par des répétitions fréquentes de pareils sauts dans les individus de ces races, la peau de leurs flancs s'est dilatée de chaque côté en une membrane lâche qui réunit les pattes postérieures à celles de devant, et qui, embrassant un grand volume d'air, les empêche de tomber brusquement. Ces animaux sont encore sans membranes entre les doigts.

Les galéopithèques (*lemur volans*), plus anciens sans doute dans la même habitude que les écureuils volans (*pteromis* Geoffr.), ont la peau des flancs plus ample, plus développée encore, réunissant non-seulement les pattes postérieures aux antérieures, mais en outre les doigts entr'eux, et la queue avec les pieds de derrière. Or, ceux-là exécutent de plus grands sauts que les précédens, et forment même une espèce de vol.

Enfin, les *chauve-souris* diverses sont des mammifères probablement bien plus anciens encore que les *galéopithèques*, dans l'habitude d'étendre leurs membres, et même leurs doigts pour embrasser un grand volume d'air, et se soutenir lorsqu'ils s'élancent dans l'atmosphère.

De ces habitudes, depuis si long-temps contractées et conservées, les chauve-souris ont obtenu non-seulement des membranes latérales, mais en outre un allongement extraordinaire des doigts de leurs mains antérieures (à l'exception du pouce), entre lesquels il y a des membranes très-amples qui les unissent; en sorte que ces membranes des mains de devant se continuant avec celles des flancs, et avec celles qui unissent la queue aux deux pattes postérieures, constituent pour ces animaux de grandes ailes membraneuses avec lesquelles ils volent parfaitement, comme chacun sait.

Tel est donc le pouvoir des *habitudes*, qu'elles influent singulièrement sur la conformation des parties, et qu'elles donnent aux animaux qui en ont depuis long-temps contracte certaines, des facultés que ne possèdent pas ceux qui en ont pris d'autres.

A l'occasion des *amphibies* dont j'ai parlé tout à l'heure, je me plais à communiquer ici à mes lecteurs, les réflexions suivantes, que tous les objets que j'ai pris en considération dans mes études, ont fait naître, et me semblent de plus en plus confirmer.

Je ne doute nullement que les *mammifères* ne soient réellement originaires des eaux, et que celles-ci ne soient le véritable berceau du règne animal entier.

Effectivement, on voit encore que les animaux les moins parfaits, et ce sont les plus nombreux, ne vivent que dans l'eau ; en sorte qu'il est probable, comme je l'ai dit (vol. II, p. 85), que c'est uniquement dans l'eau, ou dans des lieux très-humides, que la nature a opéré et opère encore dans les circonstances favorables, des générations directes ou spontanées qui font exis-

ter les animalcules les plus simples en organisation, et que de ceux-ci sont provenus successivement tous les autres animaux.

On sait que les *infusoires*, les *polypes* et les
radiaires ne vivent que dans les eaux ; que les
vers mêmes n'habitent les uns que dans l'eau,
et les autres que dans des lieux très-humides.

Or, relativement aux *vers*, qui paroissent former une branche initiale de l'échelle des animaux, comme il est évident que les *infusoires*
forment l'autre branche, on peut penser que
ceux d'entr'eux qui sont tout-à-fait aquatiques,
c'est-à-dire, qui n'habitent point le corps des
autres animaux, tels que les *gordius* et bien
d'autres que nous ne connoissons pas encore,
se sont, sans doute, très-diversifiés dans les
eaux ; et que, parmi ces vers aquatiques,
ceux qui, ensuite, se sont habitués à s'exposer
à l'air, ont probablement produit les insectes
amphibies, tels que les *cousins*, les *éphémères*,
etc., etc., lesquels ont amené successivement
l'existence de tous les *insectes* qui vivent uniquement dans l'air. Mais plusieurs races de ceux-ci,
ayant changé leurs habitudes par des circonstances qui les y ont portées, et contracté celles
de vivre solitairement, retirées ou cachées, ont
donné lieu à l'existence des *arachnides* qui, presque toutes, vivent aussi dans l'air.

Enfin, celles des *arachnides* qui ont fréquenté les eaux, qui se sont ensuite progressivement habituées à vivre dans leur sein, et qui ont fini par ne plus s'exposer à l'air, ce qu'indiquent assez les rapports qui lient les *scolopendres* aux *iules*, celles-ci aux *cloportes*, et ces derniers aux *aselles*, *crevettes*, etc., ont amené l'existence de tous les *crustacés*.

Les autres vers aquatiques, qui ne se sont jamais exposés à l'air, multipliant et diversifiant leurs races avec le temps, et faisant à mesure des progrès dans la composition de leur organisation, ont amené la formation des *annelides*, des *cirrhipèdes* et des *mollusques*, lesquels forment ensemble une portion non interrompue de l'échelle animale.

Malgré l'*hiatus* considérable qui se trouve pour nous entre les *mollusques* connus et les *poissons*; néanmoins, les mollusques, dont je viens d'indiquer l'origine, ont, par l'intermédiaire de ceux qui nous restent à connoître, amené l'existence des *poissons*, comme il est évident que ceux-ci ont donné lieu à celle des *reptiles*.

En continuant de consulter les probabilités sur l'origine des différens animaux, on ne peut douter que les *reptiles*, par deux branches distinctes que les circonstances ont amenées, n'aient donné lieu, d'un côté, à la formation des *oiseaux*, et de l'autre, à celle des *mammifères amphibies,* lesquels donnèrent lieu, à leur tour, à celle de tous les autres *mammifères.*

En effet, les poissons ayant amené la formation des reptiles *batraciens*, et ceux-ci celle des reptiles *ophidiens*, qui, les uns et les autres, n'ont qu'une oreillette au cœur, la nature parvint facilement à donner un cœur à oreillette double aux autres reptiles qui constituent deux branches particulières ; ensuite elle vint facilement à bout de former, dans les animaux qui furent originaires de chacune de ces branches, un cœur à deux ventricules.

Ainsi, parmi les reptiles dont le cœur a une oreillette double, d'une part, les *cheloniens* paroissent avoir donné l'existence aux *oiseaux* ; car, indépendamment de plusieurs rapports qu'on ne peut méconnoître, si je plaçois la tête d'une tortue sur le cou de certains oiseaux, je n'apercevrois presqu'aucune disparate dans la physionomie générale de l'animal factice ; et de l'autre part, les *sauriens*, surtout les planicaudes, tels que les *crocodiles*, semblent avoir procuré l'existence aux *mammifères amphibies.*

Si la branche des *cheloniens* a donné lieu aux oiseaux, on peut encore présumer que les oiseaux aquatiques palmipèdes, surtout parmi eux les brévipennes, tels que les *pingouins* et les *manchots*, ont amené la formation des *mono-trèmes.*

Enfin, si la branche des *sauriens* a donné lieu aux *mammifères amphibies*, il sera de toute probabilité que cette branche est la source ou tous les mammifères ont puisé leur origine.

Je me crois donc autorisé à penser que les mammifères terrestres proviennent originairement de ceux des mammifères aquatiques que nous nommons *amphibies*. Car ceux ci s'étant partagés en trois branches, par la diversité des habitudes qu'ils prirent à la suite des temps, les uns amenèrent la formation des *cétacés*, les autres celle des mammifères *ongulés*, et les autres encore celle des différens mammifères *onguiculés* connus.

Par exemple, ceux des *amphibies* qui conservèrent l'habitude de se rendre sur les rivages, se divisèrent dans la manière de se nourrir. Les uns, parmi eux, s'habituant à brouter l'herbe, tels que les *morses* et les *lamantins*, amenèrent peu à peu la formation des mammifères ongulés, tels que les *pachidermes*, les *ruminans*, etc.; les autres, tels que les *phoques*, contractant l'habitude de ne se nourrir que de poissons et d'animaux marins, amenèrent l'existence des mammifères onguiculés, par le moyen de races qui, en se diversifiant, devinrent tout-à-fait terrestres.

Mais ceux des mammiferes aquatiques qui con·

tractèrent l'habitude de ne jamais sortir des eaux, et seulement de venir respirer à leur surface, donnèrent probablement lieu aux différens *céta-cés* que nous connoissons. Or, l'antique et complète habitation des cétacés dans les mers, a tellement modifié leur organisation, qu'il est maintenant très-difficile de reconnoître la source où ils ont pris leur origine.

En effet, depuis l'énorme quantité de temps que ces animaux vivent dans le sein des mers, ne se servant jamais de leurs pieds postérieurs pour saisir les objets, ces pieds non employés ont tout-à-fait disparu, ainsi que leurs os, et même le bassin qui leur servoit de soutien et d'attache.

L'altération que les *cétacés* ont reçue, dans leurs membres, de l'influence du milieu dans lequel ils habitent, et des habitudes qu'ils y ont contractées, se montre aussi dans leurs pieds de devant qui, entièrement enveloppés par la peau, ne montrent plus au dehors les doigts qui les terminent; en sorte qu'ils n'offrent de chaque côté qu'une nageoire qui contient le squelette d'une main cachée.

Assurément, les *cétacés* étant des mammifères, il entroit dans le plan de leur organisation d'avoir quatre membres comme tous les autres, et par conséquent un bassin pour le soutien de leurs membres postérieurs. Mais ici, comme ail-

leurs, ce qui leur manque est le produit d'un avortement occasionné, à la suite de beaucoup de
temps, par le défaut d'emploi de parties qui
ne leur étoient plus d'aucun usage. Si l'on considère que dans les *phoques* où le bassin existe
encore, ce bassin est appauvri, resserré et sans
saillie sur les hanches ; on sentira que le médiocre
emploi des pieds postérieurs de ces animaux
en doit être la cause, et que si cet emploi ces-
soit entièrement, les pieds de derrière et le bassin même pourroient à la fin disparoître.

Les considérations que je viens de présenter ne
paroîtront, sans doute, que de simples conjectures, parce qu'il n'est pas possible de les établir sur des preuves directes et positives. Mais
si l'on donne quelqu'attention aux observations
que j'ai exposées dans cet ouvrage, et si ensuite l'on examine bien les animaux que j'ai cités, ainsi que le produit de leurs habitudes et
des milieux qu'ils habitent, on trouvera que ces
conjectures acquièrent, par cet examen, une
probabilité des plus éminentes.

Le tableau suivant pourra faciliter l'intelligence
de ce que je viens d'exposer. On y verra que, dans
mon opinion, l'échelle animale commence au
moins par deux branches particulières, et que,
dans le cours de son étendue, quelques rameaux
paroissent la terminer en certains endroits.

TABLEAU

Servant à montrer l'origine des différens animaux.

Vers.

Infusoires.
Polypes.
Radiaires.

Insectes.
Arachnides.
Annelides.   Crustacés.
Cirrhipèdes.
Mollusques.

Poissons.
Reptiles.

Oiseaux.

Monotrèmes.

M. Amphibies.

M. Cétacés.

M. Ongulés.

M. Onguiculés.

Cette série d'animaux commençant par deux

branches où se trouvent les plus imparfaits ,
les premiers de chacune de ces branches ne
reçoivent l'existence que par génération directe
ou spontanée.

Une raison puissante nous empêche de reconnoître les changemens successivement opérés, qui
ont diversifié les animaux connus, et les ont ame-
nés à l'état où nous les observons ; c'est que nous ne
sommes jamais témoins de ces changemens. Ainsi,
nous observons les opérations faites ; mais ne les
voyant jamais s'exécuter , nous sommes naturellement portés à croire que les choses ont toujours été telles que nous les voyons, et non
qu'elles se sont effectuées progressivement.

Parmi les changemens que la nature exécute
sans cesse dans toutes ses parties, sans exception,
son ensemble et ses lois restant toujours les mêmes,
ceux de ces changemens qui , pour s'opérer, n'exigent pas beaucoup plus de temps que la durée
de la vie humaine , sont facilement reconnus de
l'homme qui les observe ; mais il ne sauroit s'apercevoir de ceux qui ne s'exécutent qu'à la suite
d'un temps considérable.

Que l'on me permette la supposition suivante
pour me faire entendre.

Si la durée de la vie humaine ne s'étendoit qu'à
la durée d'une *seconde*, et s'il existoit une de nos
pendules actuelles, montée et en mouvement,
chaque

chaque individu de notre espèce qui considére-
roit l'aiguille des heures de cette pendule, ne la
verroit jamais changer de place dans le cours
de sa vie, quoique cette aiguille ne soit réellement pas stationnaire. Les observations de trente
générations n'apprendroient rien de bien évident
sur le déplacement de cette aiguille, car son
mouvement n'étant que celui qui s'opère pendant
une demi-minute, seroit trop peu de chose pour
être bien saisi ; et si des observations beaucoup
plus anciennes apprenoient que cette même aiguille a réellement changé de place, ceux qui
en verroient l'énoncé n'y croiroient pas, et sup-
poseroient quelqu'erreur, chacun ayant toujours
vu l'aiguille sur le même point du cadran.

Je laisse à mes lecteurs toutes les applications
à faire relativement à cette considération.

La *Nature*, cet ensemble immense d'êtres
et de corps divers, dans toutes les parties duquel subsiste un cercle éternel de mouvemens
et de changemens que des lois régissent ; ensemble seul immutable, tant qu'il plaira à son
SUBLIME AUTEUR de le faire exister, doit être
considérée comme un tout constitué par ses parties, dans un but que son Auteur seul connoit,
et non pour aucune d'elles exclusivement.

Chaque partie devant nécessairement changer
et cesser d'être pour en constituer une autre,

a un intérêt contraire à celui du tout ; et si elle
raisonne, elle trouve ce tout mal fait. Dans la
réalité , cependant , ce tout est parfait , et rem-
plit complétement le but pour lequel il est destiné.

FIN DES ADDITIONS.

TABLE

DES MATIÈRES

Contenues dans ce Volume.

SUITE DE LA SECONDE PARTIE.

CHAPITRE III.

> *Que les mouvemens organiques, ainsi que ceux qui constituent les actions des animaux n'étant point communiqués, mais seulement excités, ne s'exécutent que par l'action d'une* CAUSE EXCITATRICE, *étrangère aux corps qu'elle vivifie et qui ne périt pas comme eux ; que cette cause réside dans des fluides invisibles, subtils, expansifs, et toujours agités, qui pénètrent, ou se développent sans cesse, dans les corps qu'ils animent.*

CHAPITRE IV.

> *Que la Cause excitatrice des mouvemens organiques entretient dans les parties souples des corps vivans, et principalement dans celles des animaux, un* ORGASME *nécessaire au maintien de la vie dans ces corps ; lequel, dans les animaux, donne aux parties qui le possèdent la faculté d'être irritables.*

CHAPITRE VII.

CHAPITRE VIII.

TROISIÈME PARTIE.

Considérations sur les causes physiques du sentiment ; celles qui constituent la force productrice des actions ; enfin, celles qui donnent lieu aux actes d'intelligence qui s'observent dans differens animaux.

CHAPITRE PREMIER.

tains animaux, et que parmi ceux qui le possèdent, on le trouve dans différens états de composition et de perfectionnement ; que ce système donne aux uns seulement la faculté du mouvement musculaire ; à d'autres la même faculté, plus celle de sentir ; à d'autres encore, les deux mêmes facultés, plus celle de se former des idées, et d'exécuter avec celles-ci différens actes d'intelligence.

Que le système d'organes dont il s'agit exécute quatre sortes de fonctions de nature très-différente, mais seulement lorsqu'il a acquis dans sa composition l'état propre à lui en donner le pouvoir.

CHAPITRE II.

Qu'il se développe dans le corps de certains animaux un fluide très-subtil, invisible, contenable, et remarquable par la célérité de ses mouvemens ; que ce fluide a la faculté d'exciter le mouvement musculaire ; que c'est par son moyen que les nerfs affectés produisent le sentiment ; qu'ébranlé dans sa masse principale, il est le sujet des émotions intérieures ; enfin, qu'il est l'agent singulier par lequel se forment les idées, et tous les actes d'intelligence.

CHAPITRE III.

CHAPITRE IV.

(*de là le moral*); *qu'enfin, à la suite des émotions que les besoins lui font subir, il fait agir l'individu sans participation de la volonté* (*de là l'instinct*).

CHAPITRE V.

Que l'action musculaire étant une force très-suffisante pour produire les mouvemens qu'exécutent les animaux, et l'influence nerveuse pouvant exciter cette action musculaire, ceux des animaux qui jouissent du sentiment physique, possedent dans leur sentiment intérieur une puissance très-capable d'envoyer aux muscles le fluide excitateur de leurs mouvemens ; et c'est, en effet, dans ses émotions que ce sentiment trouve la force de faire agir les muscles.

CHAPITRE VI.

Que la volonté résultant toujours d'un jugement, et celui-ci provenant nécessairement d'une idée comparée, d'une pensée, ou de quelqu'impression qui y donne lieu, tout acte de volonté en est un de l'in-

telligence , et qu'il n y a conséquemment que les animaux qui possèdent un organe spécial pour l'intelligence qui puissent exécuter des actes de volonté.

Que puisque la volonté dépend toujours d'un jugement, non-seulement elle n'est jamais véritablement libre, mais en outre que les jugemens étant exposés à une multitude de causes qui les rendent erronés, la volonté qui en résulte trouve dans le jugement un guide moins sûr, que celui que l'instinct rencontre dans le sentiment intérieur ému par quelque besoin.

Que tous les actes de l'entendement exigent un système d'organes particulier pour pouvoir s'exécuter ; que les idées acquises sont les matériaux de toutes les opérations de l'entendement; que quoique toute idée soit originaire d'une sensation , toute sensation ne sauroit produire une idée , puisqu'il faut un organe spécial pour sa formation, et qu'il faut en outre que la sensation soit remarquée ; enfin, que dans l'exécution des actes d'intelligence , c'est le fluide nerveux qui, par ses mouvemens dans l'organe dont il s'agit, est la seule cause agissante , l'organe lui-même n'étant que passif, mais contribuant à la diversité des opérations par celle de ses parties.

CHAPITRE VIII.

FIN DE LA TABLE DU TOME SECOND.